（基础篇）

大学生信息技术基础

主　编　董引娣　陶学梅　莫　堃

副主编　黄曦涟　彭茂玲　蒋丽华　邓长春

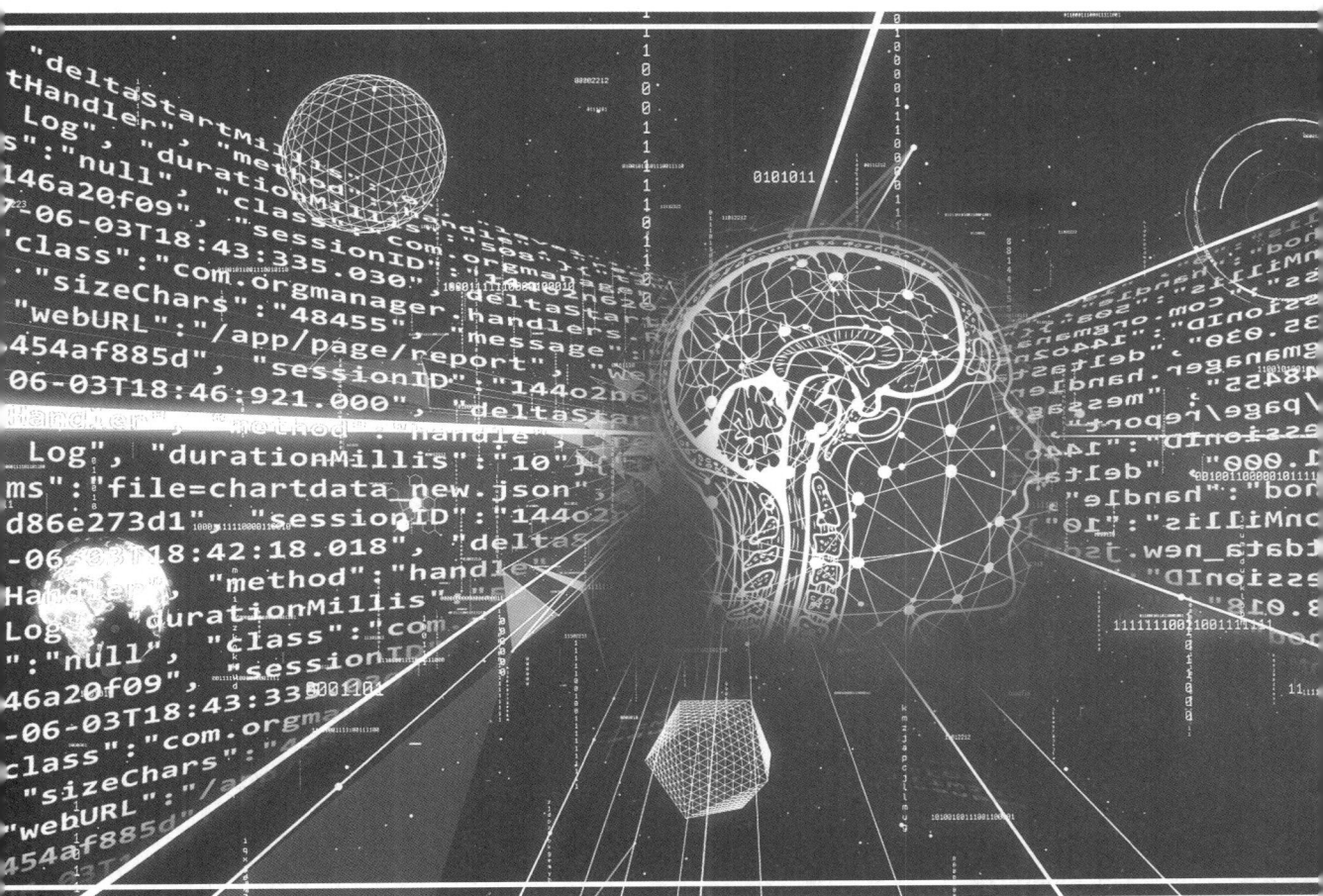

西安交通大学出版社
XI'AN JIAOTONG UNIVERSITY PRESS

国家一级出版社
全国百佳图书出版单位

内容简介

　　本书根据当前信息技术教育的形势和任务,结合"十四五"规划纲要中关于加强创新型、应用型、技能型人才培养需求,按照教育部发布的《高等职业学校专科信息技术课程标准(2021版)》编写。本书采用任务驱动形式,学生在完成任务的过程中可掌握知识和技能;采用融媒体形式,富含丰富的配套资源。本书包含文档处理、电子表格处理、演示文稿制作、信息检索、新一代信息技术、信息素养与职业文化六个项目。本书可作为高职高专公共基础课教材,也可作为办公培训及计算机等级考试等用书。

图书在版编目(CIP)数据

　　大学生信息技术基础.基础篇 / 董引娣,陶学梅,莫堃主编
. — 西安 : 西安交通大学出版社,2021.7(2021.12 重印)
　　ISBN 978 - 7 - 5693 - 1634 - 6

　　Ⅰ.①大… Ⅱ.①董… ②陶… ③莫… Ⅲ.①电子计算机-高等
学校-教材 Ⅳ.①TP3

　　中国版本图书馆 CIP 数据核字(2021)第 067132 号

书　　名	大学生信息技术基础(基础篇) DAXUESHENG XINXI JISHU JICHU(JICHUPIAN)
主　　编	董引娣　陶学梅　莫　堃
责任编辑	史菲菲
责任校对	王建洪
出版发行	西安交通大学出版社 (西安市兴庆南路 1 号　邮政编码 710048)
网　　址	http://www.xjtupress.com
电　　话	(029)82668357　82667874(发行中心) (029)82668315(总编办)
传　　真	(029)82668280
印　　刷	陕西思维印务有限公司
开　　本	787mm×1092mm　1/16　　**印张** 17.25　　**字数** 431 千字
版次印次	2021 年 7 月第 1 版　　2021 年 12 月第 2 次印刷
书　　号	ISBN 978 - 7 - 5693 - 1634 - 6
定　　价	49.80 元

如发现印装质量问题,请与本社发行中心联系、调换。

订购热线:(029)82665248　(029)82665249
投稿热线:(029)82665379
读者信箱:xj_rwjg@126.com

前言
PREFACE

　　本书根据当前信息技术教育的形势和任务,结合"十四五"规划纲要中关于加强创新型、应用型、技能型人才培养需求,按照教育部发布的《高等职业学校专科信息技术课程标准(2021 版)》编写。本书采用任务驱动形式编写,力求学生在完成任务的过程中掌握知识和技能。

　　全书内容分为六个项目,各项目的主要内容安排如下:

项目一　文档处理

项目二　电子表格处理

项目三　演示文稿制作

项目四　信息检索

项目五　新一代信息技术

项目六　信息素养与职业文化

　　本书是结合企业和社会实际需要,根据最新的教育部信息技术课程标准,采用融媒体形式,为校企合作应用创新型人才培养而编写的教材。本书由重庆城市管理职业学院具有丰富教学经验的教师、重庆超体科技有限公司工作人员及青岛高新职业学校教师共同编写完成。各项目编写分工如下:项目一由董引娣主持编写,项目二由蒋丽华主持编写,项目三由彭茂玲及徐佳乐主持编写,项目四由蒋丽华主持编写,项目五由邓长春主持编写,项目六由黄曦涟主持编写。莫堃、陶学梅、何娇、李顺琴、李静、姜继勤、王海滨、蔡德都等参与了教材各项目的编写,特别是在课程思政案例提供与审核方面。企业人员鲜宸皓、王朝阳等全程参与了教材的编写,并给予指导,特别是在提供企业实际需求案例方面。

　　本书在编写过程中,得到了重庆城市管理职业学院、重庆超体科技有限公司、青岛高新职业学校等单位领导的大力支持,在此向他们表示衷心的感谢。

　　由于时间仓促、编者水平有限,书中难免存在不当之处,敬请读者批评指正。

编　者

2021 年 3 月

目 录
CONTENTS

项目一
文 档 处 理

◆ **学习目标** ◆

- 掌握文档的基本操作,如打开、复制、保存等;
- 熟悉自动保存文档、联机文档、保护文档、检查文档以及将文档发布为 PDF 格式、加密发布 PDF 格式等操作;
- 掌握文本编辑、文本查找和替换、段落的格式设置等操作;
- 掌握图片、图形、艺术字等对象的插入、编辑和美化等操作;
- 掌握在文档中插入和编辑表格、对表格进行美化、灵活应用公式对表格中数据进行处理等操作;
- 熟悉分页符和分节符的插入,掌握页眉、页脚、页码的插入和编辑等操作;
- 掌握样式与模板的创建和使用,掌握目录的制作和编辑操作;
- 熟悉文档不同视图和导航任务窗格的使用,掌握页面设置操作;
- 掌握打印预览和打印操作的相关设置;
- 掌握多人协同编辑文档的方法和技巧。

◆ **项目描述** ◆

文档处理是信息化办公的重要组成部分,广泛应用于人们日常生活、学习和工作的方方面面。本项目包含文档的基本编辑、图片的插入和编辑、表格的插入和编辑、样式与模板的创建和使用、多人协同编辑文档等内容。

任务一　Word 2016 的基本操作

一、任务描述

我们平时的学习和工作都离不开文档处理软件,掌握了文档处理软件的各种基本操作,可以极大地提高我们的办公效率。本任务主要介绍 Word 2016 文档处理软件的基本操作和使用技巧,包括 Word 2016 操作界面介绍、启动与退出、创建新文档、保存文档、关闭文档、打开及加密文档等操作。

二、知识储备

（一）Word 2016 的启动与退出

1. 启动 Word 2016

启动 Word 2016 的方法有以下几种：

（1）使用【开始】菜单：单击【开始】按钮，选择【所有程序】菜单，再选择【Microsoft Office】菜单，最后单击【Word 2016】选项。

（2）双击桌面上 Word 2016 应用程序的快捷方式图标。

（3）在桌面空白处单击鼠标右键，在快捷菜单中单击【新建】命令，再选择【Microsoft Word 文档】菜单，然后双击打开该文件。

（4）直接双击需要打开的 Word 文档。

2. 退出 Word 2016

Word 2016 退出的方法很多，常用的方法有以下几种：

（1）单击【文件】选项卡下的【关闭】命令。

（2）单击标题栏最右端的关闭按钮。

（3）使用快捷键 Alt＋F4。

（4）双击标题栏最左端的字母。

（5）单击标题栏最左端的字母，然后单击弹出菜单中的【关闭】命令。

当 Word 文档退出时，若文档改动后没有保存，系统会询问在退出之前是否要保存这些文档。单击【是】按钮，保存修改后的当前文档并退出；单击【否】按钮，则不保存本次修改并退出；单击【取消】按钮或按 Esc 键，则取消本次退出操作。

（二）Word 2016 的工作界面

启动 Word 2016 后，打开该软件的工作界面（见图 1－1－1），其中主要包括标题栏、功能区、文档编辑区和状态栏等组成部分。

图 1－1－1　Word 2016 工作界面

1．标题栏

标题栏位于程序界面的顶端，用于显示当前应用程序的名称和正在编辑的文档名称。标题栏左侧有控制按钮，分别可以设置自动保存、点击保存、撤销键入、重复键入和自定义快速访问工具栏。最右侧标题栏显示选项，后面三个用来实现程序窗口的最小化、最大化（或还原）和关闭操作。

2．功能区

其作用是分组显示不同的功能集合。选择某个选项，其中包含了多种相关的操作命令或按钮。

3．文档编辑区

文档编辑区用于对文档进行各种编辑操作，是 Word 2016 最重要的组成部分之一。该区域中闪烁的短竖线便是文本插入点。

4．状态栏

状态栏左侧显示当前文档的页数/总页数、字数、当前输入语言以及输入状态等信息，中间的三个按钮用于调整视图方式，右侧的滑块用于调整显示比例。

（三）Word 2016 的功能区介绍

Word 2016 取消了传统的菜单操作方式，而设置了各种功能区。在 Word 2016 窗口上方看起来像菜单的名称其实是功能区的名称，当单击这些名称时会切换到与之相对应的功能区面板。每个功能区所拥有的功能不同，并且用户可以添加新的功能区。每个功能区根据功能的不同分为若干个组，中间用线条隔开，通常组的右下角会有一个按钮，单击它就会弹出相应的对话框或者窗口。下面介绍几种常用的功能区。

1．【开始】功能区

【开始】功能区中包括剪贴板、字体、段落、样式和编辑等几个组，如图 1-1-2 所示。该功能区主要用于帮助用户对 Word 2016 文档进行文字编辑和格式设置，是用户最常用的功能区。

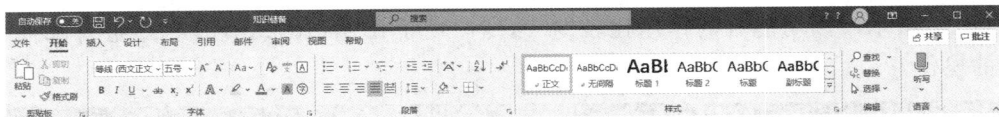

图 1-1-2 【开始】功能区

2．【插入】功能区

【插入】功能区包括页面、表格、插图、链接、页眉和页脚、文本、符号等几个组，主要用于在 Word 2016 文档中插入各种元素，如图 1-1-3 所示。

图 1-1-3 【插入】功能区

3．【设计】功能区

【设计】功能区包括主题、文档格式、页面背景三个组，主要包括主题的选择和设置、水印设置、页面颜色和页面边框设置等项目,如图 1-1-4 所示。

图 1-1-4 【设计】功能区

4.【布局】功能区

【布局】功能区包括页面设置、稿纸、段落、排列四个组,用于帮助用户设置 Word 2016 文档页面样式,如图 1-1-5 所示。

图 1-1-5 【布局】功能区

5.【引用】功能区

【引用】功能区包括目录、脚注、信息检索、引文与书目、题注、索引和引文目录等几个组,用于实现在 Word 2016 文档中插入目录等比较高级的功能,如图 1-1-6 所示。

图 1-1-6 【引用】功能区

6.【邮件】功能区

【邮件】功能区包括创建、开始邮件合并、编写和插入域、预览结果和完成五个组,如图 1-1-7 所示。该功能区的作用比较专一,专门用于在 Word 2016 文档中进行邮件合并方面的操作。

图 1-1-7 【邮件】功能区

7.【审阅】功能区

【审阅】功能区包括校对、语言、中文简繁转换、批注、修订、更改、比较和保护等几个组,如图 1-1-8 所示,主要用于对 Word 2016 文档进行校对和修订等操作,适用于多人协作处理 Word 2016 长文档。

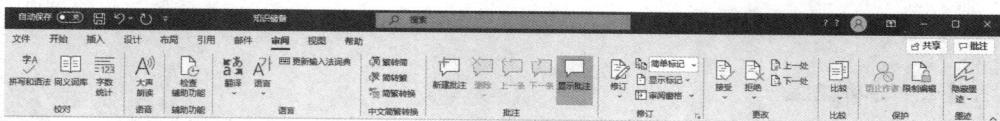

图 1-1-8 【审阅】功能区

8.【视图】功能区

【视图】功能区包括视图、显示、缩放、窗口和宏等几个组，如图 1-1-9 所示，主要用于帮助用户设置 Word 2016 操作窗口的视图类型。

图 1-1-9 【视图】功能区

9.【开发工具】功能区

【开发工具】可以通过【文件】→【选项】→【自定义功能区】命令调出来。【开发工具】功能区中有代码、加载项、控件、映射、保护、模板等多个组，如图 1-1-10 所示。【加载项】组可以在 Word 2016 中添加或删除加载项。

图 1-1-10 【加载项】功能区

上面系统默认的功能区，是用户对文档进行编辑的主要工具，有时为了加大编辑区的空间，可以把功能区隐藏起来。单击功能区右上角的【功能区显示选项】按钮，再单击【自动隐藏功能区】即可隐藏功能区；如果单击【显示选项卡和命令】，则功能区又会显示出来，如图 1-1-11所示。

用户可以根据需要使用自定义设置对功能区进行个性化设置,例如:重命名 Microsoft Office 2016 中内置的默认选项卡和组,也可以更改它们的顺序,但是用户不能重命名默认命令、更改与这些默认命令关联的图标或更改这些命令的顺序(见图 1-1-12)。若要向组中添加命令,必须向默认选项卡或新选项卡中添加自定义组。

图 1-1-11　功能区隐藏与显示

图 1-1-12　选项卡

为帮助用户识别自定义选项卡或组并且将默认选项卡或组区别开,在【自定义功能区】列表中,自定义选项卡和组的名称后面带有"自定义"字样,但"自定义"这几个字不会显示在功能区中。 自定义功能区的设置方法如下:

(1)在如图 1-1-13 所示的窗口中单击【自定义功能区】。

图 1-1-13　自定义选项卡

(2)单击新建选项,可添加自定义选项卡和自定义组,如图 1-1-14 所示。

图 1-1-14　新建

　　(3)选择【新建选项卡】或【新建组】→单击【重命名】→键入新名称,即可更改选项卡或者组的名称,如图 1-1-15 所示。

图 1-1-15　重命名

（4）从常用命令列表中选择需要的命令→单击要添加命令的组→单击【添加】命令，如图 1-1-16 所示。如不需要某个命令了，选择它并单击【删除】按钮即可，如图 1-1-17 所示。

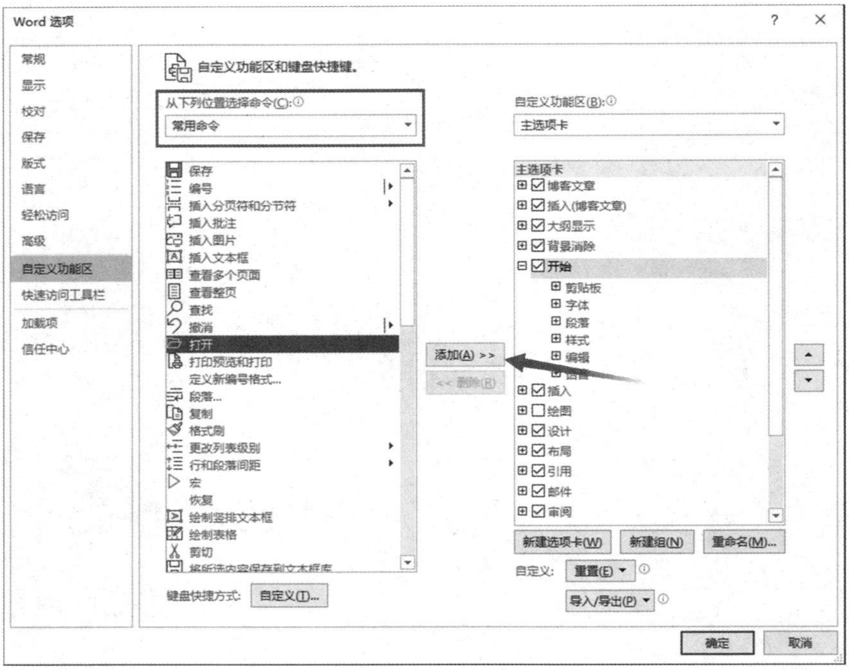

图 1-1-16　新建组

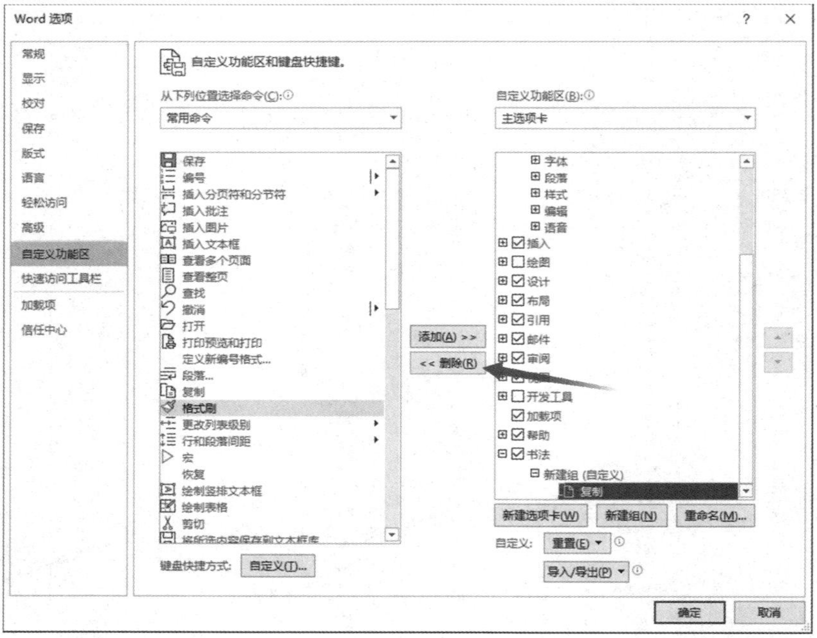

图 1-1-17　删除

(5)需要添加多个命令就重复上一步的操作。

(四)Word 2016 新功能

Word 2016 中新增了很多功能,这里详细介绍 Word 2016 新增的功能以及使用方法。

(1)增加了多窗口显示功能(见图 1－1－18)。此功能在之前的版本中没有,只有在 WPS 版本中有此功能,非常实用,避免了来回切换 Word 的麻烦,直接在同一界面中就可以选取。

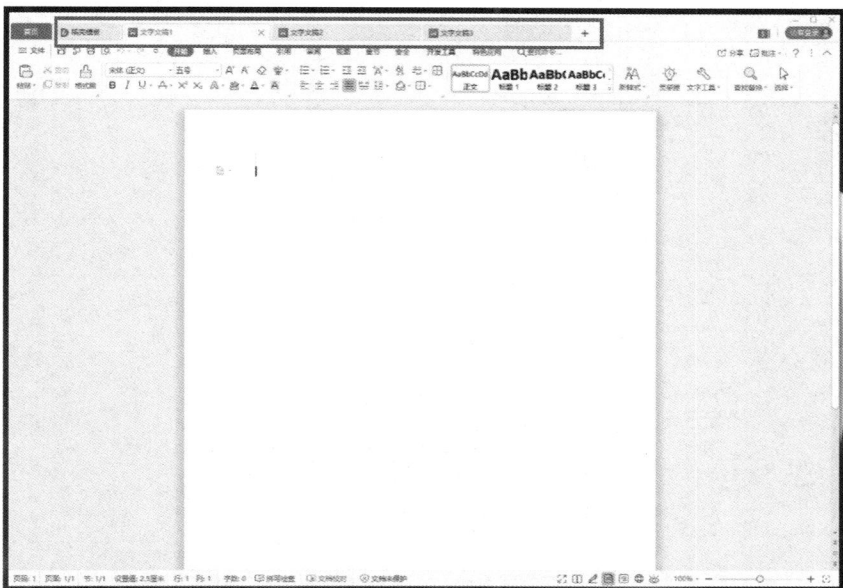

图 1－1－18　多窗口切换

(2)点击工具栏中的【插入】选项卡,可以发现在【形状】右侧增加了一个新功能【图标库】,可以非常方便地导入一些常用小图标,如图 1－1－19 所示。

图 1－1－19　图标库

(3)在【插入】中还增加了【屏幕截图】功能,可以直接截取电脑图片,并且可以将图片直接导入 Word 中进行编辑修改,如图 1－1－20 所示。

(4)在工具栏最上面右侧增加了搜索框,如果找不到 Word 中的一些功能,可以直接在搜索框中输入关键字进行调用,如图 1－1－21 所示。

图 1-1-20　截屏

图 1-1-21　搜索框

(五)修改 Word 2016 默认设置

1．设置文件保存

保存文件时经常需要选择文件保存的位置及保存类型,如果需要经常将文档保存为某一类型并且保存在某一个文件夹内,可以在 Word 2016 中设置文件默认的保存类型及保存位置。具体操作如下:

(1)在打开的 Word 2016 文档中选择【文件】选项卡,选择【选项】选项。

(2)打开【Word 选项】对话框,在左侧选择【保存】选项,在右侧【保存文档】区域单击【将文件保存为此格式】后的下拉按钮,在弹出的下拉列表中选择【Word 文档(∗.docx)】格式。

(3)单击【默认本地文件位置】文本框后的【浏览】按钮。

(4)打开【修改位置】对话框,选择文档要默认保存的位置,单击【确定】按钮。

(5)返回【Word 选项】对话框后即可看到文档的默认保存位置已经改变,单击【确定】按钮。

(6)在 Word 文档中单击【文件】选项卡,选中【保存】选项,并在右侧单击【浏览】按钮,即可打开【另存为】对话框,可以看到文档自动设置为默认的保存类型并自动打开默认的保存位置。

2．添加命令到快速访问工具栏

Word 2016 的快速访问工具栏在软件界面的左上方，默认情况下包含保存、撤销和恢复几个按钮，用户可以根据需要将命令按钮添加至快速访问工具栏。具体操作步骤如下：

（1）单击快速访问工具栏右侧的【自定义快速访问工具栏】按钮 ，在弹出的下拉列表中可以看到包含有新建、打开等多个命令按钮，选择要添加至快速访问工具栏的选项，这里选择【打开】选项，即可将【打开】按钮添加至快速访问工具栏，并且选项前将显示"√"符号。

（2）使用同样的方法可以添加【自定义快速访问工具栏】列表中的其他按钮。如果要取消按钮在快速访问工具栏中的显示，只需要再次选择【自定义快速访问工具栏】列表中的按钮选项即可。

（3）还可以根据需要添加其他命令至快速访问工具栏。单击快速访问工具栏右侧的【自定义快速访问工具栏】按钮 ，在弹出的下拉列表中选择【其他命令】选项。

（4）打开【Word 选项】对话框，在【从下列位置选择命令】列表中选择【常用命令】选项，在下方的列表中选择要添加至快速访问工具栏的按钮。这里选择【绘制表格】选项，单击【添加】按钮。

（5）返回 Word 2016 界面，即可看到【绘制表格】按钮已添加至快速访问工具栏中。

（6）在快速访问工具栏中，选择【绘制表格】按钮并右击鼠标，在弹出的快捷菜单中选择【从快速访问工具栏删除】选项，即可将其从快速访问工具栏中删除。

三、任务实施

（一）创建文档

1．从【开始】菜单创建空白文档

单击【开始】→【所有程序】→【Microsoft Office】→【Word 2016】选项，即可打开 Word 2016 初始界面。单击【空白文档】按钮，便会创建一个名称为"文档 1"的空白文档。

2．通过【新建】命令创建空白文档

如果已经启动了 Word 2016 软件，可以通过执行【新建】命令创建空白文档。单击【文件】选项卡，在弹出的下拉列表中选择【新建】选项，在【新建】区域单击【空白文档】按钮。

3．通过快捷键新建空白文档

启动 Word 2016 软件后，按下 Ctrl＋N 组合键可以快速地创建空白文档。

4．通过【快速访问工具栏】新建空白文档

单击【快速访问工具栏】中的【新建】选项，也可以快速新建空白文档。

5．利用本机模板创建文档

Word 2016 中有一些自带的模板文档，用户在使用的过程中，只需要在指定位置填写相关的文字即可，如书法字帖模板。

（1）打开 Word 文档，选择【文件】选项卡，在其列表中选择【新建】选项，在打开的【新建】区域单击【书法字帖】选项。

（2）弹出【增减字符】对话框，可以选择喜欢的【书法字体】，然后在【可用字符】列表中选择需要的字符，单击【添加】按钮可将所选字符添加至【已用字符】列表。

（3）使用同样的方法，添加其他字符，添加完成后单击【关闭】按钮，完成书法字帖的创建。

6. 利用联机模板创建文档

Word 2016 除了自带的模板外,微软公司还提供了很丰富的专业联机模板,用户可以在联网的情况下直接下载使用。

单击【文件】选项卡,在弹出的下拉列表中选择【新建】选项,在【搜索联机模板】搜索框中输入想要的模板类型。这里输入"简历与求职信",单击【搜索】按钮,即可显示有关"简历与求职信"的搜索结果。选择一个喜欢的模板,单击【创建】按钮,便可以下载该模板,下载完后会自动打开该模板。

(二)保存文档

1. 保存新建文档

第一次保存新建文档时,需要设置文档的文件名、保存位置、格式等。步骤如下:

(1)单击【文件】选项卡,在打开的列表中选择【保存】选项,或者按下 Ctrl+S 组合键,或者单击【快速访问工具栏】上的保存按钮圖,都可以打开保存文档界面。

(2)在右侧【另存为】区域单击【浏览】按钮,在弹出的【另存为】对话框中输入文件名,设置保存路径及保存类型,然后单击【保存】按钮,即可保存文件。

2. 保存已保存过的文档

对于已经保存过的文档,如果对其进行修改后,可以通过单击【文件】选项卡→【保存】,或者按下 Ctrl+S 组合键,或者单击【快速访问工具栏】上的保存按钮圖,直接保存,且文件名、文件存放路径及格式保持不变。

3. 另存为文档

如果对于已经保存过的文档修改后,想要更改文件名称、文件格式或者存放路径等,则可以使用【另存为】命令,对其进行保存。例如:想要将文档保存为 PDF 格式。

(1)单击【文件】选项卡,在打开的列表中选择【另存为】选项,或者按下组合键 Ctrl+Shift+S,进入【另存为】界面。

(2)点击【浏览】,在弹出的【另存为】对话框中,输入想要更改的文件名,并且选择保存位置,再在【保存类型】下拉列表中选择【PDF(*.pdf)】选项,单击【保存】按钮,即可将文档保存为 PDF 格式。

4. 自动保存文档

在编辑文档时,Word 2016 会自动保存文档。当用户在非正常情况下关闭 Word 软件时,系统会根据设置的时间间隔自动保存文档,用户可以恢复最近一次保存的文档。默认的保存自动恢复信息时间间隔为 10 分钟,可以通过依次选择【文件】→【选项】→【保存】,在【保存文档】区域的【保存自动恢复信息时间间隔】输入框中更改时间间隔,如"5 分钟"。

(三)关闭文档

关闭文档有以下几种方法:

(1)单击【文件】选项卡,选择【关闭】选项。

(2)单击标题栏右侧的 ✕ 按钮。

(3)按下 Alt+F4 组合键可快速关闭文档。

(4)在标题栏中右击鼠标,在弹出的快捷菜单中选择【关闭】菜单命令。

(5)在【快速访问工具栏】最左侧单击鼠标左键,选择【关闭】菜单命令,或者在该位置上双击鼠标左键,均可关闭文档。

（四）保护文档

为了提高文档的安全性,Word 提供了密码保护功能。在其他用户打开此文档时,系统会提示输入密码,密码不正确将无法打开文档。设置密码步骤如下:

（1）在需要加密的 Word 文档中,依次点击【文件】→【信息】→【保护文档】→【用密码进行加密】选项。

（2）弹出【加密文档】对话框,在【密码】文本框中输入密码（例如:010101）,单击【确定】按钮。

（3）弹出【确认密码】对话框,在【重新输入密码】文本框中再次输入设置的密码,单击【确定】按钮。可以看到此时的文档已经处于被保护状态,需要输入密码才能打开。

（五）选定文本

在对文档中的文本进行编辑和排版之前,首先要选定文本。文本的选定可以通过鼠标和键盘实现。

1. 使用鼠标选定文本

（1）选定一个单词:双击待选定的单词。

（2）选定一句:按住 Ctrl 键的同时单击待选定的句子。

（3）选定一行:移动鼠标指针到待选行的左侧,鼠标指针变为向右倾斜的箭头时单击即可。

（4）选定一个自然段:将鼠标指针移动到待选段落左侧的选定域,双击即可;或者将鼠标指针指向待选段落,然后连续三次单击鼠标,即将此段落选定。

（5）选定任意连续文本:将鼠标指针指向待选文本的起始位置,按下鼠标左键拖动鼠标到待选文本的结束处,释放鼠标,即将鼠标拖动轨迹中的文本选定;或者在待选文本开始处单击,然后按住 Shift 键在待选文本结尾处单击,即可将两次单击处之间的文本选定。

（6）选定矩形块文本:按住 Alt 键拖动鼠标,可选定以开始处和结束处为对角线的矩形区域内的文本。

2. 使用键盘选定文本

使用键盘选定文本时可使用如表 1-1-1 所示的组合键。

表 1-1-1 选定文本的组合键

组合键	选定范围
Shift+→	选定插入点右边的一个字符
Shift+←	选定插入点左边的一个字符
Shift+↑	选定到上一行对应位置之间的所有字符
Shift+↓	选定到下一行对应位置之间的所有字符
Shift+Home	选定到当前行行首的所有字符
Shift+End	选定到当前行行尾的所有字符
Ctrl+Shift+Home	选定到文档开始处的所有字符
Ctrl+Shift+End	选定到文档结尾处的所有字符
Ctrl+A	选定整个文档

(六)修改文本

在文本输入的过程中,如果有误,可以进行修改。

1. 删除单个字符

删除字符可以使用删除键。按下 Backspace 键删除插入点前面的一个字符,按下 Delete 键删除插入点后面的一个字符。

2. 删除多个字符

选定要删除的词、句、行、自然段、任意连续的文本或者整个文档,按下 Backspace 或 Delete 键执行删除操作。

3. 更改文字块内容

在插入状态下选定要更改的文字块,直接输入文字,即可更改选定文字块内容。如果处于改写状态,需要按下 Insert 键进行插入/改写状态的切换。

(七)移动和复制文本

1. 移动文本

如果需要修改文本的位置,可以使用移动文本的操作来完成。步骤如下:

(1)选择文档中需要修改的文字,单击鼠标右键,在弹出的快捷菜单中选择【剪切】选项;也可以单击【开始】选项卡下【剪贴板】组中的【剪切】按钮,即可看到选择的文本已经被剪切了。

(2)将鼠标光标放置到要粘贴的位置,单击【开始】选项卡下【剪贴板】组中的【粘贴】按钮。

也可以通过使用 Ctrl+X 组合键剪切文本,再使用 Ctrl+V 组合键将文本粘贴到目标位置。

2. 复制文本

当需要多次输入同样的文本时,可以使用复制文本提高效率。步骤如下:

(1)选择文档中需要复制的文字,单击鼠标右键,在弹出的快捷菜单中选择【复制】选项;也可以单击【开始】选项卡下【剪贴板】组中的【复制】按钮,即可看到选择的文本已经被复制了。

(2)此时所选的内容已经被放入剪贴板中,将鼠标光标放置到要粘贴的位置,单击【开始】选项卡下【剪贴板】组中的【粘贴】按钮,即可将复制的内容插入文档中光标所在的位置。

也可以通过使用 Ctrl+C 组合键复制文本,再使用 Ctrl+V 组合键将文本粘贴到目标位置。

任务二　文档的基本编辑

一、任务描述

小张毕业之前,在一家互联网科技公司实习。实习结束后,他针对自己实习期间的情况撰写了学习报告。小张利用文字处理软件可以很方便地记录文本内容,对学习报告进行基本编辑与排版,主要包括设置文字格式、段落格式,进行文本查找与替换,使用项目符号及编号,进行打印预览和打印等。小张还可以利用 Word 2016 进行个人简介、调研报告等文档的编辑排版。

二、知识储备

(一)格式刷

格式刷是 Word 2016 中非常强大的功能之一。在给文档中大量的内容重复相同的格式时,就可以利用格式刷来完成。

格式刷的使用:先用鼠标选中文档中的某个带格式的词或者段落,然后单击【开始】选项卡,选择【剪贴板】选项组中的【格式刷】按钮,这样鼠标左边就会出现一个小刷子。接着单击你想要替换格式的词或段落,此时,它们的格式就会与开始选择的格式相同。单击【格式刷】按钮只能使用一次,双击【格式刷】按钮就可以多次使用了。若要取消可以再次单击【格式刷】按钮,或者按下键盘上的 Esc 键。

(二)打印预览和打印设置

日常办公中,我们几乎每天都要打印各式各样的文件。对于不同的需求,我们应该使用不同的打印方式。这里我们整理了一些日常办公中常用的打印操作与设置。

1. 打印当前页面

如果你不需要将整篇文档都打印出来,只打印其中某一页内容,可以先将光标定位到该页上,然后单击【文件】选项卡,在打开的列表中选择【打印】选项,在右侧的【设置】中点击下拉列表,选择【打印当前页面】。

2. 打印所选内容

有时候,我们不一定要打印整篇文档,也不一定要打印某一页,只需打印其中某段内容,可以选中文档中需要打印的内容,然后单击【文件】选项卡,在打开的列表中选择【打印】选项,在右侧的【设置】中点击下拉列表,选择【打印所选内容】。

3. 指定打印范围

如果你只想打印一篇文档中的第 4 页到第 6 页,可以单击【文件】选项卡,在打开的列表中选择【打印】选项,在右侧的【设置】中的【页数】中输入"4 - 6"。

4. 打印不连续页面

如果要打印文档中几个不连续的页面,例如第 2 页、第 4 页、第 9 页,可以单击【文件】选项卡,在打开的列表中选择【打印】选项,在右侧的【设置】中的【页数】中输入"2,4,9"。还可以组合使用,如:打印第 2 页、第 6 页、第 8 页到第 12 页,则可以输入"2,6,8 - 12"。

5. 打印奇数页和偶数页

打印奇数页和偶数页适用于在纸张的两面打印,可以先打印奇数页,然后打印偶数页。

6. 横向或者纵向打印

如果我们想纵向或者横向打印文档,可以单击【文件】选项卡,在打开的列表中选择【打印】选项,在右侧的【设置】中选择【横向】或者【纵向】。

7. 打印背景颜色和图片

也许你会发现,打印到纸张上面的内容,背景色没有打印出来,这是为什么呢? 在 Word中,默认情况下,是不打印背景颜色的,必须通过设置后才可以。可以单击【文件】选项卡,在打开的列表中选择【选项】,在打开的【Word 选项】对话框中,在左侧点击【显示】,在右侧区域中的【打印选项】中点选【打印背景色和图像】。

8. 手动双面打印

双面打印分为手动和自动。自动双面打印需要打印机的支持,如果打印机不支持的话,那就只能选择手动双面打印,手动双面打印在打印过程中需要取出纸张翻转。

三、任务实施

(一)页面设置

打开给定的素材文档"学习报告.docx",单击【布局】选项卡,点击【页面设置】选项组右下角的对话框启动器可以打开【页面设置】对话框。在【页边距】选项中设置上下边距为"2 厘米",左右边距为"2.5 厘米"(见图 1-2-1),在【纸张】选项中设置【纸张大小】为"A4",在【布局】选项中设置页眉页脚距边界为"1.5 厘米"。设置完成后,单击【确定】按钮。

(二)字体格式设置

1. 设置字体、字号及字形

选中第一行标题文本,单击【开始】选项卡,点击【字体】选项组右下角的对话框启动器可以打开【字体】对话框。设置【中文字体】为"黑体",【字号】为"二号",【字形】为"加粗",点击【确定】按钮,如图 1-2-2 所示。

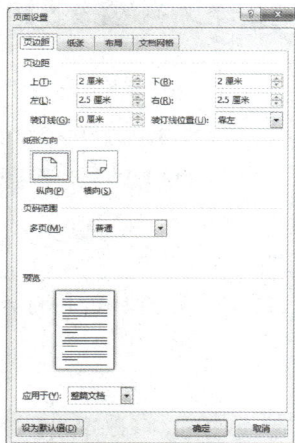

图 1-2-1 页面设置

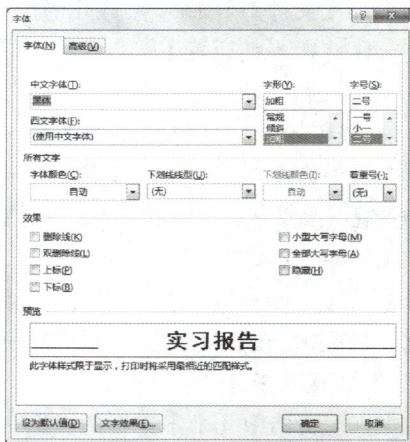

图 1-2-2 【字体】对话框

接着,选中正文所有文字,按照上面的步骤设置正文字体:【中文字体】为"楷体",【西文字体】为"Times New Roman",【字形】为"常规",【字号】为"四号",点击【确定】按钮。

2. 设置字符间距

选中标题文字,按下组合键 Ctrl+D 打开【字体】对话框,切换到【高级】选项,在【字符间距】组中设置【缩放】为"110%",【间距】为"加宽",【磅值】为"3 磅",【位置】为"标准",如图 1-2-3 所示。设置完成后,点击【确定】按钮。

3. 添加文字效果

选中标题文字,单击【开始】选项卡下【字体】功能组中【文本效果和版式】按钮,在弹出的下拉列表中选择一种字体效果样式。也可以在下拉列表中选择"阴影""映像""发光"等对文字效果进行设置,如图 1-2-4 所示。

图 1-2-3　设置字符间距

图 1-2-4　设置文本效果和版式

(三)段落格式设置

段落缩进是指段落到左右页边界的距离。根据中文的书写习惯,通常情况下,正文中的每个段落都要首行缩进两个字符。

1. 设置对齐方式

选中标题文字,或者将鼠标定位在标题文字段落的任意位置,单击【开始】选项卡,在【段落】功能组中直接点击【居中】按钮,或者按下组合键 Ctrl+E,即可对标题进行居中显示。

选中文档末尾的报告人和日期,在【段落】功能组中直接点击【右对齐】按钮,或者按下组合键 Ctrl+R,即可对文字进行右对齐显示。

2. 设置段落缩进

选中正文段落,点击【段落】选项组右下角的对话框启动器打开【段落】对话框,或者右击鼠标,选择【段落】选项,也可以打开【段落】对话框。在弹出的对话框中,单击【特殊格式】文本框后的下拉按钮,在弹出的列表中选择【首行】选项,并设置【缩进值】为"2字符",可以单击其后的微调按钮设置,也可以直接输入。设置完成后,单击【确定】按钮,即可看到所选段落设置首行缩进后的效果。

在【段落】对话框中除了设置首行缩进外,还可以设置文本的悬挂缩进、左缩进、右缩进等。

3. 设置段落间距

选中标题文字,点击【段落】选项组右下角的对话框启动器打开【段落】对话框,在弹出的【段落】对话框中选择【缩进和间距】选项卡,在【间距】组中分别设置【段前】和【段后】为"0.5 行"。

选中正文段落,点击【段落】选项组右下角的对话框启动器打开【段落】对话框,在弹出的【段落】对话框中选择【缩进和间距】选项卡,在【间距】组中分别设置【段前】和【段后】为"0.1 行",在【行距】下拉列表中选择【固定值】选项,【设置值】为"20磅",单击【确定】按钮,如图 1-2-5 所示。

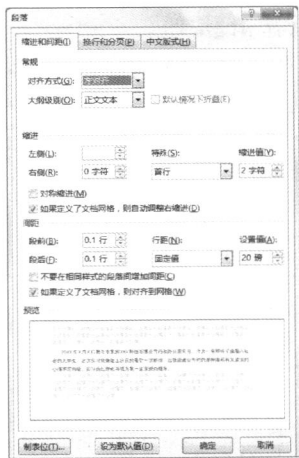

图 1-2-5　【段落】对话框

（四）查找与替换

利用 Word 2016 提供的查找功能，不仅可以很方便地在文档中查找不同类型的内容，进行突出显示，还可以找到长文档中指定的文本并定位该文本。

1. 文本查找

选中正文中的一处"学习"，单击【开始】选项卡【编辑】功能组中的【查找】按钮，或者按下组合键 Ctrl＋F，在页面左侧会出现导航窗口，显示出指定文本查找的数量以及分布的段落，文章中查找出来的指定文本会加亮显示。关闭导航窗口，即可取消查找。

2. 文本替换

单击【开始】选项卡【编辑】功能组中的【替换】按钮，或者按下组合键 Ctrl＋H，打开【查找和替换】对话框，在【替换】选项中，【查找内容】输入"学习"，【替换为】输入"实习"，然后点击【全部替换】，即可将文档中所有的"学习"替换成"实习"，如图 1-2-6 所示。

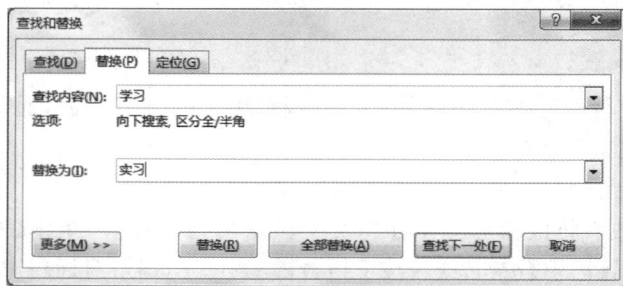

图 1-2-6　查找和替换

3. 格式替换

除了上面操作的文本替换外，还可以进行格式替换。按照上面的操作，如果查找内容还是"实习"，接下来，将光标定位在【替换为】的输入框中，点击【更多】按钮，在对话框的下面点击【格式】，在下拉列表中选择【字体】选项，即可打开字体对话框。设置要替换的字体格式等，如【字形】为"加粗"，【字体颜色】为"红色"，点击【全部替换】即可，如图 1-2-7 所示。当然也可以在下拉列表中选择其他选项，进行相应的设置。如果想取消刚刚操作的格式替换，可以直接点击【撤销】按钮。

图 1-2-7　格式替换

当然,替换功能不仅可以进行文本替换和格式替换,还可以进行特殊格式替换。特殊格式一般定义为文档中的段落标记、制表位、分栏符、省略符号等内容。利用特殊格式替换功能,可以快速删除长文档中多余的回车符及手动换行符、多余的空格和分节符,或者特定的关键字,还可以将图片快速居中对齐,又或者将一种样式替换为另一种样式,等等。

(五)使用项目符号和编号

在文档中使用项目符号和编号,可以使文档内容条理清晰,便于阅读,同时可以突出显示重点内容。

1. 添加编号

按下 Ctrl 键,依次选中正文中的"实习内容""实习感受""实习总结"这三个不连续的段落,单击【开始】选项卡中【段落】功能组中的【编号】按钮,在弹出的下拉列表中选择一种编号样式,例如"一、二、三、",即可看到为所选段落添加编号后的效果。

2. 添加项目符号

按下 Ctrl 键,依次选中正文"实习总结"中的"继续实习,不断提升理论涵养""努力实践,自觉进行角色转换""提高工作积极性和主动性"这三个不连续的段落,单击【开始】选项卡中【段落】功能组中的【项目符号】按钮,在弹出的下拉列表中选择一种项目符号样式,即可看到为所选段落添加项目符号后的效果。

(六)页眉和页脚

单击【插入】选项卡中【页眉和页脚】功能组中的【页眉】按钮,在弹出的下拉列表中选择一种页眉样式,选择好后系统自动在文档上方插入页眉,这时就可以在页眉处输入要设置的页眉内容"实习报告"。

选中页眉文字,单击【开始】选项卡中【字体】和【段落】功能组可以对页眉内容文字进行设置,例如"宋体、五号、居中"。选择【页眉和页脚工具】的【设计】选项卡,在【关闭】选项组中点击【关闭页眉和页脚】按钮,即可退出页眉页脚编辑状态,或者在正文处双击,也可以退出页眉页脚编辑状态。

页脚设置与页眉设置方法相同。单击【插入】选项卡中【页眉和页脚】功能组中的【页脚】按钮,在弹出的下拉列表中选择一种页脚样式,例如"奥斯汀"类型,选择好后系统自动在文档下方插入页脚。选中第 1 页页脚中的【页 1】,可以在【开始】选项卡中【段落】功能组中选择【居中】按钮,将页脚进行居中显示。选择"奥斯汀"类型的页脚后,在页面周围会产生一个外框线。如果不想要这个外框线,可以在页眉处双击,回到页眉页脚编辑状态,选中此外框线,按下 Delete 键将其删除。

如果需要对已经设置好的页眉内容进行修改,可以单击【插入】选项卡中【页眉和页脚】功能组中的【页眉】按钮,在弹出的下拉列表中选择【编辑页眉】或者【删除页眉】选项。也可以在页眉处双击,回到页眉页脚编辑状态,再进行页眉的编辑或者删除。【编辑页脚】和【删除页脚】的方法与【编辑页眉】和【删除页眉】的方法类似。

最终编辑后的文档效果参见图 1-2-8,再以"实习报告.docx"将文档进行重命名保存。如果需要将实习报告进行打印,可以先通过打印预览和打印设置等操作进行文档打印前的预览。也可以按照之前的方法将其存储为 PDF 格式。

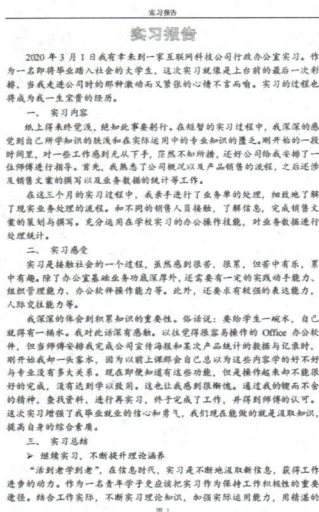

图 1-2-8　文档最终效果

任务三　图文混排

一、任务描述

小张在互联网科技公司实习期间，领导让他制作一份公司的宣传海报，便于进行公司业务推广。小张利用文字处理软件的图文混排操作就可以很轻松地完成海报制作。在 Word 2016 中可以通过插入艺术字、图片、组织结构图以及自选图形等展示文本或数据内容。除制作公司宣传海报外，还可以根据需要设计出图文并茂的产品说明书、企业规划书等。

二、知识储备

(一)图文环绕方式

在文档中可以插入图片增强文档的可读性，Word 2016 能够支持的插图，包括本机存储的图片、联机图片、形状、图标、3D(三维)模型、SmartArt(智能图形)、图表、屏幕截图等，如图 1-3-1 所示。

图 1-3-1　【插图】选项组

常见的图文环绕方式有以下几种，可以通过在【图片】工具的【格式】选项卡下的【排列】选项组中的【环绕文字】下拉列表进行选择，如图 1-3-2 所示。

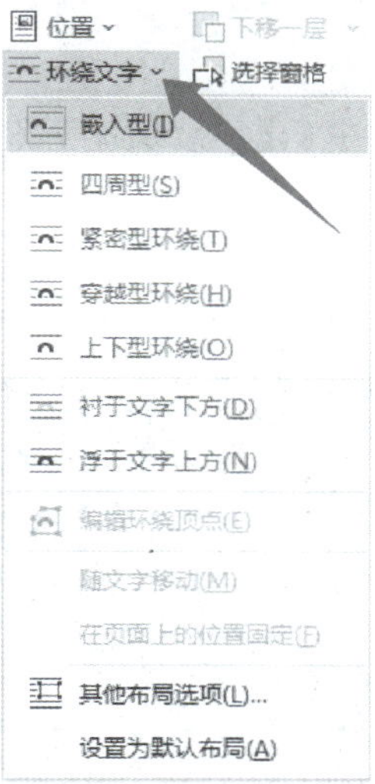

图 1-3-2　环绕文字下拉菜单

（1）嵌入型：文字围绕在图片的上、下方，图片所在行没有文字出现。

（2）四周型：文字在对象四周环绕，形成一个矩形区域。

（3）紧密型环绕：文字在对象四周环绕，以对象边框形状为准，形成环绕区。

（4）穿越型环绕：常用于空心的图片，文字穿过空心部分，在图片周围环绕。

（5）上下型环绕：文字环绕在图片的上部和下部。

（6）衬于文字下方：图片设置为衬于文字下方后，会有部分文字显示在图片上，就像常见的水印一样。

（7）浮于文字上方：图片设置为浮于文字上方后，会有部分文字被其遮挡住，就像平时盖戳一样。

(二)图片叠放顺序

（1）置于顶层：所选中的图片放置于所有图片的最上方。

（2）置于底层：所选中的图片放置于所有图片的最下方。

（3）上移一层：将图片向上移一层。

（4）下移一层：将图片向下移一层。

（5）浮于文字上方：文字位置不变，图片位于文字上方，遮挡了图片区的文字。

（6）浮于文字下方：文字位置不变，图片位于文字下方，文字显示出来。

三、任务实施

(一)使用图片装饰页面

Word 2016 支持更多的图片格式，不仅可以插入文档图片，还可以插入背景图片。在文档中添加符合公司文化的图片元素，可以让公司宣传海报看起来更加生动形象，传递更多的公司理念。

1. 插入背景图片

（1）新建一个 Word 文档，命名为"公司宣传海报. docx"，并进行保存。

（2）将光标定位在文档中，单击【插入】选项卡，在【插图】选项组中点击【图片】按钮，在弹出的【插入图片】对话框中选择给定的素材"背景图.jpg"，单击【插入】按钮。

（3）单击【布局】选项卡【排列】组中的【环绕文字】按钮，在弹出的下拉列表中选择【衬于文字下方】选项。

（4）用鼠标将图片移动至页面左上角，再将鼠标放至图片右下角，按住鼠标左键并拖拽，调整图片大小，使其布满整个页面。效果如图1-3-3所示。

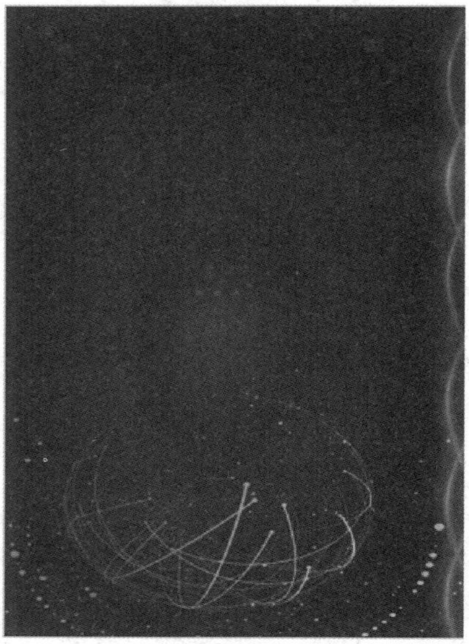

图 1 - 3 - 3　完成背景图的设置

2. 插入公司宣传图片

（1）将光标定位在文档中，单击【插入】选项卡，在【插图】选项组中点击【图片】按钮，在弹出的【插入图片】对话框中选择给定的素材"公司大楼.png"，单击【插入】按钮。

（2）选择插入的图片，点击图片右上角的【布局选项】，在弹出的下拉列表中选择【衬于文字下方】选项，如图1-3-4所示。

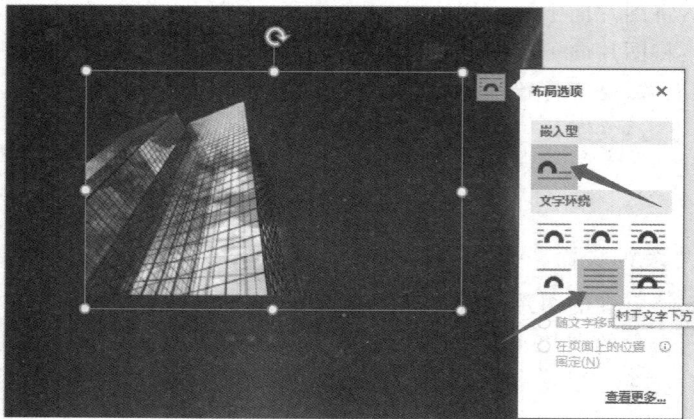

图 1 - 3 - 4　设置公司宣传图片的环绕形式

(3)根据需要调整图片的大小和位置,将该图片移至页面底端。

3．编辑图片

(1)图片的调整。选中"公司大楼.png"图片,在【图片】工具的【格式】选项卡中,选择【调整】选项组中的【校正】按钮,在下拉列表中,可以设置图片的锐化/柔化、亮度/对比度等。在【调整】选项卡中还可以设置图片的颜色、艺术效果、透明度等。将该图片的透明度设置为80％,使其融入背景图中,如图1-3-5所示。

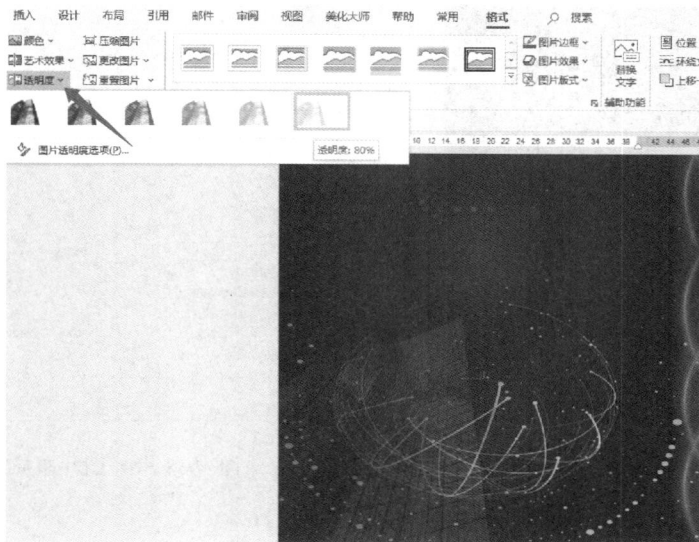

图1-3-5　设置图片透明度

(2)图片样式设置。在【图片样式】选项组中可以设置图片样式、图片边框、图片效果、图片版式等,如图1-3-6所示。

①图片样式:更改图片的整体外观,可以选择预定义的样式直接进行使用。

②图片边框:设置图片边框的颜色、宽度、线型等。

③图片效果:对图片应用某种视觉效果,如阴影、发光、映像或三维旋转等。

④图片版式:将所选的图片转化为SmartArt图形,可以轻松地排列、添加标题并调整图片的大小等。

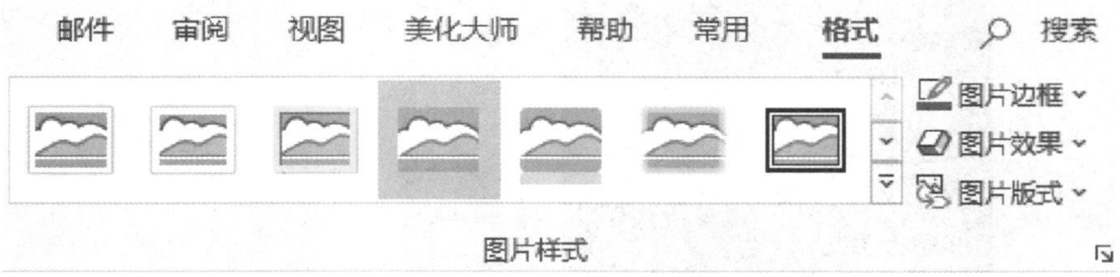

图1-3-6　设置图片样式

(3)图片大小设置。可以根据需要进行图片裁剪。选中背景图片,在【图片】工具的【格式】选项卡中,选择【大小】选项组中的【裁剪】按钮,在弹出的下拉列表中选择【裁剪】。将背景图片右侧的光环部分裁剪掉,按下鼠标左键,适当拖拽调整图片大小,使其布满整个页面。

效果如图 1-3-7 所示。

　　此外,点击【大小】选项组右下角的对话框启动器可以打开【布局】对话框,如果需要自行设置图片的高度和宽度,可以取消【锁定纵横比】,如图 1-3-8 所示。

图 1-3-7　裁剪后的背景图片

图 1-3-8　图片布局设置

4. 组合图片

　　编辑完插入的图片后,可以对图片进行组合,防止不小心移动变形。

　　按住 Ctrl 键,选中需要组合的背景图和公司大楼图片,在【图片】工具的【格式】选项卡中,选择【排列】选项组中的【组合】按钮,在下拉列表中选择【组合】,如图 1-3-9 所示。或者右击鼠标,选择【组合】下拉菜单中的【组合】。

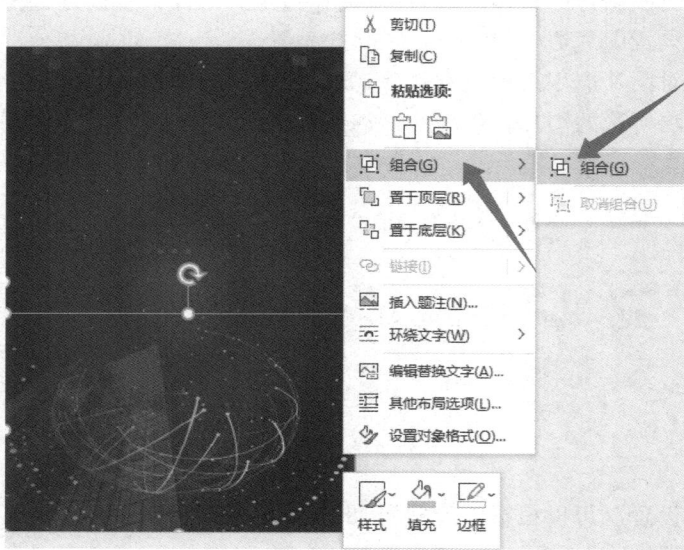

图 1-3-9　组合图片

（二）使用艺术字美化页面

使用 Word 2016 提供的大量的艺术字样式，可以制作出精美的艺术字效果，丰富公司宣传海报。

1. 插入艺术字

单击【插入】选项卡【文本】选项组中的【艺术字】，在弹出的下拉列表中选择一种艺术字样式。在文档中弹出【请在此放置您的文字】文本框，删除文本框中的文字，输入公司宣传海报标题"互联网科技公司"，就完成了插入艺术字标题的操作。

2. 编辑艺术字

插入艺术字后，可以对其进行编辑，如设置艺术字的大小、颜色、位置以及艺术字样式、形状样式等。

（1）设置艺术字字体。选中插入的艺术字，单击【开始】选项卡，点击【字体】选项组右下角的对话框启动器可以打开【字体】对话框，设置字体为"华文行楷、60 号、加粗"。当然也可以根据需要下载安装一些适合的海报字体。

（2）调整艺术字位置。将鼠标指针置于艺术字的文本框上，当鼠标指针发生变化时，按下鼠标左键进行拖动，便可以调整艺术字的位置。将鼠标指针置于艺术字文本框四周的控制柄上，按下鼠标左键进行拖拽，便可以调整艺术字文本框的大小。

（3）设置艺术字样式。选中插入的艺术字，单击【绘图】工具中的【格式】选项卡，可以在【艺术字样式】选项组中的【快速样式】中更改之前选择的艺术字的样式（见图 1-3-10），设置文本填充、文本轮廓、文本效果等。

图 1-3-10 设置艺术字样式

①文本填充：使用纯色、渐变、图片或者纹理填充文本。

②文本轮廓：通过选择颜色、宽度和线型来自定义文本轮廓。

③文字效果：为文字添加阴影、映像、发光、棱台、三维旋转及转换等效果。

例如：选中艺术字，点击【文本填充】下拉列表，选择【渐变】中的【其他渐变】可以看到【设置形状格式】选项，在【文本选项】中设置【渐变填充】中的【渐变光圈】，如图 1-3-11 所示。设置停止点 1 颜色"标准色-浅蓝"，位置"0%"；停止点 2 颜色"标准色-紫色"，位置"73%"；停止点 3 颜色"标准色-紫色"，位置"100%"。将【文本轮廓】设置为"实线""标准色-白色"。点击【文本效果】下拉列表，选择【发光】，在弹出的子菜单中选择"发光：11 磅；蓝色，主题色5"。选择【转换】，在弹出的子菜单中选择【上翘】。可以通过调整橙色的控制点，来调整文字上翘的幅度等。设置后的效果如图 1-3-12 所示。

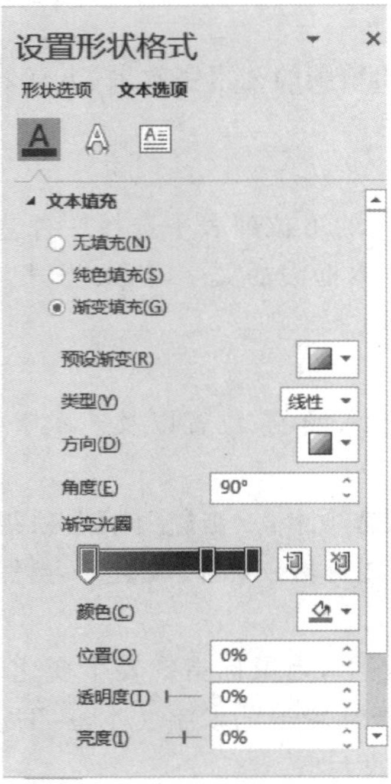

图 1-3-11 设置艺术字的文本填充

图 1-3-12 设置艺术字的文字效果

（4）设置形状样式。选中插入的艺术字，单击【绘图】工具中的【格式】选项卡，可以在【形状样式】选项组中设置形状填充、形状轮廓及形状效果等，如图 1-3-13 所示。

图 1-3-13 设置形状样式

①形状填充：使用纯色、渐变、图片或者纹理填充选定的形状。

②形状轮廓：为形状轮廓选择颜色、宽度和线型。

③形状效果：对选中的形状应用外观效果，如阴影、发光、映像或三维旋转。

（三）使用文本框添加页面文字

在公司宣传海报中可以使用文本框来添加文字内容，这样便于显示宣传文字部分及调整文字位置。

单击【插入】选项卡，在【文本】选项组中点击【文本框】按钮，在下拉列表中选择【绘制横排文本框】选项。将鼠标光标定位在文档中，按住鼠标左键拖拽，即可完成文本框的绘制。在文本框中输入如图 1-3-14 所示的文本内容，根据需要设置文本框中文本的样式，可以按照之前艺术字文本框调整的方法来调整插入的这个文本框的大小和位置。

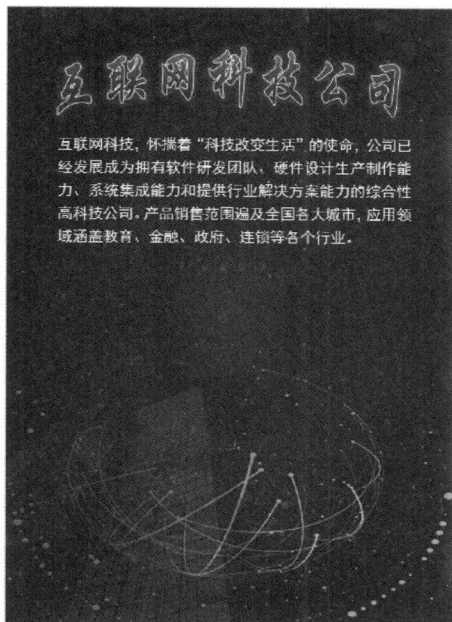

图 1 - 3 - 14　文本框内容设置完成

选中文本框,单击【绘图】工具中的【格式】选项卡,在【形状样式】选项组中设置【形状填充】及【形状轮廓】均为"无填充"。单击【开始】选项卡,在【字体】功能组中设置字体为"黑体、20 号、白色背景 1"。

(四)使用 SmartArt 图形传递信息

在企业宣传海报中,可以使用 SmartArt 图形直观形象地展示重要的文本信息,吸引用户的关注。Word 2016 中提供了很多 SmartArt 图形供用户选择,如列表、流程、循环、图片等。

1. 插入 SmartArt 图形

单击【插入】选项卡下的【插入】选项组中的【SmartArt】按钮。在弹出的【选择 SmartArt 图形】的对话框中,选择【循环】选项,在右侧列表框中选择【射线循环】类型,单击【确定】按钮,如图 1 - 3 - 15 所示。

图 1 - 3 - 15　选择 SmartArt 图形

选中插入的 SmartArt 图形,在【SmartArt】工具的【格式】选项卡中,单击【排列】选项组中的【环绕文字】,在下拉列表中选择【衬于文字上方】。这样可以方便地调整 SmartArt 图形的位置。在图形中根据图 1-3-16 输入文字内容。

2. 编辑 SmartArt 图形

编辑 SmartArt 图形包括更改文字样式、创建新图形、改变图形级别、设置 SmartArt 图形样式等。

(1)设置 SmartArt 图形的文字。选择 SmartArt 图形中的文字,单击【开始】选项卡,在【字体】功能组中设置字体为"黑体、16 号、加粗",如图 1-3-16 所示。

图 1-3-16　设置 SmartArt 图形的文字

(2)调整 SmartArt 图形的大小。选中 SmartArt 图形,按下 Shift 键,拖拽图形周围的控制点,可以同比例放大或缩小 SmartArt 图形。

(3)为 SmartArt 图形添加形状。确定需要添加 SmartArt 图形的位置,选中旁边的图形,右击鼠标,选择【添加形状】,在下拉菜单中选择【在后面添加形状】或者【在前面添加形状】。选中新添加的形状,右击鼠标,选择【编辑文字】,在新添加的图形中输入文字"销售推广",并将该字体格式设置为与其他文字相同,如图 1-3-17 所示。如果不需要某一个形状,选中后直接按 Delete 键,即可删除。

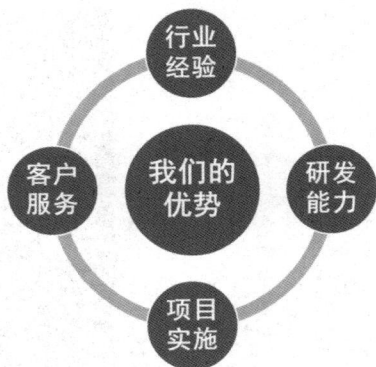

图 1-3-17　为 SmartArt 图形添加形状

(4)移动 SmartArt 图形。选择需要移动位置的图形,在【SmartArt】工具的【设计】选项卡中,单击【创建图形】选项组中的【上移】或者【下移】,如图 1-3-18 所示。

(5)更改 SmartArt 图形的颜色及样式。在【SmartArt】工具的【设计】选项卡中,单击【SmartArt 样式】选项组中的【更改颜色】,可以更改 SmartArt 图形的颜色。点击【SmartArt 样式】选项组中的【其他】按钮,在弹出的下拉列表中可以选择一种 SmartArt 样式。更改 SmartArt 样式后,图形中的文字样式也会随之发生变化,如图 1-3-19 所示。

图 1 - 3 - 18 【创建图形】选项组

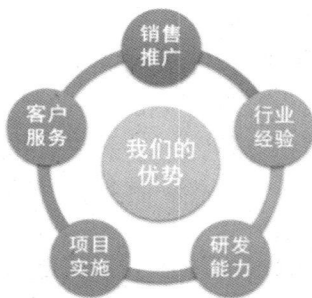

图 1 - 3 - 19 更改 SmartArt 图形的颜色及样式

(五)使用自选图形装饰页面

Word 2016 提供了多种自选图形,如线条、基本形状、流程图等,我们可以根据需要选择合适的图形装饰页面。

1. 插入自选图形

单击【插入】选项卡下【插图】选项组中的【形状】按钮,在弹出的下拉列表中选择"星星"形状,按住鼠标左键拖拽至合适大小。选中该图形,右击鼠标,选择【设置形状格式】,在【填充】中设置颜色为"标准色-橙色",【透明度】设置为"50%",【线条】设置为"无线条",如图 1 - 3 - 20 所示。使用同样的方法,可以绘制其他自选图形装饰页面。

2. 编辑自选图形

选中插入的星星形状,将鼠标指针放在图形边框的四个圆形控制点上,当鼠标指针改变时,按住鼠标左键并拖拽,即可改变图形大小。将鼠标指针放在图形边框上,当鼠标指针改变时,按住鼠标左键移动,可以调整图形的位置。设置好的图形,可以多复制几个,调整不同的大小及透明度,放置在页面不同的位置。

选中图形,单击【绘图】工具的【格式】选项卡,在【排列】选项组中,可以选择【上移一层】或者【下移一层】,调整图形的层次顺序。公司宣传海报最终效果如图 1 - 3 - 21 所示。

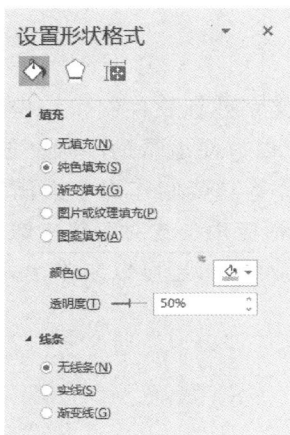

图 1 - 3 - 20 设置自选图形形状格式

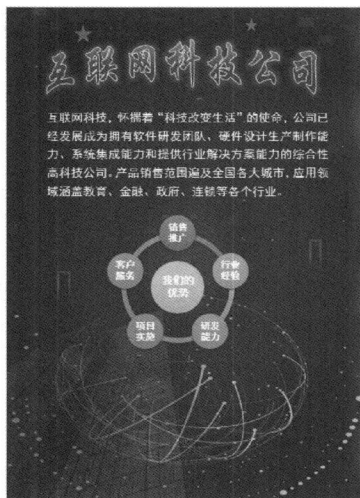

图 1 - 3 - 21 公司宣传海报最终效果图

项目一 文档处理

029

(六)生成 PDF 文件轻松打印

为了便于将公司宣传海报进行打印,可以将文件存储为 PDF 格式。

单击【文件】选项卡,在打开的列表中选择【另存为】选项,在右侧区域单击【浏览】按钮,在弹出的【另存为】对话框中可以使用默认已保存的文件名及保存路径,再在【保存类型】下拉列表中选择【PDF(*.pdf)】,如图 1 - 3 - 22 所示。

如果想将文档保存为加密发布的 PDF 格式,可以在选择了【保存类型】为 PDF 格式后,再在下面点击【选项】按钮,打开【选项】对话框,在【PDF 选项】中点选【使用密码加密文档】,然后输入设置的密码,如图 1 - 3 - 23 所示。这样必须输入密码才能再次打开 PDF 文档。

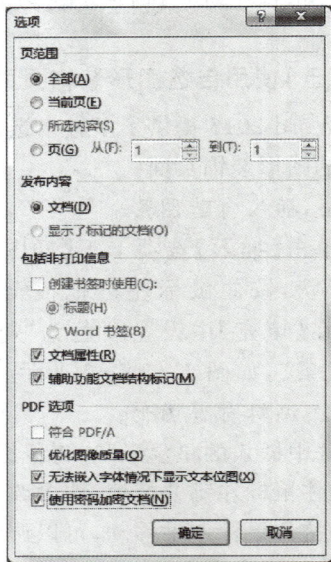

图 1 - 3 - 22　文档保存为 PDF 格式　　　　图 1 - 3 - 23　加密发布 PDF 格式文档

任务四　表格制作

一、任务描述

小张在互联网科技公司实习过程中,师傅让他利用文字处理软件制作一份产品销售业绩表。文字处理软件中的表格操作和数据处理功能就可以方便地帮助小张完成这项任务。在 Word 2016 中可以通过插入表格、编辑表格、表格计算等功能制作出令人满意的各种表格。掌握在文档中插入和编辑表格、对表格进行美化、灵活应用公式对表格中数据进行处理等操作之后,根据需要不仅可以制作出企业的产品销售业绩表,还可以制作个人简历、毕业生推荐表、产品订购单等。

二、知识储备

(一)创建表格

表格一般由行和列组成,横向被称为行,纵向被称为列,由行和列组成的方格被称为单元格。如果表格中每一行的列数以及每一列的行数都相同,则是规则表格,否则就是不规则表格。用户可以通过表格展示数据或对比情况,可以在表格中添加相应的内容。在处理表格前,需要事先创建表格。Word 2016 提供了多种创建表格的方法,我们在制作产品销售业绩表时,可以根据需要进行选择。

1. 自动插入表格

(1)拖动行列数插入表格。将鼠标光标定位在需要插入表格的地方,单击【插入】选项卡,在【表格】选项组中点击【表格】按钮,在【插入表格】区域内选择需要插入表格的行数和列数,即可以在光标停留的位置插入表格,如图1-4-1所示。该方法仅限于插入的表格少于8行10列。

(2)利用【插入表格】对话框创建表格。将鼠标光标定位在需要插入表格的地方,单击【插入】选项卡,在【表格】选项组中点击【表格】按钮,在下拉菜单中选择【插入表格】选项,即可打开【插入表格】对话框,在【表格尺寸】的输入框中填入相应的行数和列数。【"自动调整"操作】下面有三个关于调整表格宽度的选项,分别为:固定列宽、根据内容调整表格和根据窗口调整表格。【固定列宽】后有一个文本输入框,默认值为"自动",也就是根据内容调整列宽,如图1-4-2所示;也可以输入列宽。

图1-4-1　拖动行列数插入表格

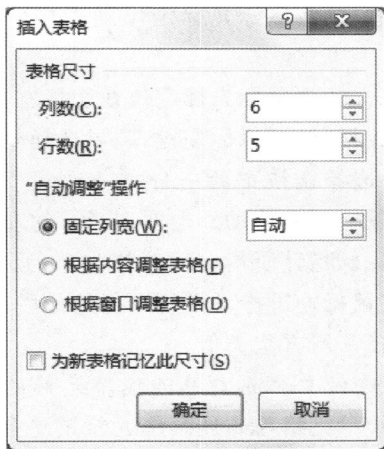

图1-4-2　利用【插入表格】对话框创建表格

2. 手动绘制表格

上述方法比较适合在文档中插入规则表格。当我们需要创建不规则表格时,可以使用表格绘制工具来手动绘制表格。将鼠标光标定位在需要插入表格的地方,单击【插入】选项卡,在【表格】选项组中点击【表格】按钮,在下拉菜单中选择【绘制表格】选项。此时,鼠标指针会变成铅笔形状,在鼠标光标停留的位置单击并拖拽绘制表格,如图1-4-3所示。根据需要可以绘制行线、列线或者斜线等。

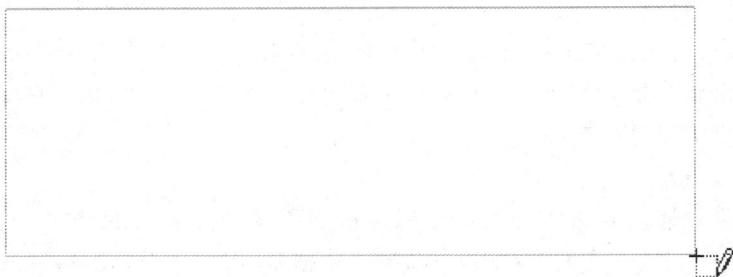

图1-4-3　手动绘制表格

3. 使用快速表格样式

可以利用 Word 2016 提供的内置表格模型来快速创建表格,但提供的表格类型有限,只适用于创建特定格式的表格。

将鼠标光标定位在需要插入表格的地方,单击【插入】选项卡,在【表格】选项组中点击【表格】按钮,在下拉菜单中选择【快速表格】选项,在弹出的子菜单中选择需要的表格类型即可。

(二)选择表格

对表格进行编辑前,首先需要选择编辑对象。表格的选择包括整个表格的选择、行/列的选择以及单元格的选择。表格的选择和前面讲的文本的选择方法类似。

1. 选择整个表格

方法一:将鼠标光标定位到表格,当表格的左上方出现 ⊞ 标记时,单击即可选中整个表格。

方法二:将鼠标光标定位在表格左上角的第一个单元格,按住鼠标左键拖动到表格右下角的单元格,松开鼠标左键,即可选择整个表格。

2. 选择表格中的一行或一列

将鼠标光标移动到需要选择行的左侧空白区,当鼠标指针呈现空心箭头形状时,单击即可选择鼠标指针所指向的表格的一行。或者将鼠标指针定位在需要选择行的第一个单元格,按住鼠标左键拖动至所选行的最后一个单元格,也可选择表格的一行。选择表格中的一列与选择一行方法类似。

3. 连续单元格与非连续单元格的选择

连续单元格与非连续单元格的选择与前面讲的文本的连续选定和不连续选定的方法类似。

(三)插入/删除单元格

如果在插入表格时没有规划好,一次性插入的单元格不符合要求,则需要在已经插入的表格中插入或删除单元格。

1. 插入单元格

将光标定位在需要插入单元格的位置,右击鼠标,在快捷菜单中选择【插入】命令,弹出表格插入选项,在列表中根据需要选择即可,或者在【表格工具】下的【布局】选项卡中【行和列】选项组中进行选择,如图1-4-4所示。

图 1-4-4　添加单元格的两种方法

2. 删除单元格

将光标定位在需要删除的单元格,右击鼠标,在快捷菜单中单击【删除单元格】命令,弹出【删除单元格】对话框,选择相应的删除方式,单击【确定】按钮,或者在【表格工具】下的【布局】选项卡中点击【删除】按钮,在弹出的下拉列表中选择相应的删除方式,如图 1-4-5 所示。

图 1-4-5　删除单元格的两种方法

(四)合并/拆分单元格

编辑不规则表格时,经常会用到单元格的合并与拆分,从而可以制作出不同的表格形式。

1. 合并单元格

合并单元格是在不改变表格大小的情况下将两个以上的多个单元格合并为一个单元格。方法如下:选择需要合并的多个单元格,右击鼠标,在弹出的快捷菜单中选择【合并单元格】命令,或者在【表格工具】下的【布局】选项卡中的【合并】选项组中选择【合并单元格】,如图 1-4-6 所示。

图 1-4-6　合并单元格的两种方法

2. 拆分单元格

将光标定位在需要拆分的单元格,右击鼠标,在弹出的快捷菜单中选择【拆分单元格】命令,或者在【表格工具】下的【布局】选项卡中的【合并】选项组中选择【拆分单元格】,如图1-4-7所示。

此外,如果要将一个表格拆分成多个,可以在【表格工具】下的【布局】选项卡中的【合并】选项组中选择【拆分表格】,如图1-4-8所示。

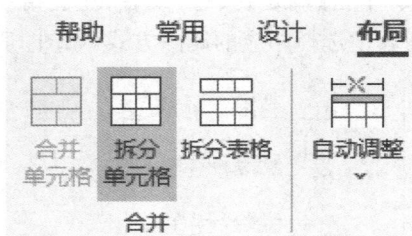

图 1-4-7　拆分单元格的两种方法　　　　　　　　图 1-4-8　拆分表格

(五)调整表格的行高与列宽

当表格中单元格内的文本与表格大小不匹配时,则需要对单元格的行高和列宽进行调整。

1. 自动调整行高和列宽

在 Word 2016 中,可以使用自动调整行高和列宽的方法调整表格,在【表格工具】中,选择【布局】选项卡下的【单元格大小】选项组中的【自动调整】按钮,在弹出的下拉列表中选择【根据内容自动调整表格】即可。

2. 利用鼠标光标调整表格的行高和列宽

可以使用鼠标拖拽的方法来调整表格的行高和列宽,使用这种方法调整比较直观,但不够精确。将鼠标定位在需要调整行高的表格相应位置的横线处,当鼠标变成⇕形状时,按住鼠标左键向上下方向拖动,可改变行高。同理,将鼠标定位在需要调整列宽的表格相应位置的竖线处,当鼠标变成↔形状时,按住鼠标左键向左右方向拖动,可改变列宽。

3. 使用【表格属性】来调整行高和列宽

使用【表格属性】可以精确地调整表格的行高和列宽。将鼠标光标定位在需要调整行高和列宽的单元格中,在【表格工具】中,选择【布局】选项卡下的【单元格大小】选项组中的【表格列宽】和【表格行高】输入框,设置单元格的大小。

除此以外,将鼠标移动至表格的右下角框线外,当鼠标变成↘形状时,向不同方位拖动,即可总体上改变表格中所有单元格的行高和列宽。

(六)【表格工具】选项卡的使用

绘制出表格后,选中表格,功能区将显示【表格工具】选项卡,对绘制的表格进行后期的编辑处理。

1. 继续绘制表格

单击【布局】选项卡（见图 1-4-9）中【绘图】选项组的【绘制表格】按钮，可继续绘制表格。

图 1-4-9 【布局】选项卡

2. 擦除表格线条

单击【布局】选项卡中的【绘图】选项组的【橡皮擦】按钮，鼠标指针变成橡皮擦形状，移动鼠标到需要擦除的线条上，单击后可删除对应线条。

3. 对齐方式

选定需要对齐的单元格，单击【布局】选项卡中【对齐方式】选项组，选择需要的对齐方式即可。

4. 修改绘制表格的线型、边框线宽度、线条颜色及底纹等

选择【设计】选项卡中的【边框】选项组，在【边框样式】、【笔画粗细】及【笔颜色】下拉列表中可以分别设置表格的线型、边框线的粗细及线条颜色。点击【表格样式】选项组中的【底纹】，为表格设置底纹，如图 1-4-10 所示。或者点击【边框】选项组右下角的对话框启动器，打开【边框和底纹】对话框进行相应的设置，如图 1-4-11 所示。

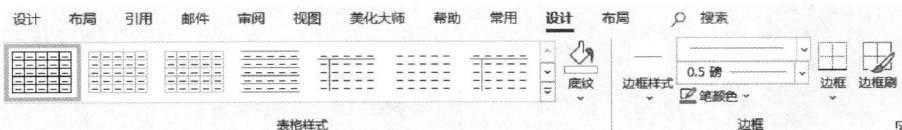

图 1-4-10 【设计】选项卡

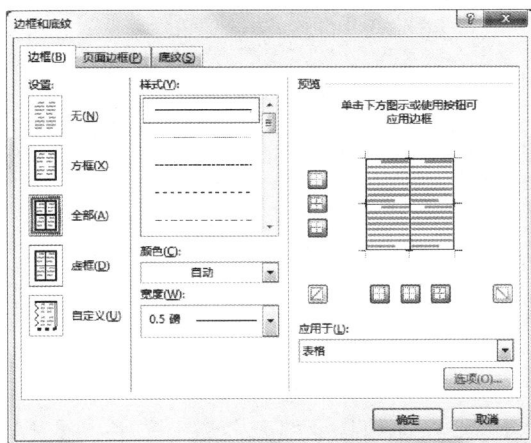

图 1-4-11 【边框和底纹】对话框

5．退出表格绘制

在绘制状态下，单击【绘图】选项组中的【绘制表格】按钮，可退出绘制表格状态；或者按下 Esc 键也可退出表格绘制状态。

（七）表格的转换

1．将表格转换成文本

选择需要转换成文本的表格，在【表格工具】下，点击【布局】选项卡中【数据】选项组中的【转换为文本】按钮。在弹出的【表格转换成文本】对话框中，在【文字分隔符】中选择【制表符】选项，单击【确定】，即可将选中的表格转换为文本，如图 1-4-12 所示。

2．将文本转换成表格

选择需要转换成表格的文本，单击【插入】选项卡下【表格】选项组中的【表格】下拉按钮，在弹出的下拉列表中单击【文本转换成表格】选项，弹出【将文字转换成表格】对话框，在【表格尺寸】中设置需要的列数，在【文字分隔位置】中选择【制表符】选项。单击【确定】，即可将选中的文本转换为表格，如图 1-4-13 所示。

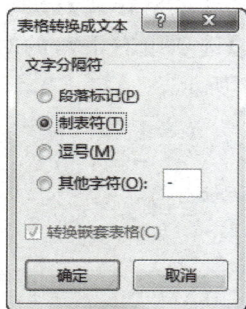

图 1-4-12　表格转换成文本　　　　图 1-4-13　文本转换成表格

三、任务实施

掌握了以上关于表格的操作技巧，我们一起来制作产品销售业绩表。

（一）创建文档

（1）启动 Word 2016，自动打开一个新的空白文档。

（2）单击快速访问工具栏中的【保存】按钮，将文档以"产品销售业绩表"为文件名进行保存。

（二）制作表格

1．设置表格标题等

在文档的第一行输入标题"产品销售业绩表"，选中文字，在【开始】选项卡的【字体】功能组中设置文字格式为"黑体、三号、居中"。在第二行输入"制表日期：　年　　月　　日"，文字格式设置为"宋体、五号、右对齐"。段落格式设置为"段后间距 0.1 行"。

2. 创建表格

将光标定位在第三行,单击【插入】选项卡,在【表格】选项组中点击【表格】按钮,在下拉菜单中选择【插入表格】选项,即可打开【插入表格】对话框,在【列数】文本框中输入"6",在【行数】文本框中输入"6"。

3. 编辑表格

(1)设置表格居中显示及宽度。选中整个表格,在【表格工具】的【布局】选项卡中,在【单元格大小】选项组中设置【表格行高】为"1厘米",【表格列宽】为"2.6厘米"。在【对齐方式】选项组中选择【水平居中】。

(2)设置文本格式。在产品销售业绩表中输入相应的文本内容后,可以设置文本的格式等。拖动鼠标选择这个表格中的文本或者单击表格左上角的【全选】按钮,选择整个表格。在【开始】选项卡的【字体】功能组中设置文字格式为"楷体、五号"。根据单元格内容可以按照知识储备中的操作方法,适当调整表格中某些行或者列的行高或列宽。效果如图1-4-14所示。

产品销售业绩表

制表日期: 年 月 日

产品	第一季度	第二季度	第三季度	第四季度	合计
产品1	15	20	19	22	
产品2	42	39	38	40	
产品3	35	29	31	38	
产品4	28	29	30	44	
产品5	37	41	46	39	

图1-4-14 产品销售业绩表

(3)设置表格样式。在 Word 2016 中内置了多种表格样式,用户可以根据需要进行选择。将鼠标定位在表格中的任何一个单元格中,在【表格工具】下,选择【设计】选项卡中的【表格样式】选项组中的【其他】按钮,在弹出的下拉列表中选择一种表格样式,如图1-4-15所示。如果文字的对齐方式随着套用表格发生变化,可以全选表格后,重新进行【居中】对齐。也可以通过在【设计】选项卡中,单独设置指定单元格的边框和底纹等,来对表格进行美化操作。

产品销售业绩表

制表日期: 年 月 日

产品	第一季度	第二季度	第三季度	第四季度	合计
产品1	15	20	19	22	
产品2	42	39	38	40	
产品3	35	29	31	38	
产品4	28	29	30	44	
产品5	37	41	46	39	

图1-4-15 套用表格样式的产品销售业绩表

(4)计算表格数据。应用产品销售业绩表中提供的表格计算功能,可以对表格中的数据进行一些简单的运算。将鼠标定位在需要进行计算的单元格中,单击【布局】选项卡下【数据】选项组中的【公式】按钮。在弹出的【公式】对话框中,在【公式】文本框中输入"＝SUM(LEFT)",单击【确定】即可计算出结果,如图 1－4－16 所示。使用同样的方法,计算出最后一列的销售合计。

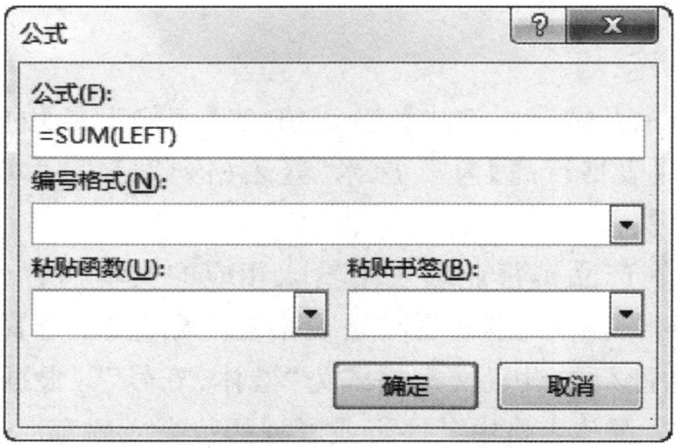

图 1－4－16　公式

　　【公式】文本框中输入的公式为"＝SUM(LEFT)",表示对表格中所选单元格左侧的数据求和。【编号格式】下拉列表框用于设置计算结果的数字格式。在【粘贴函数】下拉列表中可以根据需要选择函数类型。

　　(5)表格数据排序。在产品销售业绩表中,可以按照升序或者降序将表格中的内容按照笔画、数字、拼音及日期等进行排序。对表格中的数据进行排序时,表格中不能有合并过的单元格。

　　将鼠标定位在"合计"列的任何一个单元格中,单击【布局】选项卡下【数据】选项组中的【排序】按钮。在弹出的【排序】对话框中,在【主要关键字】的下拉列表中选择"合计",在【类型】中选择"数字",然后选择"降序",点击【确定】按钮即可生成排序结果,如图 1－4－17 所示。

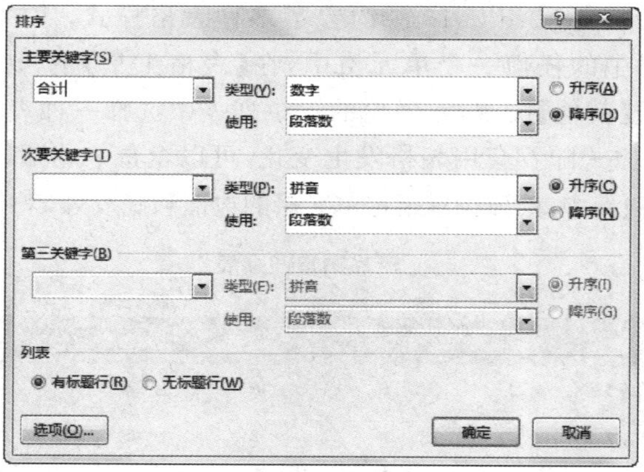

图 1－4－17　对"合计"进行排序

　　(6)合并单元格。将鼠标定位在表格最后一行的任何一个单元格中,右击鼠标,在【插入】子菜单中选择【在下方插入行】。选择新插入行的所有单元格,鼠标右击,选择【合并单元格】。然后,输入文本"销售合计(大写): 小写: (元)",用空格键将两部分文本适当留有间隔。利用前面进行表格计算的方法,计算出销售总额,并填入相应的大写。最终产品销售业绩表效果如图 1－4－18 所示。

产品销售业绩表

制表日期： 年 月 日

产品	第一季度	第二季度	第三季度	第四季度	合计
产品5	37	41	46	39	163
产品2	42	39	38	40	159
产品3	35	29	31	38	133
产品4	28	29	30	44	131
产品1	15	20	19	22	76
销售合计（大写）：陆佰陆拾贰万元整				小写：662（万元）	

图1-4-18 产品销售业绩表

任务五 长文档排版

一、任务描述

小王就要大学毕业了，他要完成的最后一项"作业"就是撰写毕业论文并对其进行排版。毕业论文不仅文档长，而且有严格的格式要求，处理起来比普通文档要复杂得多。为了增加毕业论文的"颜值"，给指导老师留下良好的印象，小王认真地学习了长文档排版用到的各个功能，轻松搞定了论文的排版。

我们可以使用自定义样式并将其应用到文档中，使用大纲级别标题自动生成目录，利用域灵活插入页眉页脚等方法，对毕业论文进行有效的编辑排版。利用科学的思维方式，掌握高效的操作方法，将复杂的问题简单化，这样，我们就可以节约自身时间，提高工作效率。

二、知识储备

（一）样式

样式是提前设置好的一组已经命名的字符和段落格式集合，它是Word中最强有力的工具之一，使用它可以快速统一文档格式。样式实际上是一种模板，该模板已经将字体大小、字体颜色、缩进、间距等格式预设为固定值。使用样式可将选中文字一次性设置各种格式，避免逐项设置或重复设置。在样式的应用中，我们可以使用"格式刷"复制已有的文字或段落中的样式并将其应用到新的文字或段落上，也可以应用系统提供的样式，还可以编辑或新建样式以满足实际需求。应用样式可以自动完成该样式中所包含的所有格式的设置工作，从而可以大大提高文档的排版效率。

（二）多重页码设置

在前面任务中，我们学习了插入简单的页眉和页码，在正常情况（即没有添加节的情况）下，不同页的页眉和页码格式都是相同的。如果需要实现在不同页插入不同的页眉与页码，如每一章用不同的页眉，文档的目录和正文部分插入不同的编码格式等，就需要用到"分节符"。

分节符是为了表示"节"结束而插入的标记。利用分节符可以把文档划分为若干个

"节",每个节为一个相对独立的部分,从而可以在不同的"节"中设置不同的页面格式,如不同的页眉和页脚、不同的页边距、不同的背景图片等。由于不同节的格式可以截然不同,所以可以排版出一些复杂的版面。

(三)模板的使用

Word 模板是一种特殊文档,它是提供塑造最终文档外观的基本工具和文本。在 Word 中,模板是文档的一种模式,用 Word 编辑的文档都基于一种文档模板。如打开一个空白文档是基于 Normal. dot 模板,让用户可以在其中设置自己的样式、正文和图表等。

在 Word 中,一个文档模板可以包含以下几个方面:

(1)信件、备忘录和报告中相同的文本和图形。当创建新文档时,Word 自动把文本和图形插入该文档之中。

(2)在段落中使用样式进行排版,包括字体、字号和缩进等。

(3)标准文本和插入图形、公司标记或图文集。

(4)自动完成编辑和格式编排功能的宏。

三、任务实施

(一)页面设置

(1)设置页边距为:上下边距 3 厘米,左右边距 2.5 厘米,装订线 0.5 厘米。

选择【布局】选项卡,点击【页面设置】选项组右下角的对话框启动器按钮,打开【页面设置】对话框。设置【页边距】的【上】为"3 厘米",【下】为"3 厘米",【左】为"2.5 厘米",【右】为"2.5 厘米",【装订线】为"0.5 厘米",如图 1-5-1 所示。

(2)设置版式为:页眉和页脚"奇偶页不同",页眉距边界 2.5 厘米。

点击【版式】,在【页眉和页脚】处勾选【奇偶页不同】,设置【距边界】的【页眉】为"2.5 厘米",点击【确定】即可,如图 1-5-2 所示。设置完成后,删除页面调整后第 2、3、4、5 页顶部多余的换行符。

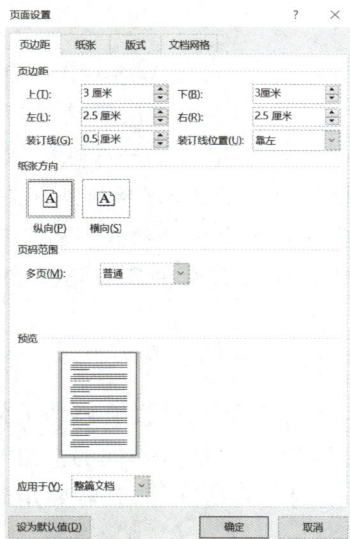

图 1-5-1　进行页面页边距设置　　　　图 1-5-2　进行页面版式设置

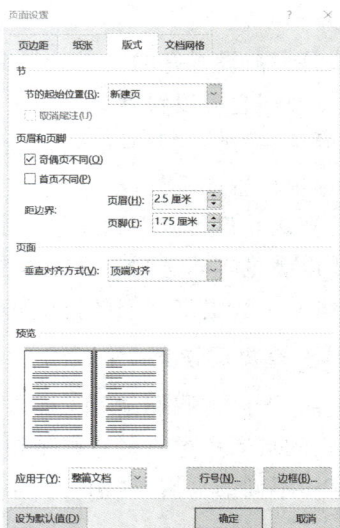

（二）属性设置

在【文件】选项卡的【信息】窗口右侧，单击【属性】按钮，在打开的下拉列表中选择【高级属性】选项，打开【文档属性】对话框。在【标题】处输入论文名称，在【作者】处输入自己的"学号＋姓名"，在【单位】处输入所在班级，如图1－5－3所示。

（三）样式应用

1. 应用样式

要求：设置红色字体颜色的章名为"标题1"样式，设置蓝色字体颜色的节名为"标题2"样式，设置绿色字体颜色的小节名为"标题3"样式。

操作：选中一个红色标题，单击【开始】选项卡的【编辑】选项组中的【选择】按钮，单击【选定所有格式类似的文本（无数据）】（见图1－5－4），同时选中所有的红色文字，在【开始】选项卡的【样式】选项组中，单击【快速样式】列表中的"标题1"样式。

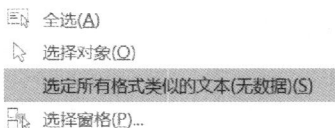

图1－5－3　设置文件属性

图1－5－4　选择相同样式文字

或者单击【开始】选项卡的【样式】选项组的右下角的对话框启动器按钮，打开【样式】任务窗格，选择"标题1"样式，如图1－5－5所示。

图1－5－5　应用"标题1"样式

用同样的操作,同时选中所有的蓝色文字,设置为"标题 2"样式。同时选中所有的绿色文字,设置为"标题 3"样式。

2. 修改样式

要求:将"标题 1"样式修改为"黑体,四号,加粗,顶格,段前段后设置为 0.5 行,单倍行距";将"标题 2"样式修改为"宋体,小四号,不加粗,顶格,段前段后设置为 0.5 行,单倍行距";将"标题 3"样式修改为"宋体,小四号,不加粗,缩进 2 个字符,段前段后设置为 0.5 行,单倍行距"。

操作:在【样式】任务窗格的样式列表中,单击【标题 1】样式右边的下拉按钮或用鼠标右键单击【标题 1】样式,在弹出的快捷菜单中选择【修改】命令,打开【修改样式】对话框。点击左下角【格式】按钮,选择【字体】,打开【字体】对话框,修改字体为"黑体,四号,加粗",点击【确定】,如图 1-5-6 所示。

点击【格式】按钮,选择【段落】,打开【段落】对话框,选择【缩进和间距】,设置【特殊格式】为"无",【段前】和【段后】为"0.5 行",【行距】为"单倍行距",点击【确定】,如图 1-5-7 所示。

图 1-5-6 修改"标题 1"文字样式　　　　　图 1-5-7 修改"标题 1"段落样式

用同样的操作,设置"标题 2"样式的【字体】为"宋体,小四号,不加粗"。设置【段落】对话框中的【特殊格式】为"无",设置【间距】为"段前段后 0.5 行,单倍行距",点击【确定】。设置完成后"标题 2"的【修改样式】对话框如图 1-5-8 所示。

设置"标题 3"样式的【字体】为"宋体,小四号,不加粗"。在【段落】对话框中选择【缩进和间距】,设置【特殊格式】为"首行缩进",【缩进值】为"2 字符",设置【间距】为"段前段后 0.5 行,单倍行距",点击【确定】。设置完成后"标题 3"的【修改样式】对话框如图 1-5-9 所示。

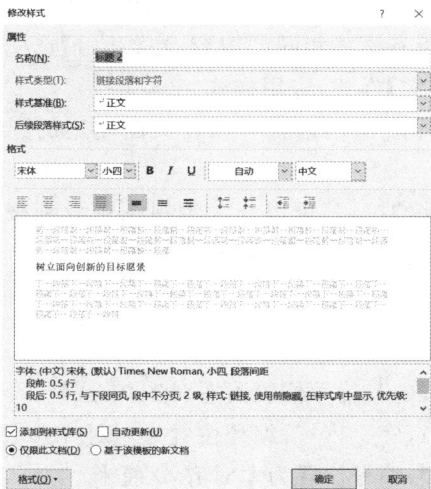

图 1-5-8 修改"标题2"样式

图 1-5-9 修改"标题3"样式

3. 新建样式

要求：新建一个名称为"论文正文"的样式，格式要求为"宋体，小四号，固定值，20磅，首行缩进2个字符"，并将"论文正文"样式应用于正文文本中。

操作：单击【开始】选项卡的【样式】选项组右下角的对话框启动器按钮，在【样式】任务窗格的左下角，单击【新建样式】按钮，打开【根据格式设置创建新样式】对话框。设置【名称】为"论文正文"，【样式基准】为"正文"。点击左下角【格式】按钮，选择【字体】，打开【字体】面板，设置【字体】为"宋体"，【字号】为"小四"，点击【确定】，如图1-5-10所示。

点击左下角【格式】按钮，选择【段落】，打开【段落】面板，设置【行距】为"固定值"，【设置值】为"20磅"，设置【特殊格式】为"首行缩进"，【缩进值】为"2字符"，点击【确定】，如图1-5-11所示。

图 1-5-10 设置新建样式字体

图 1-5-11 设置新建样式段落

选择一段论文中的正文的内容,在【开始】选项卡中单击【编辑】功能组的【选择】按钮,单击【选定所有格式类似的文本(无数据)】,同时选中所有格式相同的内容,在【开始】选项卡的【样式】选项组中,单击【快速样式】列表中的【论文正文】样式,应用样式。

此时在【视图】选项卡的【显示】功能组中勾选【导航窗格】,就可以在页面左边的【导航】中看到之前设置的各个标题。

若在【视图】选项卡的【视图】功能组中单击【大纲】按钮,可以在大纲视图中看到根据大纲级别划分的文档各部分内容。点击【关闭大纲视图】即可关闭大纲视图的展示。

(四)多级列表

1. 要求

(1)设置"标题 1"样式的多级编号为"一,二,三,…",编号位置为左对齐,0 厘米;

(2)设置"标题 2"样式的多级编号为"(一),(二),(三),…",编号位置为左对齐,0 厘米;

(3)设置"标题 3"样式的多级编号为"1,2,3,…",编号位置为左对齐,0 厘米。

2. 操作

在【开始】选项卡的【段落】选项组中,单击【多级列表】按钮,在弹出的下拉列表中选择【定义新的多级列表】命令,在弹出的【定义新多级列表】对话框中,单击【更多】按钮。在【定义新多级列表】对话框中选择相应的设置。

单击【要修改的级别】"1",选择【此级别的编号样式】为"一,二,三",在【输入编号的格式】处填写"一、",在【将级别链接到样式】处选择"标题 1"样式,如图 1-5-12 所示;单击【要修改的级别】"2",选择【此级别的编号样式】为"一,二,三",在【输入编号的格式】处填写"(一)",在【将级别链接到样式】处选择"标题 2"样式;单击【要修改的级别】"3",选择【此级别的编号样式】为"1,2,3",在【输入编号的格式】处填写"1.",在【将级别链接到样式】处选择"标题 3"样式。将三级的【文本缩进位置】全部改为"0 厘米"。最后点击【确定】。

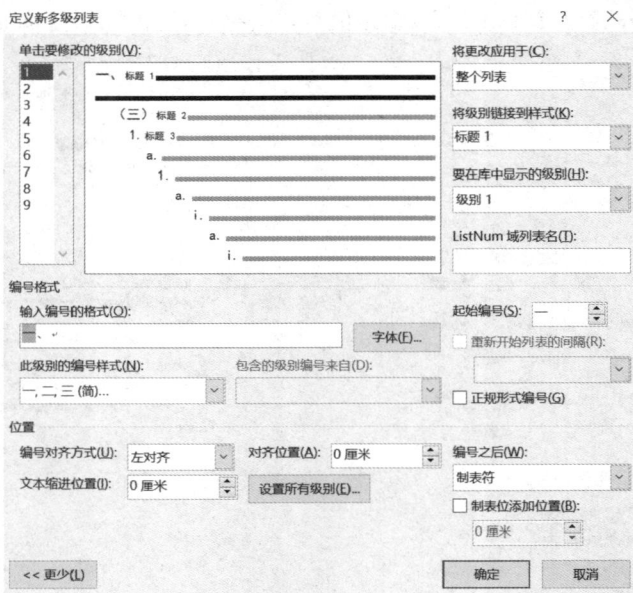

图 1-5-12　自定义多级列表

(五)题注及交叉引用应用

在编辑文档的过程中时常会需要插入图片、表格等对象,这时就会用到题注和交叉引用的功能。题注是针对图片、表格、公式一类的对象,为它们建立的带有编号的说明段落。而交叉引用是为对象编号后,使得正文中的引用文字和图片编号相互关联的功能。

1. 为"表格 2.1"添加题注

选中表格,在【引用】选项卡中找到【题注】功能区,单击【插入题注】按钮,打开【题注】对话框。单击【新建标签】,新建一个标签为"表 2.",【位置】为"所选项目上方",点击【编号】,打开【题注编号】对话框,选择【格式】为"1,2,3,…",如图 1-5-13 所示。设置【题注】为"表 2.1 创新能力构成要素",点击【确定】。

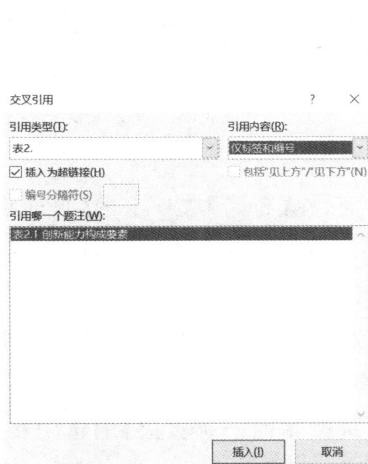

图 1-5-13　插入题注

2. 在正文"表 2.1"处添加表格的引用文字

在【引用】选项卡中找到【题注】功能区,点击【交叉引用】按钮,打开【交叉引用】对话框,在【引用类型】中选择"表 2.",引用"表 2.1 创新能力构成要素"题注,在【引用内容】处选择"仅标签和编号",点击【插入】,如图 1-5-14 所示。

3. 为参考文献添加编号

选中参考文献,在【开始】选项卡的【段落】功能区中单击【编号】下拉菜单,单击【定义新编号格式】,打开【定义新编号格式】对话框,在【编号样式】中选择"1,2,3,…",将【编号格式】处设置为"[1]",点击【确定】,即可为参考文献添加编号,如图 1-5-15 所示。

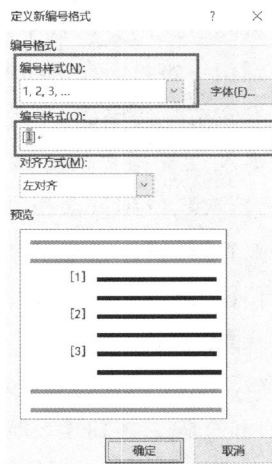

图 1-5-14　设置表格的交叉引用　　　　图 1-5-15　自定义参考文献编号

4. 在正文中添加参考文献引用的编号

要求:在论文中找到橙色文字处,在文中"①"处添加参考文献编号。

操作:在【引用】选项卡的【题注】功能区点击【交叉引用】按钮,在【引用类型】处选择"编号项",在【引用内容】处选择"段落编号",在【引用哪一个编号项】里选择相应的内容,点击【插入】,如图1-5-16所示。选中文中引用的编号,在【开始】选项卡的【字体】功能区中点击【上标】按钮。用同样的操作,在文中其他的参考文献编号处添加交叉引用。

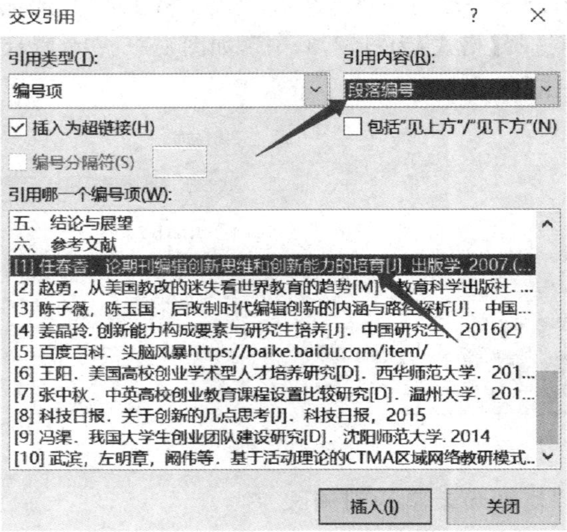

图1-5-16 设置参考文献的交叉引用

(六)页眉与页码

要求:毕业论文封面页不设置页眉和页码,目录页设置罗马数字页码,正文设置页眉(内容为一级目录)和阿拉伯数字页码。

思路如下:第一部分(即第一页)为封面部分,不需要插入页眉和页码;第二部分为目录部分,页码编码格式用罗马数字,页码编号的起始页码从Ⅰ开始编,居中显示;第三部分为正文部分,分别用一级目录作为每章节的页眉,页码编码格式用阿拉伯数字,页码编号从1开始编,且所有章节连续编码,居中显示。

1. 按要求设置论文的页眉

将鼠标依次定位到目录和每一章节的标题的前面,在【布局】选项卡的【页面设置】功能区单击【分隔符】按钮。在这里可以插入分页符、分节符等。在下拉菜单中选择【连续】,插入连续分节符,使之在同一页上开始新节,如图1-5-17所示。

在【插入】选项卡的【页眉和页脚】功能区点击【页眉】按钮,在下拉菜单中选择【编辑页眉】,或者双击文档页面顶部,进入编辑页眉界面。将鼠标依次定位到每一节第一页的页眉处,在【页眉和页脚工具】的【导航】功能区中取消掉【链接到前一条页眉】的选中状态,在【选项】功能区中,取消【奇偶页不同】的勾选,如图1-5-18所示。在每一节的第一页页眉处输入此章节的标题,设置完成后,点击【关闭页眉和页脚】。

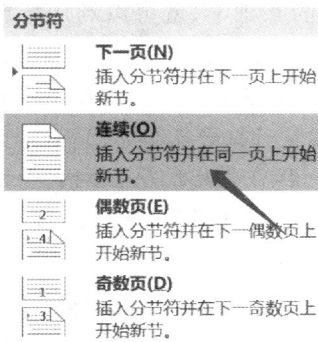

图 1-5-17 插入连续分节符

图 1-5-18 编辑页眉

2. 按要求设置论文的页码

将鼠标定位到目录页面,在【插入】选项卡的【页眉和页脚】功能区中单击【页码】,在下拉菜单中选择【页面底端】,选择"普通数字2"样式。在【页眉和页脚工具】的【导航】功能区中取消掉【链接到前一条页眉】的选中状态,删除掉前一节的页码。将目录页页面底端的页码选中,鼠标定位到此页码上,右击鼠标,选择【设置页码格式】,打开【页码格式】对话框,在【编号格式】处选择使用罗马数字格式,在【页码编号】处选择"起始页码",输入数字"1",点击【确定】,如图 1-5-19 所示。

将鼠标定位到第一章的页码处,在【页眉和页脚工具】的【导航】功能区中取消掉【链接到前一条页眉】的选中状态,用同样的操作,选中此页码,右击鼠标选择【设置页码格式】,打开【页码格式】对话框,在【页码编号】处选择"起始页码",输入数字"1",点击【确定】,如图 1-5-20 所示。设置完成后,点击【关闭页眉和页脚】按钮。

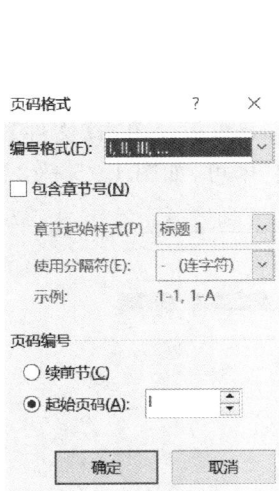

图 1-5-19 设置目录页码格式

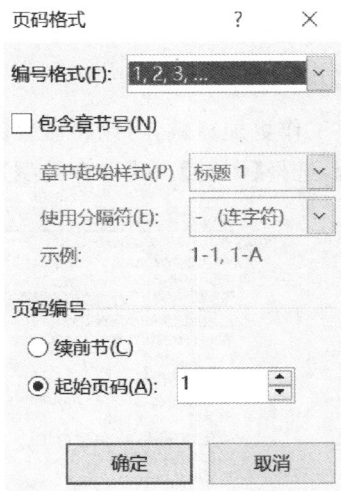

图 1-5-20 设置正文页码格式

(七)自动生成目录

目录是长文档必不可少的组成部分,由文章的标题和页码组成。手工添加目录既麻烦,又不利于后期的编辑修改。在完成样式及多级列表编号设置的基础上，就可以利用标题样式快速生成目录了。

要求：利用标题样式生成毕业论文目录，目录含有"标题1""标题2"，目录内容文本的格式为五号、宋体，单倍行距。

操作：在【引用】选项卡中的【目录】选项组中单击【目录】按钮，在弹出的下拉列表中选择【自定义目录】选项，打开【目录】对话框，设置【显示级别】为"2"，点击【修改】按钮。打开【样式】对话框，点击【修改】按钮，打开【修改样式】对话框，在【格式】处选择"字体""五号"，点击【确定】，如图1-5-21所示。在【格式】处选择【段落】，打开【段落】对话框，设置【行距】为"单倍行距"，点击【确定】。

图1-5-21　自定义目录样式

(八)模板的使用

为了使工作更加高效，可以将做好的Word保存成Word模板。单击【文件】选项卡，单击【另存为】，选择【浏览】，在【保存类型】中选择"Word模板"即可，如图1-5-22所示。

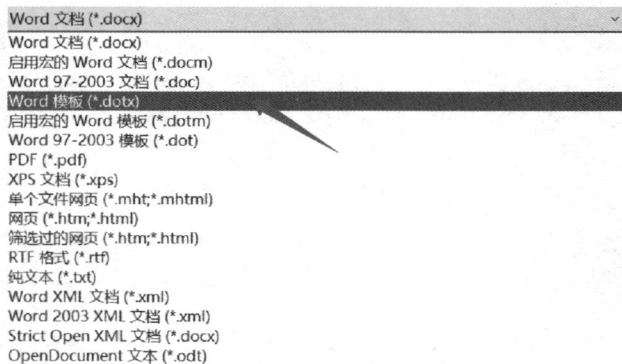

图1-5-22　另存为模板

(九)多人协同编辑文档

在修改论文时,我们不免会遇到与同学协同编辑一份文档、与老师协同编辑一份文档的情况。如何清晰不混乱地协同编辑一份文档呢? 这就需要用到多人协同编辑文档功能。

1. 使用修订功能

在【审阅】选项卡的【修订】功能区中单击【修订】按钮(见图1-5-23),进入修订状态,在修订状态下可以删除内容、添加内容等,这时的文字标记是非常态显示的。当接收到一份有修订的文档时,可以查看他人对文档所做出的修订。如果同意修改,可以接受每一条修订。接受修订后,文档的格式就自然地统一了。

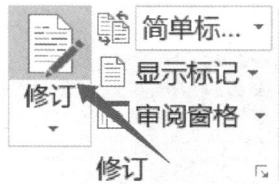

图1-5-23 修订

2. 使用批注功能

批注功能与修订不同,修订是直接对原文内容进行修改,而批注是对特定的内容进行注释、说明、提问、提出要求。

选中一段需要注释的文字,在【审阅】选项卡的【批注】功能区中点击【新建批注】(见图1-5-24),输入批注内容即可。当接收到一份有批注的文档时,可以使用【显示批注】、【上一条】和【下一条】按钮,查看批注,还可以使用【删除】按钮,删除不必要的批注。

图1-5-24 批注

(十)检查文档功能

在写完一篇论文之后,需要删除一些添加的修订和批注的内容,若文档过长,修订和批注较多,或者存在一些隐藏的内容,就无法被准确且完整地删除。这时可以使用检查文档功能,检查文档中是否有隐藏的属性或者个人信息,删除文档中不必要的内容,呈现文档的最终面貌。

首先要保存论文文档,随后单击【文件】选项卡,在【信息】处找到【检查问题】按钮,在下拉栏中单击【检查文档】,如图1-5-25所示。

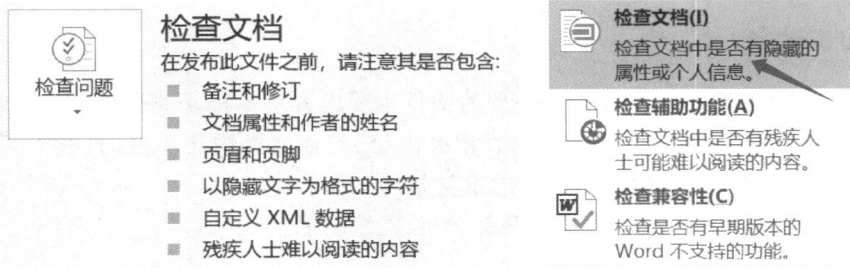

图1-5-25 检查文档

打开【文档检查器】,选择需要检查是否存在于此文档中的内容,点击【检查】按钮,文档会返回相应的检查结果,如图1-5-26所示。若文档中依然存在批注、修订等内容,可以点击【全部删除】按钮,依据需要删除不必要的内容,呈现文档最终的效果。

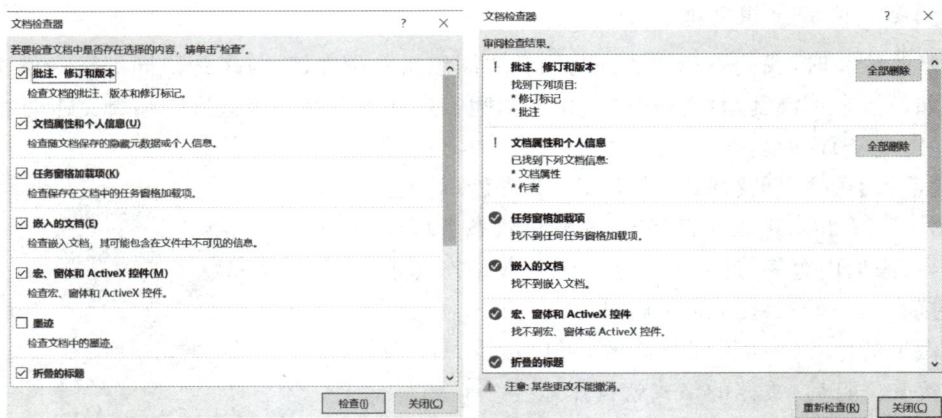

图 1-5-26　文档检查器

任务六　邮件合并

一、任务描述

小王作为美丽小区物业的新进员工,刚到岗位就遇到了头疼的问题! 经理让他完成整个小区的物管费催款单的发放。到这个月仍有好几百户没有缴纳物管费,如果要手写这些催款单,那工作量可是相当大的。有没有什么高效的解决方法呢? 遇到困难,小王可没有一蹶不振,他秉着迎难而上的精神,想到了上网搜索解决问题。功夫不负有心人,终于让他找到了 Word 的邮件合并功能。

本任务将使用 Word 2016 的邮件合并功能中的信函和标签。邮件合并是 Word 软件中一种可以批量处理的功能。比如,批量打印信封、信件、邀请函、请柬、荣誉证书等。在邮件合并前需要先准备两个文档:Word 主文档(比如催款单的主体内容)和变化信息的数据源文件(门牌号、欠费金额等)。

二、知识储备

在日常工作中,我们经常会遇到处理的文件主要内容基本都是相同的,只是具体数据有变化而已。在大量格式相同、只修改少数相关内容、其他文档内容不变时,我们可以灵活运用 Word 邮件合并功能,实现大量文本的批量打印工作。

邮件合并通常由主文档和数据源两部分组成。

1. 主文档

在邮件合并过程中,信息始终保持不变的文档称为主文档,它包含需要分发的文字以及控制 Word 在特定位置插入特定数据的域。主文档和普通文档没有任何区别,但是必须将它标识为主文档。在主文档中输入始终保持不变部分内容,并按自己的需要进行排版设计。

2. 数据源

数据源可看成是一张简单的二维表格,表格中的每一列对应一个信息类别(即数据域),

它一般包含姓名、地址以及其他需要插入文档中的信息。各个数据域的名称列由表格的第一行来表示,这一行称为域名记录(域名行)。数据源可以是 Excel 工作表,也可以是 Access 文件,还可以是 SQL Server 数据库。只要能够被 SQL 语句操作控制的数据皆可作为数据源,因为邮件合并说白了就是一个数据查询和显示的工作。

使用邮件合并功能在主文档中插入变化的信息,邮件合并的结果可以存放到新的文档中,也可将其直接打印,还可以以邮件形式发出去。

三、任务实施

以物管费催款单为例,我们需要先建立一个 Word 文档,将主题内容填写完整,并排版好。接下来,创建一个数据表表格,本任务中我们用 Excel 表格来建立相关住户欠费信息表。

(一)邮件合并——信函

1. 创建 Word 主文档

按照物管费催款单的内容要求,在 Word 文档中录入相关文字信息并排版好,效果如图 1-6-1 所示。在这个 Word 主文档中,大家可以看到在主体内容中有三根下划线空出来。这三根下划线是做什么用的呢?第一根下划线是跟 Excel 文档中的第一个字段"住户"对应的,第二根下划线是跟"欠费月份"对应的,第三根下划线是跟"欠费金额"对应的。

物管费催款单

尊敬的业主:_____

您在第____月的物管费还未缴清,应缴费金额为:_____元,您可以在

周一至周五工作时间 8:00-18:00 到物管办公室缴费,如您有所不便

也可以致电我们上门收取,谢谢您的配合。祝您工作愉快!

图 1-6-1　物管费催款单

2. 准备数据源

根据主文档内容要求,在 Excel 中,我们制作如图 1-6-2 所示的数据源文档。

住户	欠费月份	欠费金额（元）
1-2-1	2月	120
1-2-2	2月	129.5
1-2-3	2月	120
1-2-4	2月	98
1-4-2	3月	129.5
1-4-3	3月	120
1-4-4	3月	98
1-5-1	4月	120
1-5-2	4月	129.5
1-5-3	4月	120
2-6-1	4月	120
2-6-2	4月	129.5
2-6-3	4月	120
2-6-4	4月	98

图 1-6-2　住户缴费信息

3．邮件合并之信函

(1)打开 Word 主文档"物管费催款单.docx"。

(2)开始邮件合并。单击【邮件】选项卡，在【开始邮件合并】功能组中，点击【开始邮件合并】，选择【信函】，如图 1-6-3 所示。

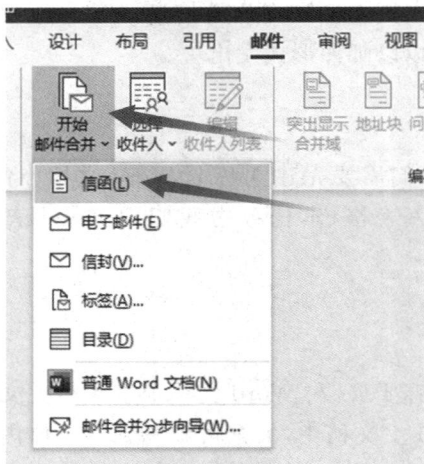

图 1-6-3　开始邮件合并

(3)选择收件人。在【开始邮件合并】功能组中，依次点击【选择收件人】→【使用现有列表】，在【选取数据源】对话框中找到与主文档相关联的数据源文件"住户欠费信息表.xlsx"，选择数据源文件，单击【打开】按钮，打开【选择表格】对话框，单击【确定】按钮，如图 1-6-4 所示。

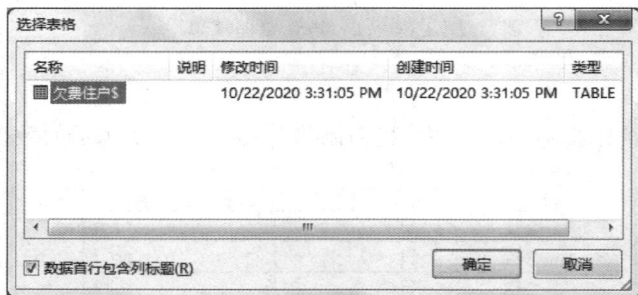

图 1-6-4　【选择表格】对话框

(4)插入合并域。在主文档相应的下划线上插入对应的 Excel 表格中的字段。首先，将光标定位在第一根下划线的中间位置，在【编写和插入域】组中，点击【插入合并域】，在下拉菜单中选择"住户"；其次，将光标定位在第二根下划线的中间位置，点击【插入合并域】，在下拉菜单中选择"欠费月份"；最后，将光标定位在第三根下划线的中间位置，再次点击【插入合并域】，在下拉菜单中选择"欠费金额"。最终效果如图 1-6-5 所示。

(5)完成并合并。点击【完成】组中的【完成并合并】，在下拉菜单中选择【编辑单个文档】(见图 1-6-6)，在弹出的对话框中选择【确定】，批量生成物管费催款单就算完成了。默认情况下，批量生成的文档以"信函 1.docx"命名。

图 1-6-5　为主文档插入合并域

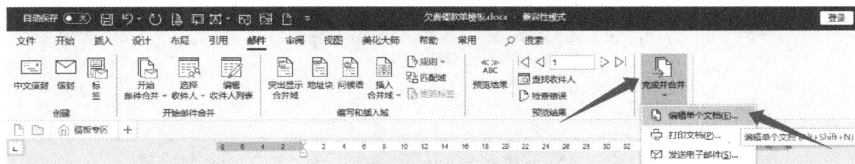

图 1-6-6　编辑单个文档

（6）打印预览。选择【文件】选项卡，点击【打印】选项，对批量生成的物管费催款单进行打印预览。

这样物管费催款单就算全部完成了。但是这样生成的催款单是一张催款单占一页，太浪费纸张，那有没有什么方法可以在同一页打印多条记录呢？当然有！这就要借助邮件合并中的标签的功能。

（二）邮件合并——标签

（1）新建一个空白的 Word 文档。

（2）开始邮件合并。单击【邮件】选项卡，在【开始邮件合并】功能组中，点击【开始邮件合并】，选择【标签】。

（3）标签设置。在弹出的【标签选项】对话框中点击【新建标签】，然后根据自己的需要来设置相应的参数。如我们需要在 1 张纸当中打印 4 张催款单，所以将标签设置为"1 页 4 张"，同时横标签数改为"1"，竖标签数改为"4"，页面大小设置为"A4"，其他参数设置如图 1-6-7 所示。设定完成之后，点击【确定】按钮。

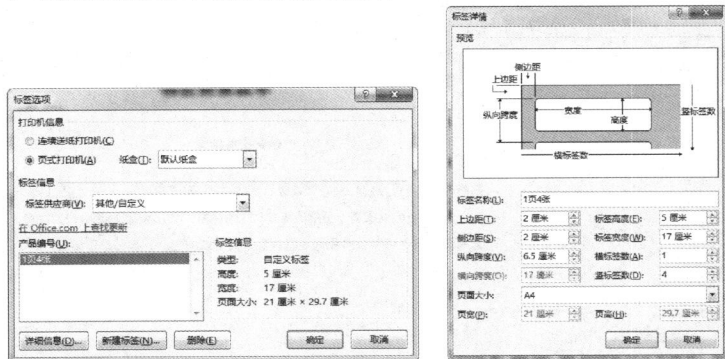

图 1-6-7　标签设置

（4）主文档内容。打开上面【信函】中使用的 Word 主文档"物管费催款单.docx"，将内容文字复制到新建的这个空白文档中。将其保存为"物管费催款单——标签"。

（5）选择收件人。在复制好内容文字的新文档中，依次点击【邮件】选项卡→【选择收件人】→【使用现有列表】，在【选取数据源】对话框中找到与主文档相关联的数据源文件"住户欠费信息表.xlsx"，选择数据源文件，单击【打开】按钮，打开【选择表格】对话框，单击【确定】按钮。此时除了第一段有相应的催款单的主体内容之外，下边还会出现三个"下一记录"，如图 1-6-8 所示。

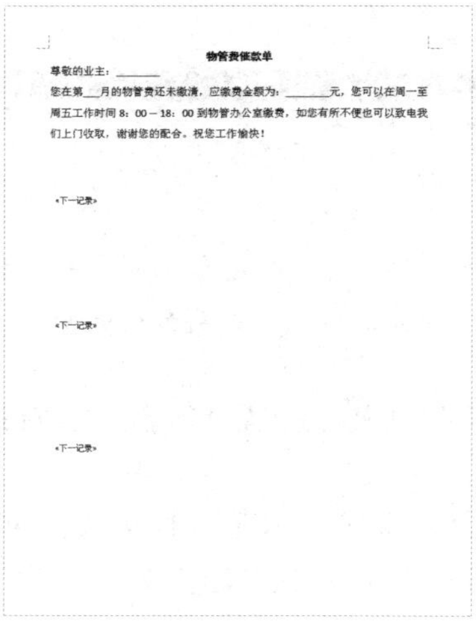

图 1-6-8　催款单

（6）插入合并域。在新的主文档相应的下划线上插入对应的 Excel 表格中的字段。首先，将光标定位在第一根下划线的中间位置，在【编写和插入域】组中，点击【插入合并域】，在下拉菜单中选择"住户"；其次，将光标定位在第二根下划线的中间位置，点击【插入合并域】，在下拉菜单中选择"欠费月份"；最后，将光标定位在第三根下划线的中间位置，再次点击【插入合并域】，在下拉菜单中选择"欠费金额"。最终效果如图 1-6-9 所示。

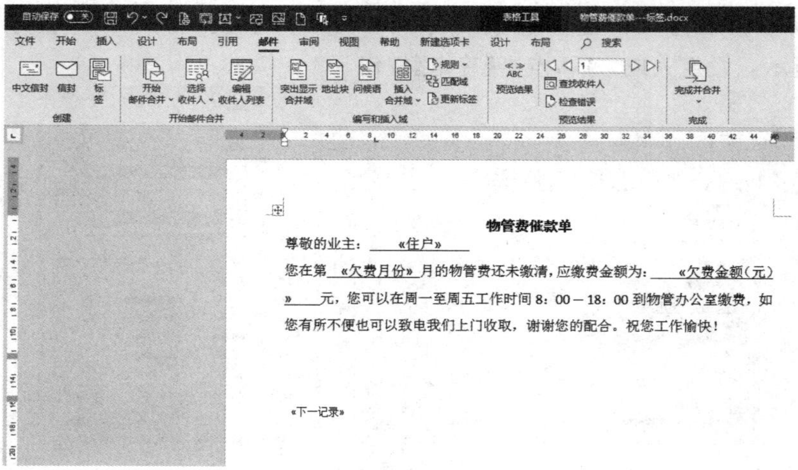

图 1-6-9　为主文档插入合并域

(7)更新标签。点击【更新标签】(见图1-6-10),更新之后,就可以在同一页中看到四条记录了。

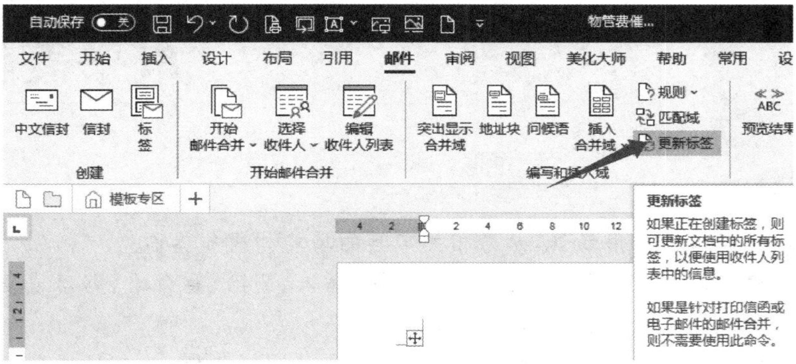

图1-6-10 更新标签

(8)完成并合并。点击【完成】组中的【完成并合并】,在下拉菜单中选择【编辑单个文档】,在弹出的对话框中选择【确定】,批量生成1页4张的物管费催款单就算完成了,如图1-6-11所示。

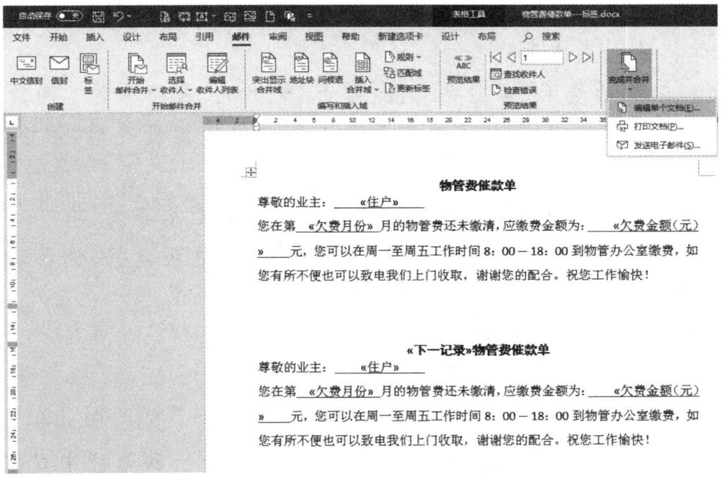

图1-6-11 完成并合并

(9)打印预览。选择【文件】选项卡,点击【打印】选项,对批量生成的1页4张物管费催款单进行打印预览,预览完成就可以打印出来。

即测即评

项目二
电子表格处理

◆ **学习目标** ◆

- 了解电子表格的应用场景，熟悉相关工具的功能和操作界面；
- 掌握新建、保存、打开和关闭工作簿，切换、插入、删除、重命名、移动或复制、冻结、显示或隐藏工作表等操作；
- 掌握单元格、行和列的相关操作，掌握如何使用控制句柄、如何设置数据有效性和如何设置单元格格式；
- 掌握数据录入的技巧，如快速输入特殊数据、使用自定义序列填充单元格、快速填充和导入数据，掌握格式刷、边框、对齐等常用格式设置；
- 熟悉工作簿的保护、撤销保护和共享，工作表的保护、撤销保护，工作表的背景、样式、主题设定；
- 理解单元格绝对地址、相对地址的概念和区别，掌握相对引用、绝对引用、混合引用以及工作表外单元格的引用方法；
- 熟悉公式和函数的使用，掌握平均值、最大/最小值、求和等常见函数的使用；
- 了解常见的图表类型以及电子表格处理工具提供的图表类型，掌握如何利用表格数据制作常用的图表；
- 掌握自动筛选、自定义筛选、高级筛选、排序和分类汇总等操作；
- 理解数据透视表的概念，掌握数据透视表的创建、更新数据、添加和删除字段、查看明细数据等操作，能利用数据透视表创建数据透视图；
- 掌握页面布局、打印预览和打印操作的相关设置。

◆ **项目描述** ◆

电子表格处理是信息化办公的重要组成部分，在数据分析和处理中发挥着重要的作用，广泛应用于财务、管理、统计、金融等领域。本项目包含工作表和工作簿操作、公式和函数的使用、图表分析展示数据、数据处理等内容。

任务一　初识 Excel 2016

一、任务描述

Excel 2016 是微软公司的办公软件 Microsoft Office 的组件之一，是为装有 Windows 和 Apple Macintosh 操作系统的电脑编写和运行的一款试算表软件，具有直观的界面、出色的计算功能和图表工具，是目前最流行的微机数据处理软件。

Excel 可以输入输出、显示数据，利用公式函数帮助用户制作各种复杂的表格文档，进行烦琐的数据计算,对输入的数据进行各种复杂统计运算后显示为可视性极佳的表格,同时它还能形象地将大量枯燥无味的数据变为多种漂亮的彩色商业图表显示出来,极大地增强了数据的可视性。

二、知识储备

(一)工作簿

一个工作簿就是一个 Excel 文件,文件名的后缀是".xlsx"。

(二)工作表

Excel 一个工作簿包含多个工作表,默认工作表的名称是 Sheet1,Sheet2 等。工作表可以进行重命名、更改颜色、插入、移动、复制、隐藏、保护等操作。

(三)单元格

一个工作表由多个行和列组成,行号用数字 1,2,3,…,1048576 表示,列标用 A,B,C,…,XFD 表示,行和列相交形成单元格,每一个单元格由列标和行号组成单元格地址,如 A1,B1,…,XFD1048576。鼠标选中的单元格称为活动单元格,其地址名称在名称框显示。

单元格是 Excel 储存数据最小的单元,单元格的操作包括选取、插入行与列、调整行高和列宽、合并单元格、隐藏行或列、冻结行与列等。

1. 单元格的选取

(1)选取单个单元格:单个单元格的选取即单元格的激活,单击单元格即可。

(2)选取连续多个单元格:单击首单元格,按住 Shift 键,再单击末单元格。单元格地址之间用冒号隔开(如 A1:C10 表示 A1 到 C10 区域)。

(3)选取多个不连续单元格:按住 Ctrl 键,再分别单击需要选取的单元格。单元格地址之间用逗号间隔(如 A1,C10 表示 A1 和 C10 两个单元格)。

(4)选取整行或整列:单击行号或列标。

2. 单元格的插入、删除、隐藏、调整行高和列宽

选中单元格,单击鼠标右键快捷菜单或【开始】选项卡→【单元格】组实现,如图 2-1-1 所示。

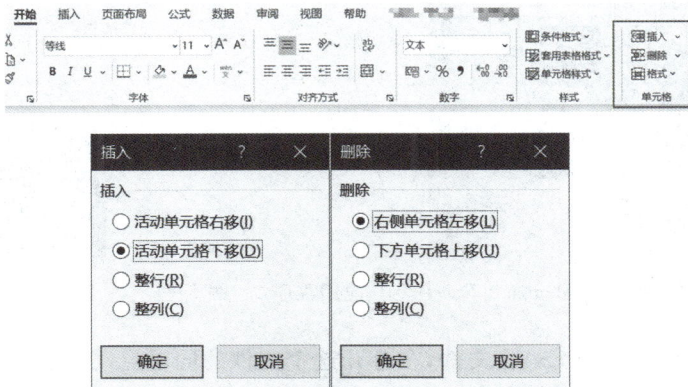

图 2-1-1 编辑单元格

3. 冻结行与列

当 Excel 工作表中数据量很大时,要使某一区域即使在滚动到另一区域时仍保持可见,可以用冻结窗格命令来冻结指定的行和列,从而锁定它们,方便查看数据。通过【视图】选项卡→【窗口】组→【冻结窗格】命令实现,如图 2-1-2 所示。

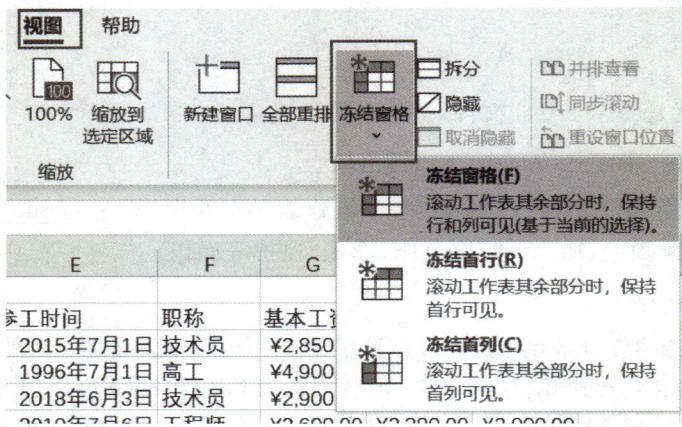

图 2-1-2 冻结窗格

三、任务实施

(一) Excel 2016 的启动与退出

1. 启动 Excel 2016 应用程序的方法

方法一:通过【开始】菜单启动 Microsoft Excel 2016 应用程序,如图 2-1-3 所示。

方法二:双击桌面上的 Excel 2016 快捷方式图标或单击任务栏的快捷图标,如图 2-1-4 所示。

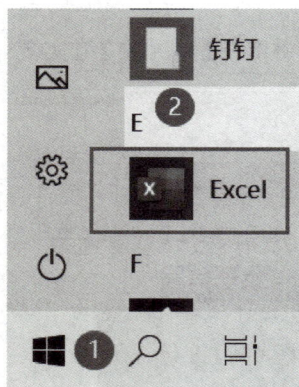

图 2-1-3 【开始】菜单启动 Microsoft Excel 2016 应用程序　　图 2-1-4　Excel 2016 快捷方式图标

方法三:打开任意一个 Excel 文件,在打开这个文件的同时启动 Excel 应用程序。

方法四:在 Windows 的运行框里输入 Excel 命令,打开 Excel 应用程序,步骤如图 2-1-5 所示。

图 2-1-5 运行命令打开程序

2. 退出 Excel 2016 的方法

退出 Excel 2016 有以下三种方法。

方法一：单击"标题栏"最右端的"关闭"按钮。

方法二：单击"标题栏"最左端控制菜单中的"关闭"命令。

方法三：利用快捷键 Alt＋F4。

(二)Excel 2016 的工作界面

Excel 2016 的工作界面主要由标题栏、快速访问工具栏、控制按钮栏、功能区、名称框、编辑栏、工作区、状态栏等组成。每一个功能区还会有选项卡、功能组、命令等，如图 2-1-6 所示。

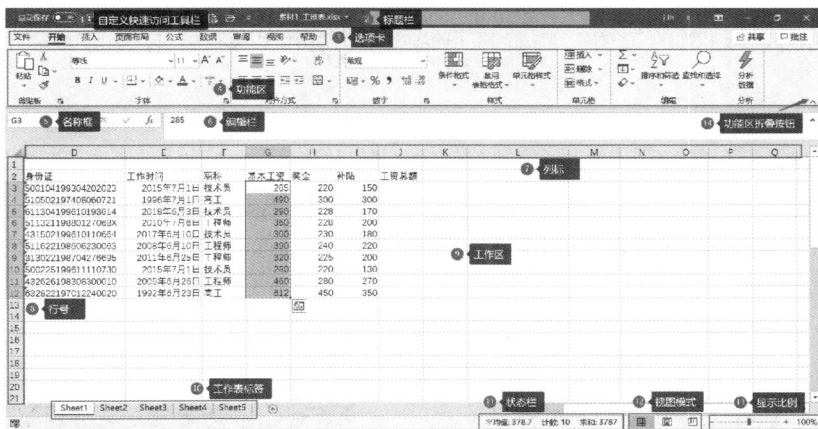

图 2-1-6 工作界面

1. 自定义快速访问工具栏

自定义快速访问工具栏是一个可自定义的工具栏，为方便用户快速执行常用命令，将功能区上选项卡中的一个或几个命令在此区域独立显示，以减少在功能区查找命令的时间，提高工作效率，如图 2-1-7 所示。

2. 标题栏

标题栏显示正在编辑的工作簿名称，默认新建的空白工作簿名称是"工作簿 1.xlsx"，保存命名后则显示已保存的工作簿名称。

图 2-1-7　自定义快速访问工具栏

3. 选项卡

Excel 2016 默认有文件、开始、插入、页面布局、公式、数据、审阅、视图和帮助等九个选项卡。一个选项卡分为多个功能组,每个功能组中有多个命令。

4. 功能区

功能区位于标题栏的下方。功能区可以打开,也可以隐藏,打开隐藏功能区有四种方法。

方法一:单击功能区右下角的【折叠功能区】按钮,即可将功能区隐藏起来,如图 2-1-8 所示。

方法二:单击功能区右上方的【功能区显示选项】按钮,在弹出的菜单中选择【自动隐藏功能区】命令,可将功能区隐藏,选中【显示选项卡和命令】选项,即可将功能区和命令显示出来,如图 2-1-9 所示。

方法三:将光标放在任一选项卡上,双击鼠标,即可隐藏或显示功能区。

方法四:使用快捷键 Ctrl+F1,可隐藏或显示功能区。

图 2-1-8　【折叠功能区】按钮

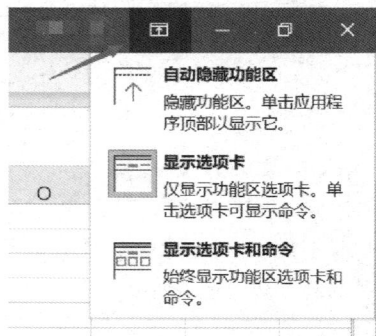

图 2-1-9　【功能区显示选项】按钮

5. 名称框

名称框用于显示当前活动对象的名称信息,包括单元格的列标和行号、图表名称、表格名称等。名称框也可用于定位到目标单元格或其他类型对象。例如:当鼠标单击 B3 单元格时,名称框中显示的是"B3";在名称框中输入"A1:C10"时,就定位到 A1:C10 单元格区域,如图 2-1-10 所示。

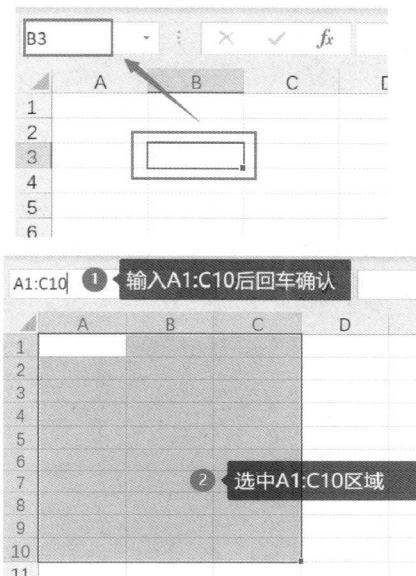

图 2-1-10　名称框

6. 编辑栏

编辑栏用于显示当前单元格内容,或编辑所选单元格。受到单元格大小的限制或单元格存放的数据格式、公式函数等,这时单元格显示的内容和编辑栏显示的内容不一致,编辑栏里显示的才是单元格真实的内容,如图 2-1-11 所示。

图 2-1-11　编辑栏

7. 工作区

工作区用于编辑工作表中各单元格内容,"A,B,…"表示列标,"1,2,…"表示行号。

单击"A,B,…"列标选中整列,单击"1,2,…"选中整行,单击第一个单元格左上角的按钮,选中整张工作表,如图 2-1-12 所示。

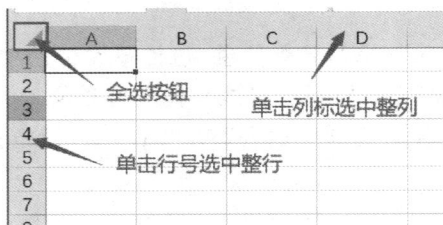

图 2 - 1 - 12　工作区

8. 工作表标签

用鼠标左键单击工作表标签,可选中该工作表;双击工作表标签可以重命名工作表名称;在工作表标签单击鼠标右键,可打开快捷菜单对工作表进行重命名、插入、删除、保护、隐藏等操作;在工作表标签按住鼠标左键拖动,可移动工作表位置;按住 Ctrl+鼠标左键,拖动鼠标,可复制工作表。单击工作表标签后面的加号"+",可插入一个新的工作表,如图 2 - 1 - 13 所示。

图 2 - 1 - 13　工作表标签

9. 状态栏

状态栏用于显示当前的工作状态,包括公式计算结果、选中区域的汇总值和平均值、当前视图模式、显示比例等,如图 2 - 1 - 14 所示。

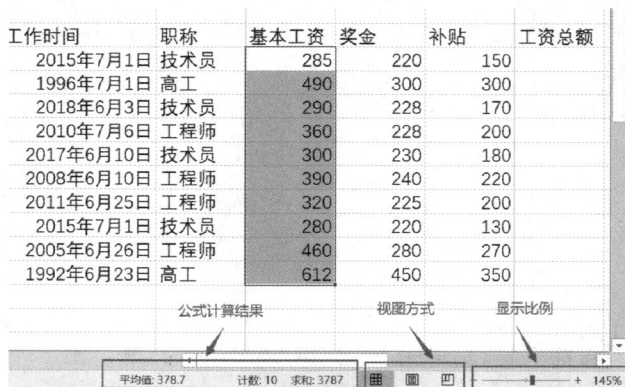

图 2 - 1 - 14　状态栏

如需更改状态栏显示内容,可将光标放在状态栏,单击鼠标右键,可自定义状态栏,如图2-1-15所示。

图 2 - 1 - 15　更改状态栏显示信息

(三)Excel 2016 的视图模式(见图 2 - 1 - 16)

图 2 - 1 - 16　视图模式

1. 普通视图

在默认情况下,工作簿的视图方式为普通视图。

2. 分页预览

分页预览模式以蓝色页面分隔线将工作表分页,同时显示页数,如图 2 - 1 - 17 所示。

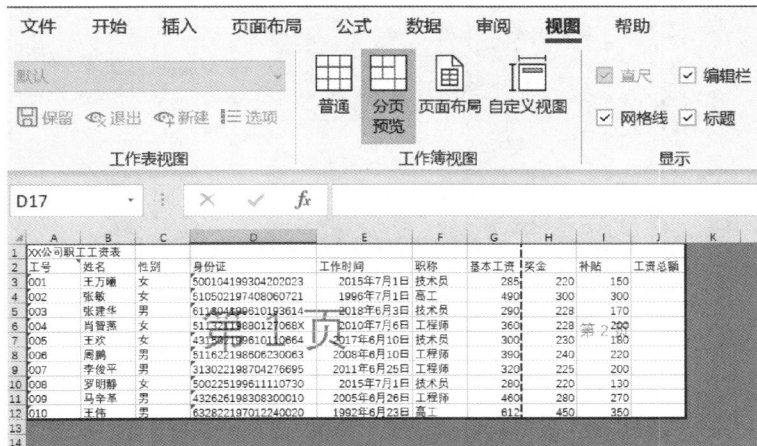

图 2 - 1 - 17　分页预览视图模式

3. 页面布局

在页面布局模式下，工作簿编辑区中的数据会一页页地显示，既可以看到分页预览的效果，也可以查看和编辑页眉页脚的内容，如图2-1-18所示。

图2-1-18　页面布局模式

4. 自定义视图

自定义视图是一个很少使用到的功能，但是在一些特殊的场景下，自定义视图就比较有用。工作表在进行了页面布局、打印设置、隐藏行或列以及筛选设置等操作后用自定义视图保存起来。这时在工作表进行了一些其他操作，但是又需要使用到原来的视图的时候，就可以使用之前保存的视图了。

比如图2-1-19筛选女职工数据后自定义为"女职工"视图，回到筛选前进行数据处理后，又需要查看女职工的数据，可以直接使用自定义视图"女职工"，不需要重新做筛选操作，如图2-1-20所示。

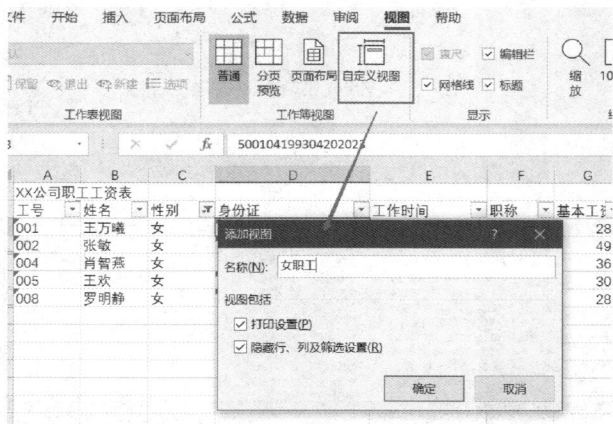

图2-1-19　定义自定义视图

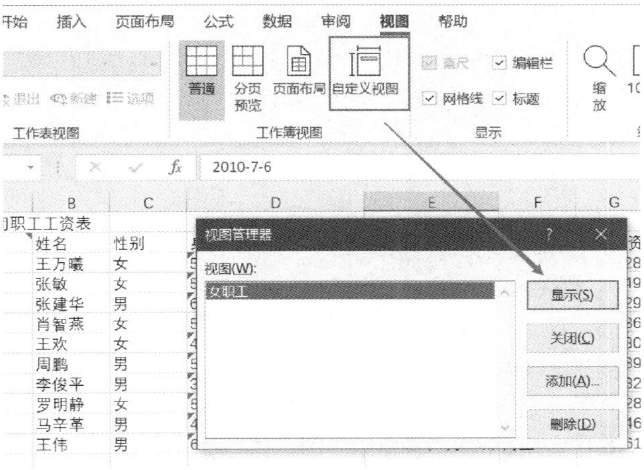

图 2-1-20 使用自定义视图

(四)Excel 2016 新功能

Excel 2016 不仅继承了用户熟悉的功能,还新增了一些更人性化的功能。

1. 快速填充数据

图 2-1-21 中名字和姓氏都挤在"电子邮件"一列,如何快速地拆分数据呢?

在"名字"下方的单元格中,键入"电子邮件"列中的名字,如 Nancy、Andy 等,当看到弹出的建议列表时,立即按 Enter 键,就可以快速得到所有人的名字,如图 2-1-21 所示。

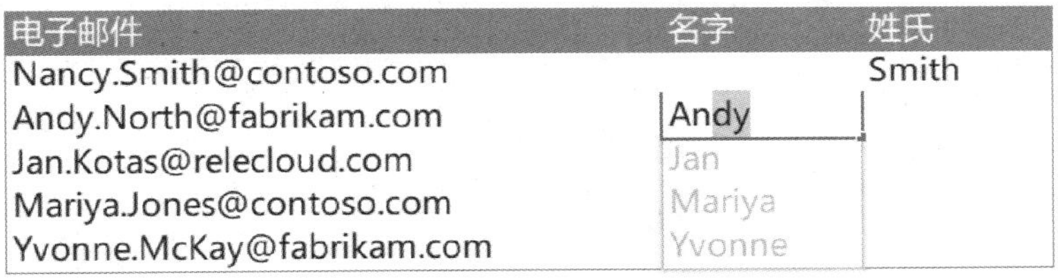

图 2-1-21 快速填充数据

而单击包含"Smith"的单元格,按下 Ctrl+E 组合键后,所有姓氏在其各自列中,如图 2-1-22 所示。

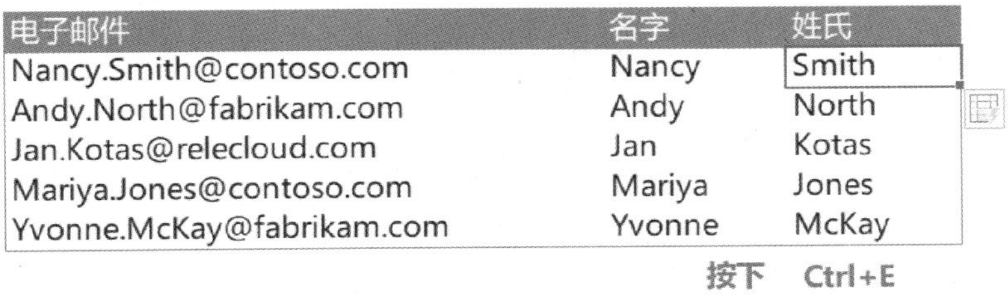

图 2-1-22 用 Ctrl+E 组合键快速填充数据

2. 快速分析功能

选中需要分析的数据,右下角就会出现一个快速分析的按钮,里面有格式化、图表、汇总、表格、迷你图等,可以实现快速的数据分析,如图2-1-23所示。

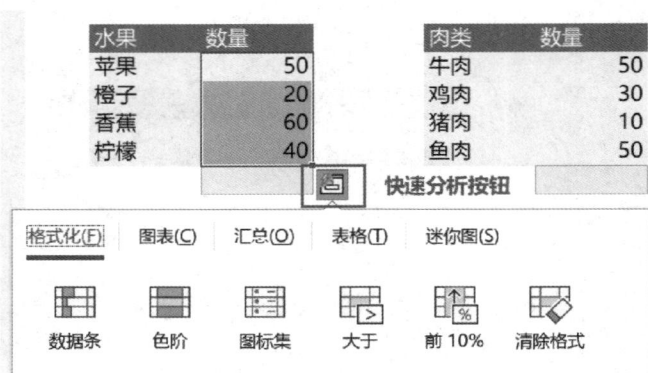

图 2-1-23　快速分析

3. 新增六种图表类型

可视化对于有效的数据分析至关重要。Excel 2016中新增的六种图表类型可以帮助用户创建财务或分层信息的一些最常用的数据可视化以及显示数据中的统计属性。如层次结构可使用"树状图"或"旭日图",股价等可使用"瀑布图",统计可使用"直方图""箱形图"等,如图2-1-24所示。

图 2-1-24　新增的图表

4. 操作说明搜索框

在标题栏顶端的这个搜索框里输入你想要使用的功能描述，就可以快速地找到实现这个功能的命令并直接运行，如输入"冻结窗格"，立即会出现关于这个词的相关操作、运行命令、查找词语或是关于这个的帮助信息，如图 2－1－25 所示。

图 2－1－25　搜索框

5. 一键式预测

在 Excel 早期版本中，只能做线性预测，在新版本中，单击【数据】选项卡【预测工作表】按钮，可快速创建数据系列的预测可视化效果，如图 2－1－26 所示。

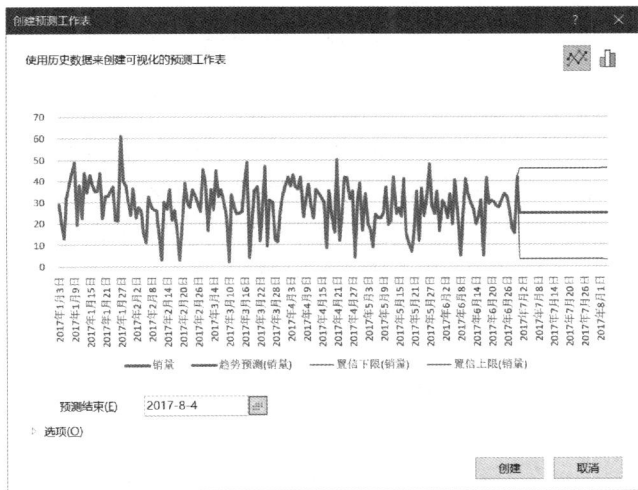

图 2－1－26　一键式预测

6. 三维地图

借助三维地图，可以在三维地图或自定义地图上绘制并显示地理和时态数据，创建可与其他人分享的视觉浏览。三维地图可以实现以下功能。

（1）映射数据：在 Microsoft 必应地图上以三维格式从 Excel 表格或 Excel 数据模型直观地绘制超过一百万行数据。

（2）发现见解：通过查看地理空间的数据并查看时间戳数据在一段时间的变化，获得新的理解。

（3）共享故事：捕获屏幕截图并构建电影化引导式视频演示，广泛分享、吸引受众，或者将演示导出到视频共享。

插入地图的方法是单击【插入】选项卡→【演示】组→【三维地图】。

7. 墨迹公式

选择【插入】选项卡→【公式】→【墨迹公式】，在工作表中用鼠标或触摸笔手动写入数学公式，Excel 会将它转换为文本，从而插入复杂的数学公式，如图 2-1-27 所示。

图 2-1-27 墨迹公式

8. 更多的函数提示

在单元格中输入函数时，Excel 会根据输入的字符出现相关函数提示。在以前的版本中，只有开头的字符与输入字符相同的函数才会出现，而现在只要输入三个或更多字符，就会与函数名中任意位置的字符串进行匹配。这个功能对只记得某个函数部分内容的用户十分有用。例如：输入"=loo"所提示的函数就包括"LOOKUP""FLOOR.MATH""HLOOKUP""VLOOKUP""XLOOKUP""FLOOR"等多个函数，如图 2-1-28 所示。

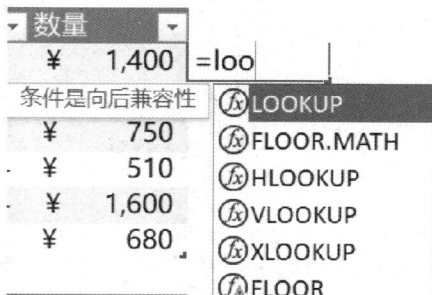

图 2-1-28 函数提示

9. 保存到最近访问的文件夹

在很多情况下需要把文件保存到最近使用过的文件夹中，这时只需要选择【文件】→【另存为】→【最近】，就可以看到"今天""昨天""本周""上周"或"更早"使用过的文件夹，选择所需的文件夹保存即可，如图 2-1-29 所示。

图 2-1-29　最近访问的文件夹

10. 内置的 Power Query

在 Excel 2010 和 2013 版中，需要单独安装 Power Query 插件，2016 版已经内置了这一功能。【获取和转换】组中有【新建查询】下拉菜单，另外还有【显示查询】、【从表格】、【最近使用的源】三个按钮，如图 2-1-30 所示。

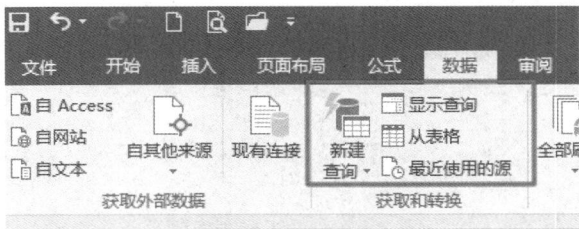

图 2-1-30　Power Query

其他三项 Power Pivot、Power View、Power Map 插件依然是独立的插件，安装 2016 时已经默认安装，可以直接加载启用。此外，如果启用这三项加载项中的任意一项，其他的加载项也会自动启用。在 Excel 选项中也可以快速设置这些加载项的启用或关闭，如图 2-1-31 所示。

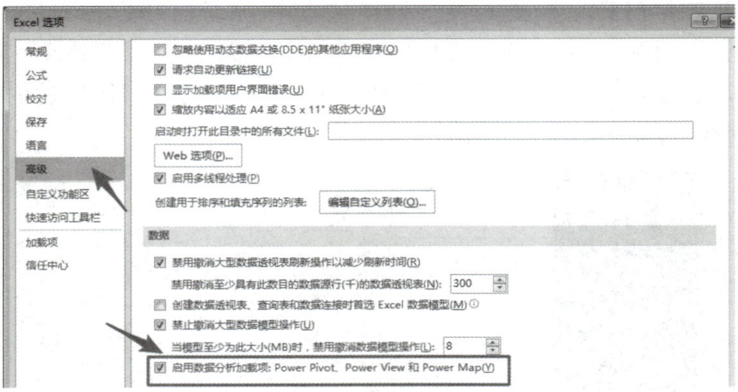

图 2-1-31　Power 家族插件加载项

任务二　创建工资表

一、任务描述

　　培养创新型人才是高等教育的重要使命。随着各行各业进入大数据时代，数据处理的科学性已成为知识创新和科技创新的引擎，提高大学生的数据处理能力对提升他们的科研创新能力有很大的帮助。大学生要在掌握数据处理操作技巧的同时，养成做事严谨的好习惯。

　　本任务以建立公司工资表作为案例，如图 2-2-1 所示，从新建工作簿开始，通过新建工作表、重命名工作表、输入数据、设置数据格式、进行数据验证、自动填充数据、自动计算、设置单元格格式和条件格式、进行页面设置及打印预览等操作，完整地新建一个电子表格，使学生掌握Excel 2016基本功能和操作步骤。

图 2-2-1　工资表案例

二、任务实施

　　创建工作表操作流程如图 2-2-2 所示。

图 2-2-2　创建工作表操作流程

(一) 新建工作簿

启动 Excel 应用程序,新建一个工作簿,命名为"工资表.xlsx"。

方法一:启动 Excel 应用程序,在启动程序的同时自动新建工作表。单击 Excel 桌面快捷方式或任务栏快速启动图标,或单击【开始】→【所有程序】→【Excel 2016】,均可以启动 Excel 应用程序。

方法二:在桌面点击鼠标右键快捷菜单→【新建】命令→Microsoft Excel 工作表,如图 2-2-3所示。

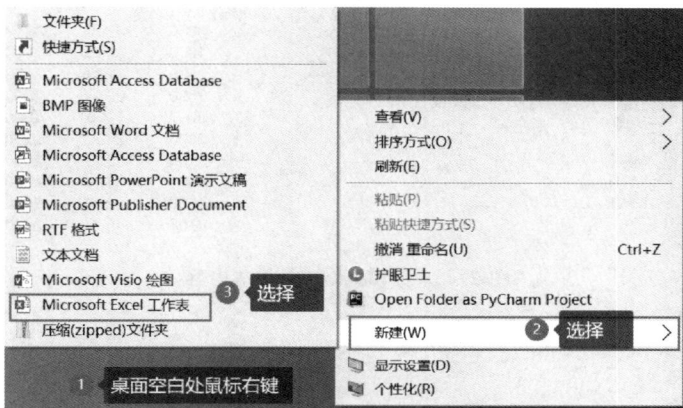

图 2-2-3　新建工作表

(二) 输入数据

在 Excel 中输入数据时,根据数据类型不同,需要把单元格格式设置为不同的格式,满足输入数据的需要。单元格数字格式包括常规、数值、货币、会计专用、日期、时间、百分比、分数、科学记数、文本、特殊和自定义。

单元格格式设置方法有两种。

方法一:在【开始】选项卡的【数字】组设置。

方法二:在鼠标右键快捷菜单【设置单元格格式】中设置。

在 Sheet1 工作表 A1:J12 单元格区域输入如图 2-2-4所示数据,示例数据每一列有不同的数据格式,输入方法不尽相同,具体操作步骤如下:

	A	B	C	D	E	F	G	H	I	J
1	XX公司职工工资表									
2	工号	姓名	性别	身份证	参工时间	职称	基本工资	奖金	补贴	应发工资
3	001	王万曦	女	500104199304202023	2015年7月1日	技术员	2850	2200	1500	
4	002	张敏	女	510502197408060721	1996年7月1日	高工	4900	3000	3000	
5	003	张建华	男	611304199610193614	2018年6月3日	技术员	2900	2280	1700	
6	004	肖智燕	女	51132119880127068X	2010年7月6日	工程师	3600	2280	2000	
7	005	王欢	女	431502199610110664	2017年6月10日	技术员	3000	2300	1800	
8	006	周鹏	男	511622198606230063	2008年6月10日	工程师	3900	2400	2200	
9	007	李俊平	男	313022198704276695	2011年6月25日	工程师	3200	2250	2000	
10	008	罗明静	女	500225199611110730	2015年7月1日	技术员	2800	2200	1300	
11	009	马辛革	男	432626198308300010	2005年6月10日	工程师	4600	2800	2700	
12	010	王伟	男	632822197012240020	1992年6月23日	高工	6120	4500	3500	

图 2-2-4　输入数据

1. 输入普通文本内容

普通文本和数值的录入可以通过选择单元格直接输入,按 Enter 键确认。按 Tab 键或

➡键快速选中右侧单元格。

（1）在 A1 单元格输入本案例的标题"××公司职工工资表"。

（2）在 A2:J2 单元格依次输入首行标题内容"工号""姓名""性别""身份证""参工时间""职称""基本工资""奖金""补贴""应发工资"。

（3）在"姓名"列输入职工姓名，在"基本工资""奖金""补贴"列输入工资数据，如图 2-2-5 所示。

图 2-2-5　输入普通文本内容

小贴士

数值型数字默认右对齐，文本型数字默认左对齐。

2. 输入开头为"0"的文本型数字

Excel 默认输入的数值内容自动以标准的"常规"格式保存，数值左侧或小数点后末尾的 0 将自动被省略。因此，想要输入前面是 0 开头的工号等文本型数字，需要将数字格式【常规】转换为【文本】，有以下两种方法。

方法一：

①选中"工号"列单元格 A3:A12，单击【开始】选项卡→【数字】组下拉按钮→选择【文本】选项，如图 2-2-6 所示。

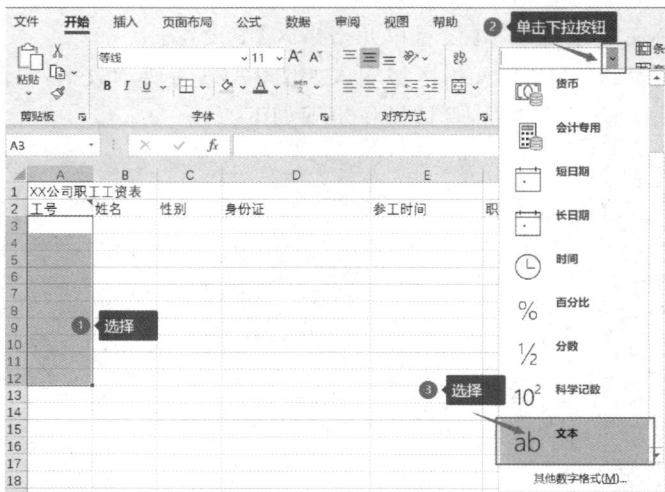

图 2-2-6　设置文本单元格格式

②在 A3 单元格输入"001",按 Enter 键确认,再选中 A3 单元格,鼠标移动到 A3 单元格右下角黑点处,鼠标变成"十"字形,然后按住鼠标左键向下拖动"十"字填充手柄,自动填充文本型数字"002,003,…,010",如图 2-2-7 所示。

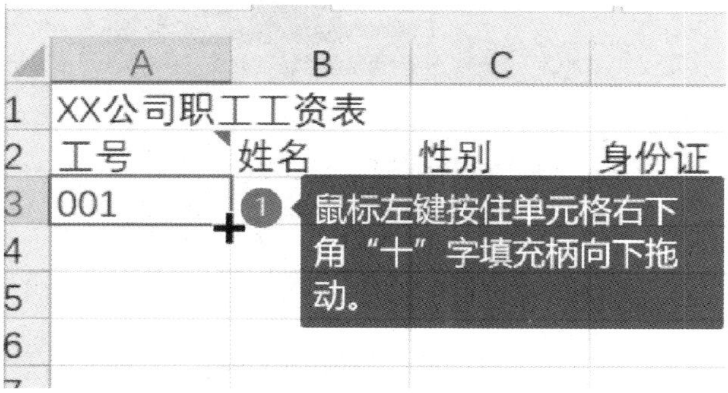

图 2-2-7　输入文本型数据

方法二:选中 A3 单元格,在单元格内先输入英文"'",再输入"001",按 Enter 键确认,最后批量向下填充得到所有前面是"0"开头的文本型数字序号。

3. 输入日期型数据

Excel 2016 提供了多种日期格式,可以在【设置单元格格式】中设置。

选中"参工时间"列 E3:E12 单元格区域,单击鼠标右键选择【设置单元格格式】,在弹出的【设置单元格格式】对话框中选择【数字】选项卡→【日期】→【类型】→【确定】,如图 2-2-8 所示。将 E 列设置成日期格式后,输入参工日期。

长日期型格式在单元格显示与在编辑栏显示不一致,如图 2-2-9 所示。

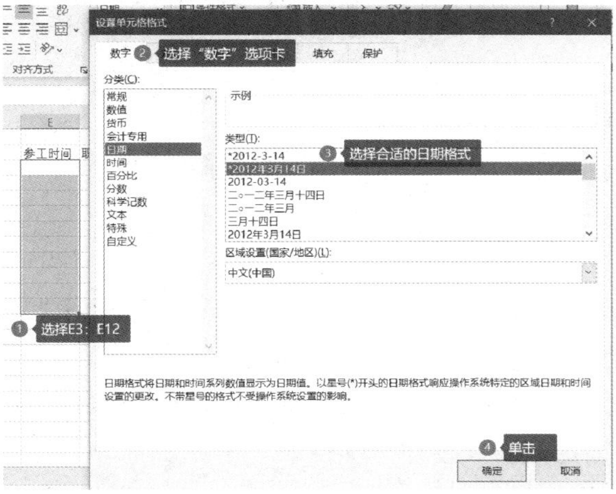

图 2-2-8　输入日期型格式文本

图 2-2-9　日期格式的显示

4. 输入货币型数据

对于基本工资、奖金、补贴和应发工资等金额数据,需要将其设置为货币格式,根据需要保留小数位数。具体操作如下:

(1)选中 G3:J12 单元格区域。

(2)单击【开始】选项卡→【数字】组右下角扩展按钮(见图2-2-10),打开【设置单元格格式】对话框。

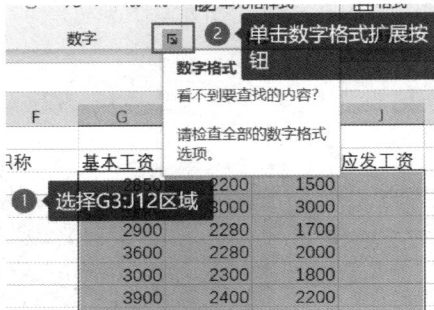

图2-2-10　数字格式扩展按钮

(3)选择【数字】选项卡→【货币】类型→【小数位数】选择"2"→【货币符号】选择人民币"￥"→【负数】形式→【确定】,得到货币型数字格式,如图2-2-11、图2-2-12所示。

图2-2-11　设置单元格数字格式

图2-2-12　货币格式结果

小贴士

需要批量向下填充时可以选中单元格右下角填充柄按住鼠标左键拖动或出现"＋"号时双击鼠标左键(双击鼠标左键适用于该列的前或后一列已经有内容的情况)。

对于批量填充数字时,填充的内容是相同的还是递增的,根据需要可以同时按住 Ctrl 键进行切换。

5. 数据验证

对待数据要严谨,马虎不得,失之毫厘,谬以千里。在 Excel 中,可以借助数据验证功能来规范输入的数据。没有规矩,不成方圆,在输入数据前先为单元格设置有效的数据规则,有利于输入的数据准确、格式规范,减小处理数据的复杂性。

本案例中的"性别"限定输入"男,女","身份证"必须输入 18 位,"职称"列用规范的名称。具体操作如下:

（1）选中"性别"列单元格 C3:C12,单击【数据】选项卡→【数据工具】组→【数据验证】下拉按钮→【数据验证】命令,打开【数据验证】对话框。

（2）在弹出的【数据验证】对话框中,依次选择【设置】→【允许】下拉列表选择【序列】,【来源】文本框中输入"男,女"→【确定】,如图 2-2-13 所示。

图 2-2-13　数据验证

（3）设置数据验证后,"性别"列单元格无须再输入文本,可以直接单击单元格右边的下拉按钮,选择"男"或"女"。如果在已经设置了数据验证规则的单元格中输入了错误的数据,Excel 会自动弹出提示对话框,要求用户重新录入,如图 2-2-14 所示。

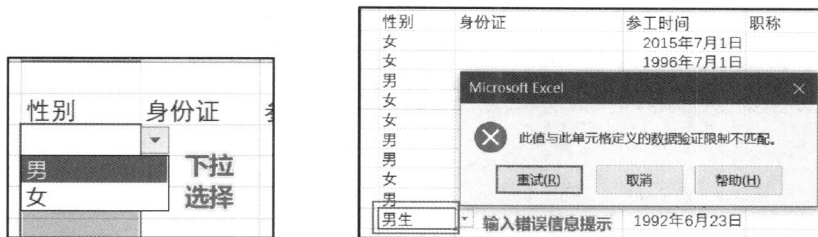

图 2-2-14　数据验证提示信息

（4）"职称"列同样也可以设置数据验证,方法与"性别"设置一样,只是在【数据验证】对话框的序列【来源】框中输入"高工,工程师,技术员",序列中间用英文的逗号","隔开,设置完成后的效果如图 2-2-15所示。

（5）选中"身份证"列单元格 D3:D12,单击【数据】选项卡→【数据工具】组→【数据验证】下拉按钮→【数据验证】命令。

（6）在弹出的【数据验证】对话框中,依次选择【设置】→【允许】下拉列表选择"文本长度",【数据】框选择"等于",【长度】框输入"18",如图 2-2-16所示。

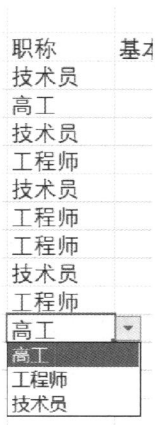

图 2-2-15　职称列数据验证设置效果

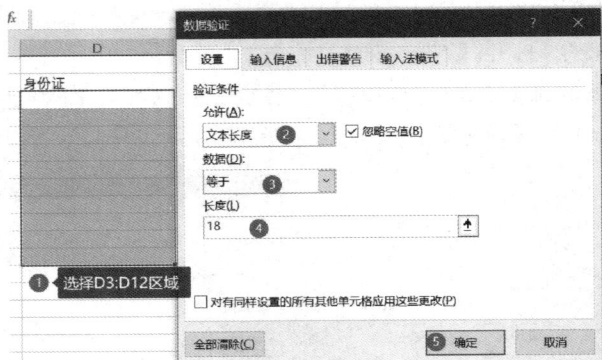

图 2-2-16　数据验证——身份证文本长度设置

　　(7)切换到【出错警告】选项卡,在【标题】框里输入"出错啦!",【错误信息】框里输入"请输入 18 位的身份证号!",点击【确定】,如图 2-2-17 所示。

图 2-2-17　数据验证——出错警告设置

　　(8)正确输入 18 位身份证号,多于或少于 18 位自动报错,如图 2-2-18 所示。

图 2-2-18　错误输入提示

数据验证功能除了上述的使用场景外,在数据来源框中可以录入,也可以选择表中已有的数据,还可以设置整数和小数的录入范围、日期和时间的范围、限定文本的录入长度、自定义条件(如用公式设置"姓名"列不允许重复:公式框里输入"=COUNTIF(B3：B12,B3)=1",如图2-2-19所示)等。在【输入信息】选项卡中可以输入提示信息,在【出错警告】选项卡中输入警告信息,在【输入法模式】选项卡中设置该列的输入法模式。

图2-2-19　数据验证——不重复数据

(三)自动计算

在制作基本的Excel数据表格时,最常见的操作是对数据进行求和、求平均值以及求最大最小值的计算,Excel 2016提供了自动计算功能来完成这些计算操作,用户无须输入参数即可获得需要的结果。下面以计算"应发工资"为例来介绍在Excel工作表中使用自动计算功能的方法。

(1)选中"应发工资"列J3单元格,单击【开始】选项卡→【编辑】组→【自动计算】下拉菜单→【求和】命令,如图2-2-20所示。

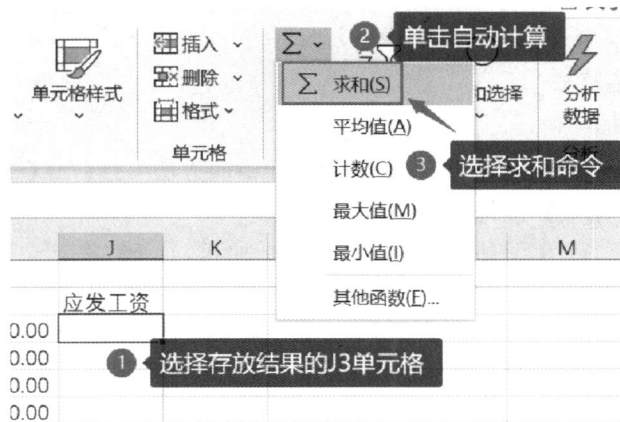

图2-2-20　自动求和

(2)观察虚线计算区域是否正确,如果正确,按 Enter 键或者单击编辑栏"√"确认,不正确重新选择计算区域,如图 2-2-21 所示。

图 2-2-21 计算区域

(3)选中 J3 单元格,然后拖动右下角的填充柄到 J12 单元格(或者在填充柄"+"号处双击鼠标左键),复制公式得到所有人的应发工资,如图 2-2-22 所示。

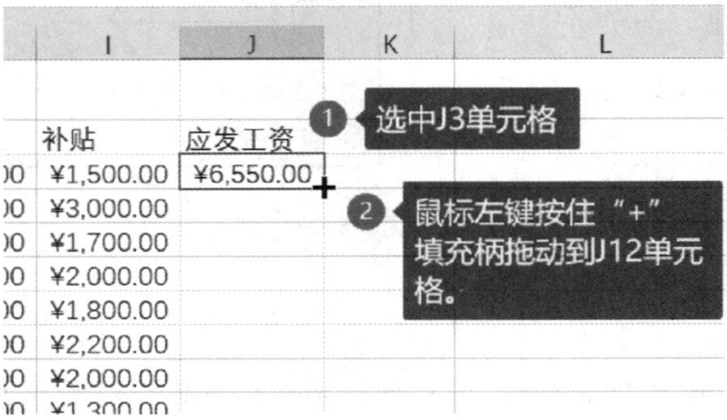

图 2-2-22 复制公式

小贴士

在执行自动计算时,注意计算的区域是否正确,如果不是正确的计算区域,可以用鼠标选择正确的区域(或用键盘输入单元格地址)。

(四)设置单元格格式

1. 设置字体的格式

在 Excel 2016 中设置字体格式,操作和 Word 中的方法一致。在【开始】选项卡下的【字体】组或【设置单元格格式】对话框中进行设置。

本案例将标题行 A1 单元格字体设置为黑体、加粗、18 磅,将其余字体设置为宋体、12磅。操作步骤如下:

(1)选中 A1 单元格,单击【开始】选项卡→【字体】组→黑体、加粗、18 磅,如图 2-2-23所示。

(2)选中 A2:J12 区域,单击【开始】选项卡→【字体】组→【字体】组右下角的对话框启动器按钮,弹出【设置单元格格式】对话框,通过该对话框设置字体格式,设置字体为宋体、12磅,如图 2-2-24 所示。

图 2 - 2 - 23　设置字体格式

图 2 - 2 - 24　设置字体格式对话框

2. 设置数据对齐方式

Excel 2016 中单元格文本对齐方式分为水平对齐和垂直对齐,文本控制方式包括自动换行、缩小字体填充和合并单元格,还可以根据需要调整文本的缩进和文字的方向。

本案例将标题行 A1:J1 单元格合并居中,A2:C12 区域设置水平和垂直居中对齐,操作步骤如下:

(1)选中 A1:J1 单元格区域,单击【开始】选项卡→【对齐方式】组→【合并后居中】命令,得到标题栏,如图 2 - 2 - 25 所示。

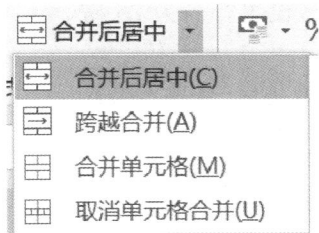

图 2 - 2 - 25　合并单元格

(2)选中 A2:C12 区域,单击【开始】选项卡→【对齐方式】组→设置水平和垂直居中对齐方式。

🔲 小贴士

打开对齐方式对话框(【开始】选项卡→【对齐方式】组右下角扩展按钮→【设置单元格格式】→【对齐】选项卡),可以设置单元格的水平和垂直方向的对齐方式(共 9 种),如果单元格内容较多时还可以对文本设置自动换行(强制换行 Alt＋Enter 键)、缩小字体填充或合并单元格。如果单元格文本需要倾斜角度,可以在"方向"框里输入倾斜的角度或鼠标点击指针调节,如图 2-2-26 所示。

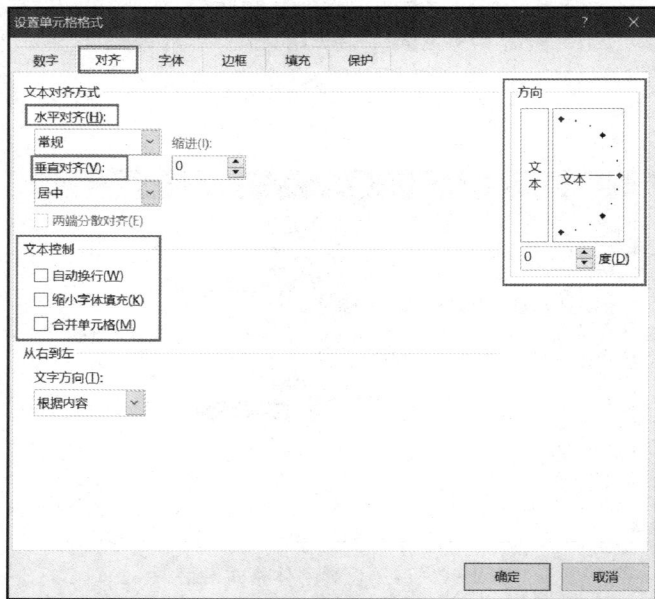

图 2-2-26　设置对齐方式

3. 设置行高和列宽

行高和列宽可以用命令方式精确设置,也可以根据内容自动调整行高和列宽。将案例标题行行高设置为 25 磅,其余设置为最适合的行高和列宽。

(1)选中第一行,单击【开始】选项卡→【单元格】组→【格式】下拉按钮→【行高】命令,设置行高为 25 磅,如图 2-2-27 所示。

(2)选中 A:I 列,单击【开始】选项卡→【单元格】组→【格式】下拉按钮→【自动调整列宽】命令,设置所有的列宽为最适合的列宽。

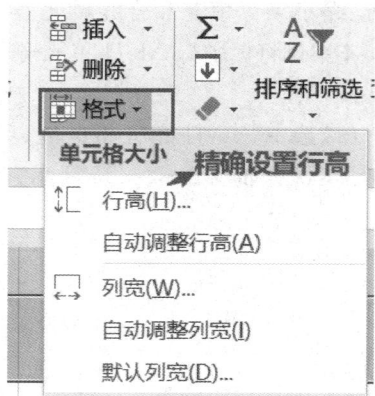

图 2-2-27　设置单元格行高

小贴士

最适合的行高和列宽可以通过格式命令设置，也可以选中整行或整列，双击鼠标左键，得到最适合的行高和列宽。

4. 设置边框线和底纹

对案例中的 A2:J12 单元格区域设置蓝色双实线外边框，红色细实线内边框；表头 A2:J2 设置底纹为蓝色填充，字体为白色。设置步骤如下：

（1）选中 A2:J12 单元格区域，单击【开始】选项卡→【字体】组右下角的对话框启动器→【边框】选项卡，可设置外边框为蓝色双实线边框，内边框为红色细实线边框，设置完成后单击【确定】按钮。设置步骤如图 2-2-28 所示。

图 2-2-28　设置单元格边框

（2）选中 A2:J2 单元格区域，单击【开始】选项卡→【字体】组右下角的对话框启动器→在【填充】选项卡中，设置蓝色填充色，在【字体】选项卡中，设置白色字体→【确定】，如图 2-2-29 所示。

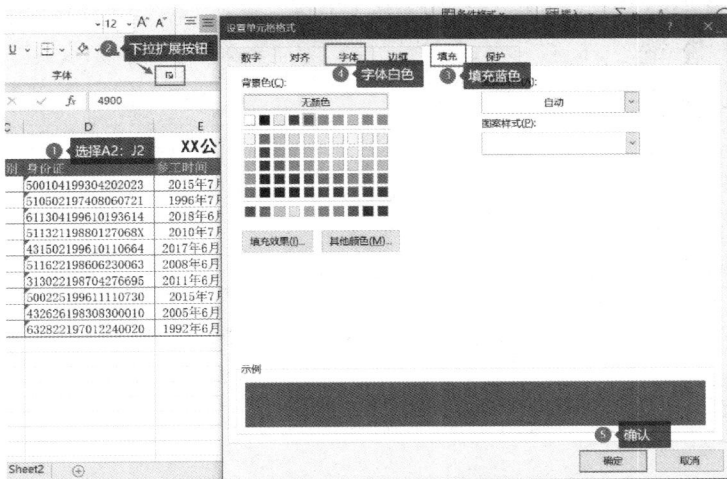

图 2-2-29　设置单元格填充效果

5. 设置条件格式

条件格式包括数据条、突出显示单元格规则、色阶、图标集等，使用条件格式功能可以为满足某种自定义条件的单元格设置相应的单元格格式，如颜色、字体等，很大程度上改进电子表格的设计和可读性。

本案例将应发工资大于 10000 元的用浅红填充色深红色文本显示。设置步骤如下：

（1）选中 J3:J12 区域，单击【开始】选项卡→【样式】组→【条件格式】下拉按钮→【突出显示单元格规则】→【大于】，如图 2-2-30 所示。

图 2-2-30　设置条件格式

（2）在弹出的对话框中输入"10000"并设置"浅红填充色深红色文本"，效果如图 2-2-31 所示。

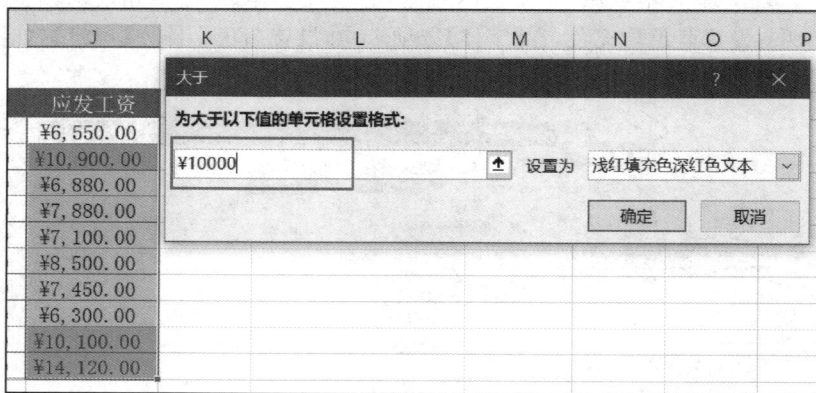

图 2-2-31　条件格式对话框和效果

🖳 小贴士

条件格式可以按照数字大小、文本包含、日期、重复值、最前最后规则等设置，还可以用公式等自定义规则。格式除了设置颜色、字体等外,还可以用数据条、色阶和图标集等格式设置。已经设置的规则可以清除,也可以管理和修改。

6. 套用表格格式

Excel 和 Word 一样,除了手动设置边框、底纹等样式外,也内置了很多样式,可以直接应用,也可以在已有的样式上修改,如图 2-2-32 所示。

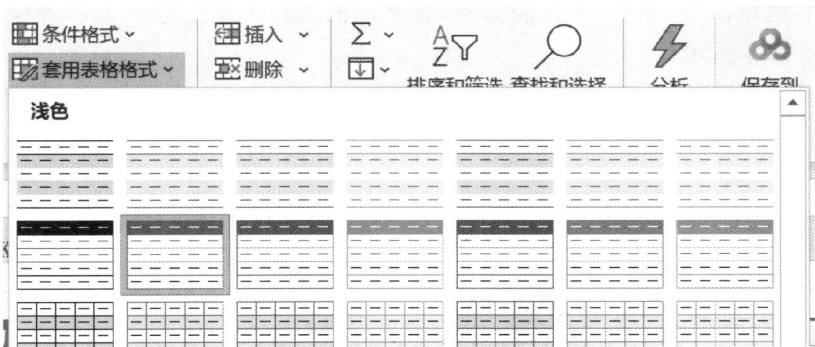

图 2-2-32　套用表格格式

选择工作表的 A2:J12 单元格区域,单击【开始】选项卡→【样式】组→【套用表格格式】按钮→【蓝色,表样式中等深浅 2】,快速设置表格的边框、底纹、自动筛选按钮等,同时将表格由普通数据区域转换成了智能表(快捷键:Ctrl+T),转换成智能表后,自动打开了【表设计】选项卡,同时启动智能表的相关功能,方便表格的操作,如图 2-2-33 所示。

图 2-2-33　智能表转换

(五)工作表基本操作

Excel 工作表操作包括插入、删除、重命名、复制、移动、隐藏、保护和更改工作表标签颜色等。

本案例将 Sheet1 重命名为"一分厂",设置工作表标签颜色为红色,复制"一分厂"工作表,重命名为"二分厂",并设置工作表标签颜色为绿色。删除"二分厂"表中属于一分厂的内容,保留"应发工资"的公式和整个表格的格式,并设置工作表保护密码为"123"。操作步骤如下。

1．重命名

方法一：用鼠标左键双击工作表标签 Sheet1，进入工作表重命名状态，更改工作表名称为"一分厂"。

方法二：用鼠标右键单击工作表标签 Sheet1，在弹出的快捷菜单中选择【重命名】命令。

2．更改工作表标签颜色

用鼠标右键单击"一分厂"工作表标签，在弹出的快捷菜单中选择工作表标签颜色为红色，如图 2-2-34 所示。

图 2-2-34　更改工作表标签颜色

3．复制工作表

(1)用鼠标右键单击"一分厂"工作表标签，在弹出的快捷菜单中选择【移动或复制】命令，如图 2-2-35 所示，打开【移动或复制工作表】对话框。

(2)在【移动或复制工作表】对话框选择工作表复制的位置，并勾选【建立副本】，得到"一分厂(2)"工作表，如图 2-2-36 所示。

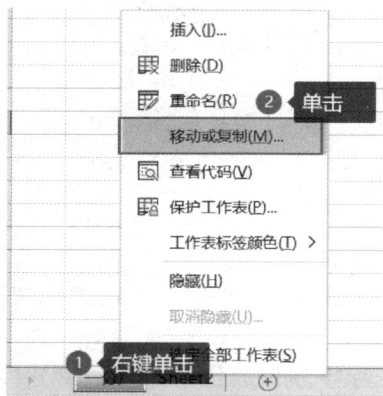

图 2-2-35　复制工作表

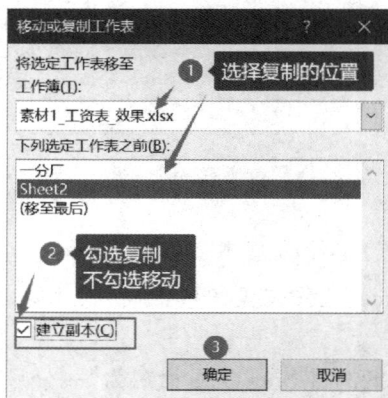

图 2-2-36　复制工作表对话框

(3)将"一分厂(2)"工作表名称重命名为"二分厂"，并更改工作表标签颜色为绿色。

同一个工作簿内的工作表的移动和复制,除了用菜单命令方式外,还可以用鼠标拖动的方式实现移动和复制。方法是选中需要复制或移动的工作表,按住鼠标左键直接拖动实现工作表的移动;在按住鼠标左键拖动的同时按住 Ctrl 键实现工作表的复制。

4. 删除工作表内容

选中"二分厂"A3:I12 的数据,用 Delete 键删除或者单击【开始】选项卡→【编辑】组→【清除】下拉按钮→【清除内容】→保留格式及自动计算的公式,如图 2-2-37、图 2-2-38 所示。

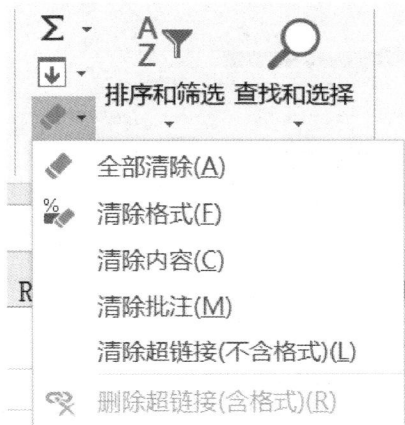

图 2-2-37 清除内容

图 2-2-38 清除内容效果

清除菜单包括【清除内容】、【清除格式】和【全部清除】,这是针对单元格的内容和格式进行的操作,清除后单元格还存在。如果选中内容后单击鼠标右键【删除】或【开始】选项卡→【单元格】组→【删除】下拉按钮→【删除单元格】命令,如图 2-2-39 所示,这时除了删除单元格里面的内容、格式外,单元格也会被删除掉。删除的内容可以撤销恢复。

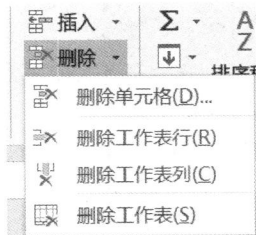

图 2-2-39 删除单元格

【删除工作表】命令是删除整张工作表,删除后不能通过撤销命令恢复删除。

5. 保护工作表

(1)选中"二分厂"工作表的 A3:I12 区域,单击鼠标右键快捷菜单或单击【开始】选项卡→【单元格】组→【格式】下拉按钮→【保护】→【设置单元格格式】命令,打开对话框,选择【保护】选项卡,取消【锁定】,如图 2-2-40 所示。

图 2-2-40　取消单元格锁定

(2)选中"二分厂"工作表标签,单击鼠标右键快捷菜单或单击【开始】选项卡→【单元格】组→【格式】下拉按钮→【保护】→【保护工作表】命令,打开【保护工作表】对话框,设定工作表保护密码"123",如图 2-2-41 所示。

(3)设置密码后只有 A3:I12 这一片区域可以修改,工作表的其他地方不允许修改,达到保护工作表的目的,如图 2-2-42 所示。

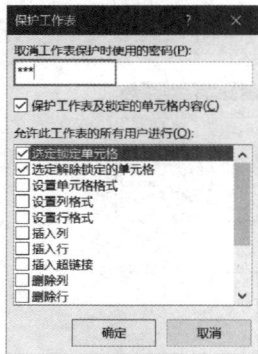

图 2-2-41　保护工作表

图 2-2-42　保护工作表结果

(六)保护工作簿

(1)单击【文件】选项卡→【保存】或【另存为】命令→保存工作簿(工资表.xlsx)。(快捷键为 Ctrl+S。)

(2)保存类型:默认类型为 Excel 工作簿(.xlsx),还可以根据需要存为对应的文件类型,如图 2-2-43 所示。

(3)保护工作簿:单击【文件】选项卡→【信息】命令→【保护工作簿】下拉按钮→【用密码进行加密】→设置密码"123",实现整个工作簿的保护,如图 2-2-44 所示。

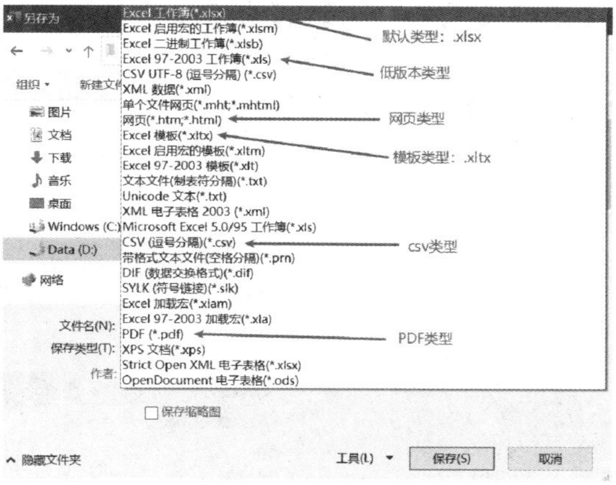

图 2 - 2 - 43 常用的保存文件类型

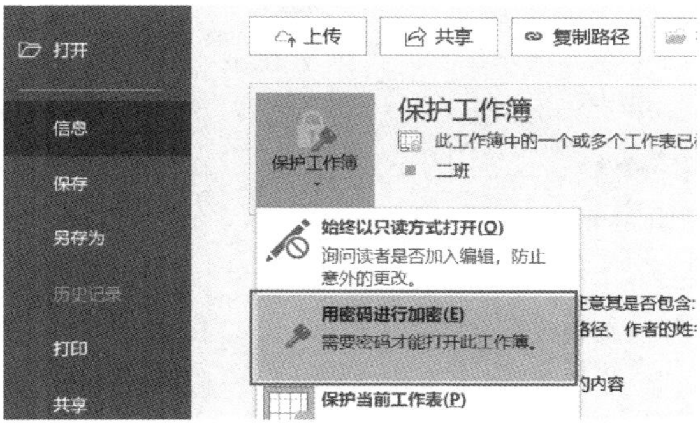

图 2 - 2 - 44 工作簿加密

小贴士

保护工作表与保护工作簿的区别：保护工作表后工作簿可以打开，只是除了未锁定的单元格区域可以修改外，其他单元格只能查看不能修改。而保护工作簿则是没有密码整个工作簿不能打开，也查看不了工作表的内容。

(七)页面布局与打印

1. 页面设置

打印之前可以在打印界面设置页面大小、页边距、页眉、页脚，插入分页符和工作表标题等。

本案例将"一分厂"工作表的纸张大小设置为 A4，纸张方向设置为横向，页边距设置为上下左右 1.91 厘米，标题行每页重复打印。

(1)页面大小、方向、页边距设置。切换到"一分厂"工作表，单击【文件】选项卡→【打印】命令→【设置】→纸张方向为横向，纸张大小为 A4，页边距为上下左右 1.91 厘米，如图 2 - 2 - 45 所示。

(2)打印标题。对于表格较大、内容有多页的工作表，从第二页开始页面没有标题，无法直观地展示数据，这时候需要设置打印标题，这样每页的数据都有标题。操作步骤如下：

①在打印页面,点击【自定义纸张大小】或【自定义页边距】命令,打开【页面设置】对话框。

②选择【工作表】选项卡,单击【顶端标题行】右边的折叠按钮,选择"一分厂"工作表的第1～2行,还原折叠按钮,回到【页面设置】对话框,单击【确定】,如图2-2-46所示,这样每页都会打印标题。

图2-2-45 打印选项中页面设置   图2-2-46 打印标题行

小贴士

除了可以在打印界面设置页面外,还可以在【页面布局】选项卡中进行设置,如图2-2-47所示。重复的标题不仅可以设置顶端重复的行,还可以设置左侧重复的列或者直接把行号和列标打印到页面上,如图2-2-48所示。

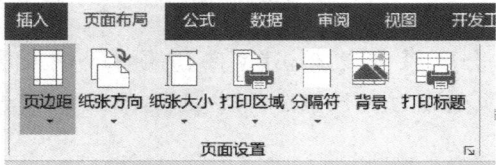

图2-2-47 在页面布局中设置页面   图2-2-48 打印区域及列标行号

2. 打印内容

单击【文件】选项卡→【打印】命令→【设置】→【打印工作表】下拉按钮,有打印工作表、工作簿、选定区域三个选项。打印命令快捷键为 Ctrl＋P。默认为打印工作表,如图2－2－49所示。

3. 缩放打印

有时工作表内容超出了设置的纸张范围,但又希望将所有的行或列打印在一张纸上,重新调整行高和列宽费时且满足不了内容的需要,这时可以选择缩放打印。无须过多调整单元格的行高和列宽,自动将所选内容打印在一页纸上。

单击【文件】选项卡→【打印】命令→【设置】→【无缩放】下拉按钮→选择合适的缩放命令,如图2－2－50所示。

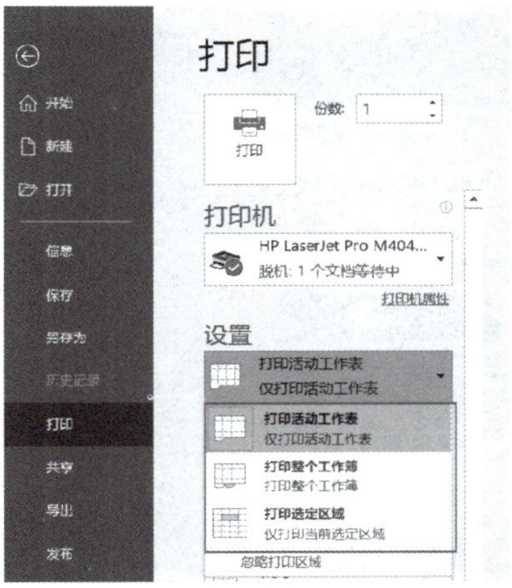

图2－2－49　打印工作表 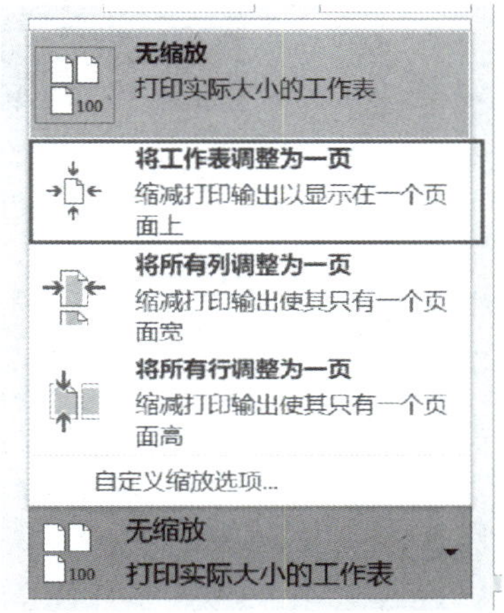　　　　图2－2－50　打印缩放设置

任务三　日常收支统计表的计算与分析

一、任务描述

Excel 最重要的功能之一就是进行数据的处理,通过数据的计算和分析,从中提取相关信息,发现问题,解决问题,看到数据背后传递的信息。同样是数据计算,采用的工具、方法不同,工作效率也会不一样。我们要学会使用不同的工具、方法,培养思维的灵活性。

日常收支统计表是通过对个人收入和支出情况进行计算和分析,学习利用公式和函数快速计算收入和开支情况,利用排序和筛选对收支情况进行最基本的分析,并用图表直观展示分析情况。

案例素材:素材 2_日常收支统计表.xlsx。

操作流程如图 2－3－1 所示。

●公式　　●函数　　排序和筛选　　图表

图 2－3－1　操作流程

二、任务实施

(一)认识公式

公式是由数据和运算符组成的等式,必须以"＝"开头。如下面三个公式的例子:

＝3000＋50

＝基本工资＋奖金－税费

＝SUM(G4:G13)

使用公式时,先选择存放计算结果的单元格,再输入"＝"号,后面紧接着输入数据和运算符。公式输入完后按 Enter 键或者点击编辑栏的"√"确认。公式在"编辑栏"显示,公式的结果在单元格中显示,如图 2-3-2 所示。

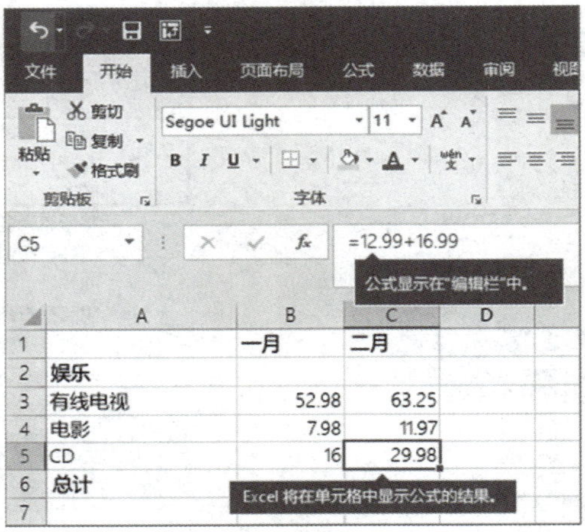

图 2-3-2　公式

1. 数据

数据可以是常数、单元格引用、单元格名称和函数等。

2. 运算符

运算符分为算术运算符、比较运算符、文本连接运算符和引用运算符四种不同类型。

(1)算术运算符。算术运算符有"＋(加)""－(减)""＊(乘)""/(除)""^(求幂)"等,如表 2-3-1 所示,执行基本的数学运算并生成数字结果。

表 2-3-1　算术运算符

算术运算符	含义	示例
＋(加号)	加	＝3＋3
－(减号)	减法	＝3－1
	求反	＝－1
＊(星号)	乘	＝3＊3
/(正斜杠)	除	＝3/3
%(百分号)	百分比	＝20%
^(脱字号)	求幂	＝2^3

（2）比较运算符。比较运算符有"＝（等号）""＞（大于号）""＜（小于号）""＞＝（大于或等于号）""＜＝（小于或等于号）""＜＞（不等号）"等，如表 2-3-2 所示。比较运算符用于比较两个值时，结果为逻辑值 TRUE 或 FALSE。

表 2-3-2 比较运算符

比较运算符	含义	示例
＝（等号）	等于	＝A1＝B1
＞（大于号）	大于	＝A1＞B1
＜（小于号）	小于	＝A1＜B1
＞＝（大于或等于号）	大于等于	＝A1＞＝B1
＜＝（小于或等于号）	小于等于	＝A1＜＝B1
＜＞（不等号）	不等于	＝A1＜＞B1

（3）文本连接运算符。文本连接运算符为"＆"。使用"＆"连接一个或多个文本字符串以生成一段文本。比如："＝"North" ＆ "wind""运算结果为"Northwind"。

（4）引用运算符，如表 2-3-3 所示。

表 2-3-3 引起用运算符

引用运算符	含义	示例
:（冒号）	区域运算符，生成两个引用之间所有单元格的引用（包括这两个引用）	＝SUM(B5:B15)
,（逗号）	Union 运算符，它将多个引用合并为一个引用	＝SUM(B5:B15,D5:D15)
（空格）	交集运算符，它生成对两个引用中共有的单元格的引用	＝SUM(B7:D7 C6:C8)
♯（磅）	用作错误名称的一部分	引用文本而非数字引起的♯VALUE!
	用于指示空间不足，无法呈现。在大多数情况下，可以加宽列，直到内容正确显示	♯♯♯♯♯
	溢出区域运算符，用于在动态数组公式中引用整个区域	＝SUM(A2♯)

3. 运算符的优先级

如果一个公式中有若干个运算符，Excel 将按表 2-3-4 中的次序进行计算。如果一个公式中的若干个运算符具有相同的优先顺序（例如，如果一个公式中既有乘号又有除号），则 Excel 将从左到右计算各运算符。若要更改求值的顺序，将公式中要先计算的部分用括号括起来。

表 2 - 3 - 4　运算符的优先级次序

运算符	说明
:(冒号) (单个空格) ,(逗号)	引用运算符
—	负数(如:—1)
%	百分比
^	求幂
* 和 /	乘和除
+ 和 —	加和减
&	连接两个文本字符串
= > < <= >= <>	比较运算符

(二)输入公式

输入公式计算"素材 2_日常收支统计表. xlsx"中税费和剩余金额。其中:税费=(基本工资+奖金)*3.50%;剩余金额=基本工资+奖金+上月结余-水电气费-购物-税费。

1. 计算税费

(1)打开素材"素材 2_日常收支统计表. xlsx",选择"一分厂"工作表的"税费"列 L4 单元格,输入公式"=(G4+H4)*P2",按 Enter 键确认,得到第一位职工的税费,如图 2 - 3 - 3 所示。

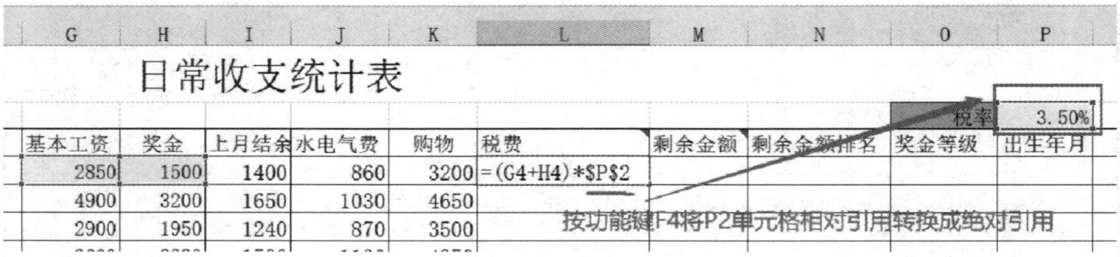

基本工资	奖金	上月结余	水电气费	购物	税费	剩余金额	剩余金额排名	奖金等级	出生年月
2850	1500	1400	860	3200	=(G4+H4)*P2				
4900	3200	1650	1030	4650					
2900	1950	1240	870	3500					

按功能键F4将P2单元格相对引用转换成绝对引用

图 2 - 3 - 3　计算税费

(2)选中 L4 单元格,将鼠标移动到右下角,用鼠标左键按住填充柄拖动到 L13,公式向下自动填充,得到所有人的税费。

2. 计算剩余金额

(1)选择"一分厂"工作表的 M4 单元格,输入公式"=G4+H4+I4-J4-K4-L4"得到第一位职工的剩余金额,如图 2 - 3 - 4 所示。

(2)选择 M4 单元格,在右下角"+"填充柄位置双击鼠标左键(或按住鼠标左键拖动到 M13 单元格),得到所有职工的剩余金额。

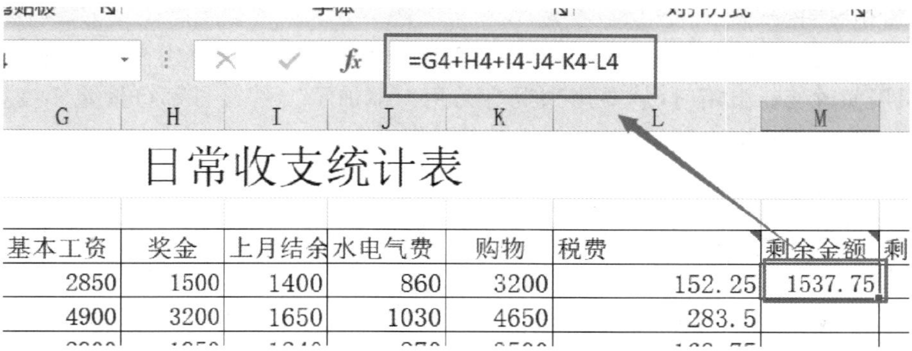

图 2-3-4 计算剩余金额

小贴士

公式中的单元格地址可以用键盘输入,也可以在输入公式过程中用鼠标直接选择对应的单元格。

(三)单元格地址引用

前面税费公式中 P2 单元格地址前加了"$"符号,表示单元格绝对引用,公式向下填充结果才正确。下面分别介绍单元格的相对引用、绝对引用和混合引用。

1. 相对引用

相对引用是指单元格的引用会随公式所在单元格的位置变化而改变。复制公式时,Excel 根据公式原来的位置和复制的目标位置推算出公式中单元格地址相对原来位置的变化。如 L4 单元格公式复制到 L5 单元格时,"G4+H4"变成了"G5+H5",如图 2-3-5 所示。

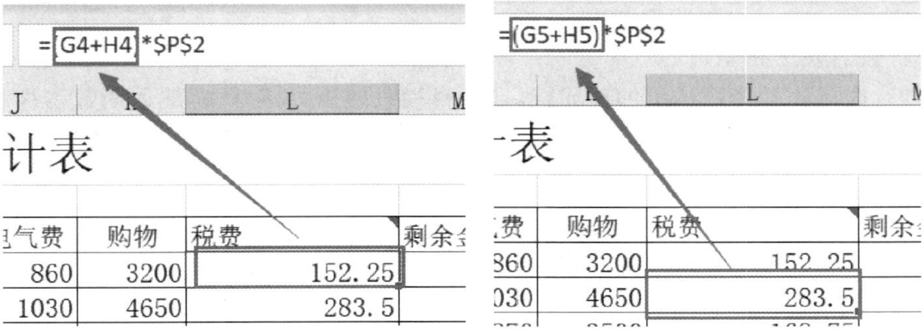

图 2-3-5 相对引用

2. 绝对引用

绝对引用是指在复制公式时,无论怎么改变公式的位置,其引用单元格的地址都不会改变。绝对引用的表示形式是在普通地址的前面加"$"符号。如税费公式中的 P2 单元格地址列标和行号前均加上了"$"符号,"P2"变成了"$P$2",当 L4 单元格公式复制到 L5 单元格时,相当于参与计算的 P2 单元格不会随着填充位置变化而发生变化。"$"符号可以用键盘输入,也可以利用功能键 F4 切换,由相对引用转换成绝对引用。

3．混合引用

混合引用是相对引用和绝对引用的共同引用。当需要固定行引用而改变列引用，或者固定列引用而改变行引用时，就要用到混合引用。即加了"＄"符号部分固定不变，没有加"＄"符号部分发生改变。例如"＄B4,B＄4"都是混合引用。

（四）插入函数

工欲善其事，必先利其器。Excel 中的函数，就是提高工作效率的工具，是数据处理的一个重要的"器"。

函数是预定义的内置公式，可以对一个或多个值进行运算，并返回一个或多个值。

Excel 内置了很多函数，如常用函数、财务函数、日期与时间函数、数学与三角函数、统计函数、查找与引用函数等。用户可以调用这些函数，为函数指定参数，对单元格区域进行计算，返回计算结果。

一个函数包括函数名称和函数参数两个部分。函数的名称表明函数的功能，函数的参数可以是数字、文本、逻辑值、数组等。

函数的语法格式为：＝函数名（参数 1，参数 2，参数 3，…），如图 2－3－6 所示。

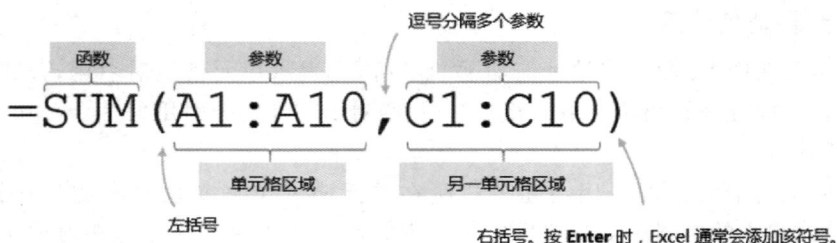

图 2－3－6　函数语法结构

调用函数的方法有三种。

方法一：选择放置计算结果的单元格，在编辑栏直接以"＝"开头，输入函数名称和参数。

方法二：选择放置计算结果的单元格，单击编辑栏的插入函数"ƒx"按钮，打开【插入函数】对话框，选择合适的函数，如图 2－3－7 所示。

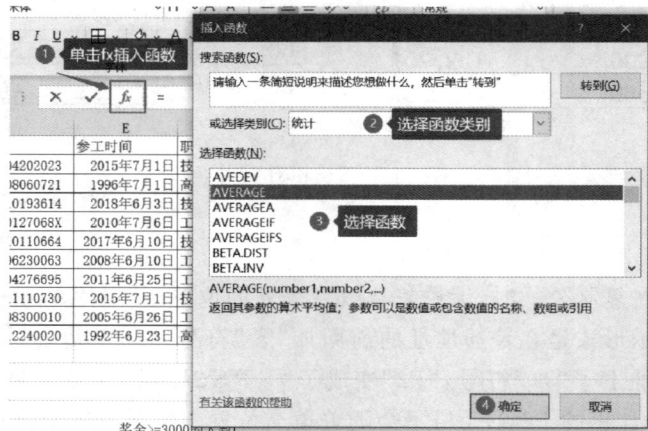

图 2－3－7　插入函数

方法三:点击【公式】选项卡→【函数库】→【插入函数】→分类别查找并插入函数,如图 2-3-8 所示。

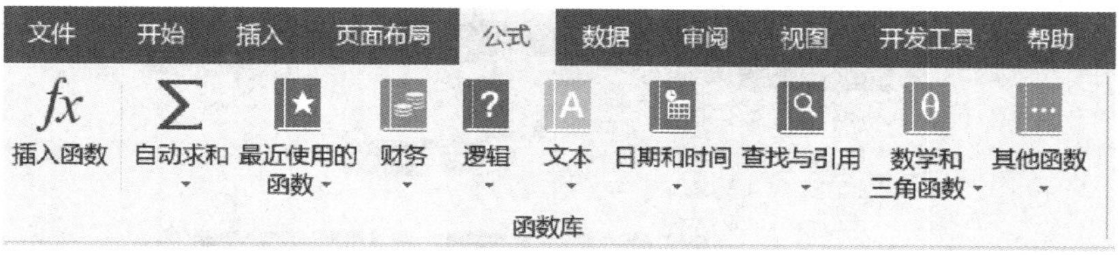

图 2-3-8 Excel 函数分类

下面以"素材 2_日常收支统计表.xlsx"案例学习几个常用的函数及其用法。在"一分厂"工作表中用函数计算各项收支的和、平均值、最大值、最小值,统计总人数,统计奖金大于等于 3000 元的人数,统计 2000 年到 2010 年参加工作的人数,进行剩余金额排名,设置奖金等级,从身份证号码中提取出生年月和计算工龄等。

1. 求和函数 SUM()

语法:SUM(num1,num2,…)。

功能:返回参数表中的所有参数的和。

操作:分别计算"素材 2_日常收支统计表.xlsx"中"一分厂"工作表的各项收支的总和。

选中"一分厂"工作表 G15 单元格,输入公式"=SUM(G4:G13)"得到基本工资的总和。按住鼠标左键向右拖动填充柄到 M15 单元格,批量填充得到各项收支的总和,如图 2-3-9 所示。

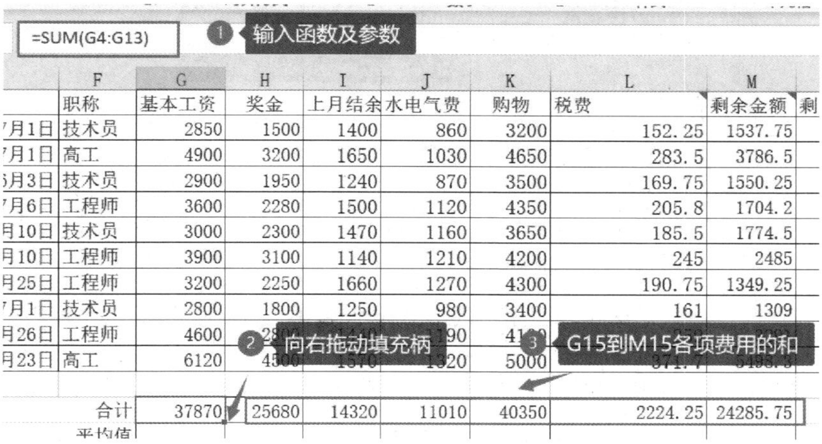

图 2-3-9 SUM 函数

注意以下二者的区别。

SUM(G4,G13):求 G4、G13 两个单元格数值的和。

SUM(G4:G13):求 G4 到 G13 共 10 个单元格的和。

2. 平均值函数 AVERAGE()

语法:AVERAGE(num1,num2,…)。

功能:返回参数表中的所有参数的平均值。

操作:分别计算"素材 2_日常收支统计表.xlsx"中"一分厂"工作表的各项收支的平均值。

(1)选中"一分厂"工作表 G16 单元格,单击编辑栏"fx"按钮,打开【插入函数】对话框,选择【统计】类别中的"AVERAGE"函数,打开【函数参数】对话框,如图 2-3-10 所示。

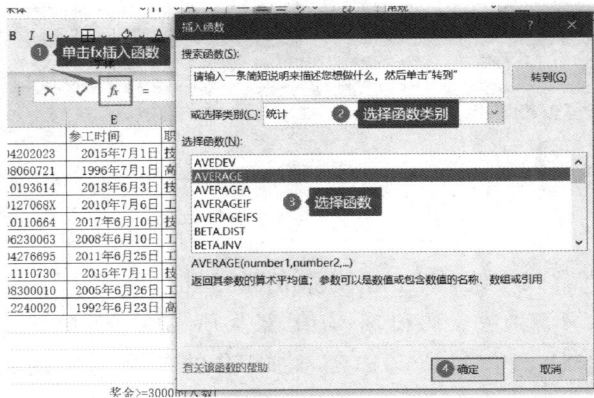

图 2-3-10　AVERAGE 函数

(2)在打开的【函数参数】对话框中,单击"Number1"文本框右边的折叠按钮,回到工作表页面,用鼠标选择 G4 到 G13(G4:G13)单元格区域,再次单击还原折叠按钮,回到【函数参数】对话框,点击【确定】,如图 2-3-11 所示。

图 2-3-11　AVERAGE 函数参数对话框

(3)这时在 G16 单元格得到"基本工资"的平均值,同时可以看到编辑栏已经有公式"＝AVERAGE(G4:G13)"。向右拖动填充柄批量填充到 M16 单元格,得到各项收支的平均值,结果如图 2-3-12 所示。

3. 最大值函数 MAX()

语法:MAX(num1,num2,…)。

功能:返回参数表中的所有参数的最大值。

操作:分别统计"素材 2_日常收支统计表. xlsx"中"一分厂"工作表的各项收支的最大值。

选中"一分厂"工作表 G17 单元格,输入公式"＝MAX(G4:G13)"得到"基本工资"的最大值。向右批量填充得到各项收支的最大值,结果如图 2-3-12 所示。

4. 最小值函数 MIN( )

语法：MIN(num1，num2，…)。

功能：返回参数表中的所有参数的最小值。

操作：分别统计"素材 2_日常收支统计表.xlsx"中"一分厂"工作表的各项收支的最小值。

选中"一分厂"工作表 G18 单元格，输入公式"＝MIN(G4：G13)"得到"基本工资"的最小值。向右批量填充得到各项收支的最小值，结果如图 2-3-12 所示。

日常收支统计表

职称	基本工资	奖金	上月结余	水电气费	购物	税费	剩余金额	剩余
技术员	2850	1500	1400	860	3200	152.25	1537.75	
高工	4900	3200	1650	1030	4650	283.5	3786.5	
技术员	2900	1950	1240	870	3500	169.75	1550.25	
工程师	3600	2280	1500	1120	4350	205.8	1704.2	
技术员	3000	2300	1470	1160	3650	185.5	1774.5	
工程师	3900	3100	1140	1210	4200	245	2485	
工程师	3200	2250	1660	1270	4300	190.75	1349.25	
技术员	2800	1800	1250	980	3400	161	1309	
工程师	4600	2800	1440	1190	4100	259	3291	
高工	6120	4500	1570	1320	5000	371.7	5498.3	
合计	37870	25680	14320	11010	40350	2224.25	24285.75	
平均值	3787	2568	1432	1101	4035	222.425	2428.575	
最大值	6120	4500	1660	1320	5000	371.7	5498.3	
最小值	2800	1500	1140	860	3200	152.25	1309	

图 2-3-12　平均值、最大值和最小值计算结果

5. 统计函数 COUNTA( )

语法：COUNTA(value1，value2，…)。

功能：计算区域中非空单元格的个数。

操作：根据姓名统计一分厂的总人数放在 G19 单元格中。

选中"一分厂"工作表 G19 单元格，输入公式"＝COUNTA(B4：B13)"得到一分厂的总人数为 10 人。

6. 条件统计函数 COUNTIF( )

语法：COUNTIF(range，criteria)。

功能：计算某个区域中满足给定条件的单元格数目。

操作：统计一分厂奖金大于等于 3000 元的人数放在 G20 单元格中。

(1)选中"一分厂"工作表的 G20 单元格，单击【公式】选项卡→【函数库】→【其他函数】下拉按钮→【统计】→【COUNTIF】函数，如图 2-3-13 所示。

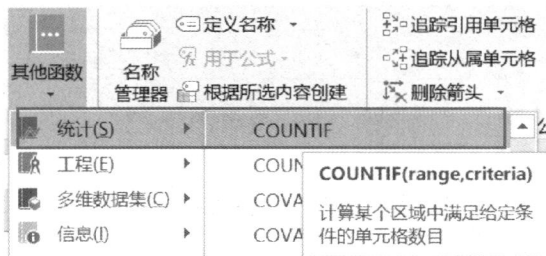

图 2-3-13　COUNTIF 函数

（2）在 COUNTIF 函数参数对话框输入如图 2-3-14 所示函数参数，得到奖金大于等于 3000 元的人数为 3 人。

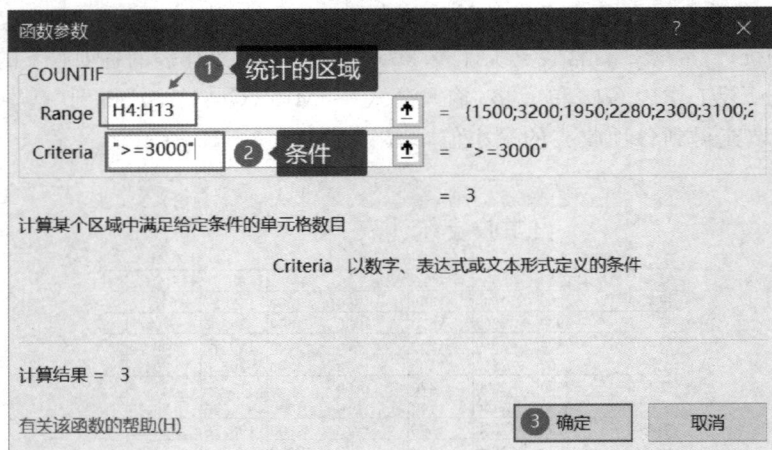

图 2-3-14　COUNTIF 函数参数设置

7. 多条件统计函数 COUNTIFS()

语法：COUNTIFS(criteria_range1,criteria1,criteria_range2,criteria2,…)。

功能：统计一组给定条件所指定的单元格数。

操作：统计一分厂在 2000 年至 2010 年参加工作的人数放在 G21 单元格中。

（1）选中"一分厂"工作表的 G21 单元格，单击【公式】选项卡→【插入函数】→【统计】→【COUNTIFS】函数，如图 2-3-15 所示。

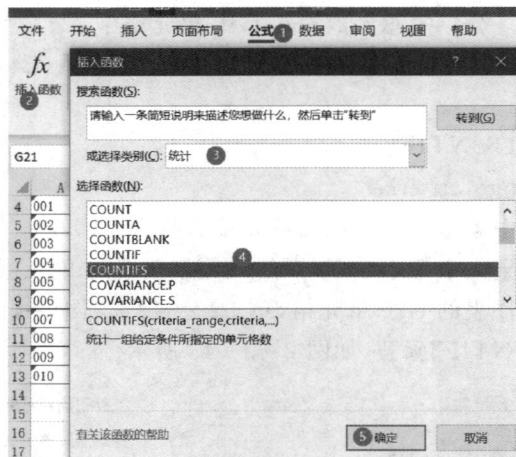

图 2-3-15　COUNTIFS 函数

（2）在 COUNTIFS 函数参数对话框输入如图 2-3-16 所示函数参数，得到 2000 年至 2010 年参加工作的人数为 3 人。

图 2-3-16　COUNTIFS 函数参数

8. 排名函数 RANK.EQ()

语法：RANK.EQ(number, ref, [order])。

功能：返回某数字在一列数字中相对其他数值的大小排名；如果多个数值排名相同，则返回该数值的最佳排名。第一个参数是要找到其排位的数字；第二个参数是要进行排序对比的数字区域；第三个参数是决定是从大到小排出名次，还是从小到大排出名次。这个参数可以省略，当省略这个参数或者该参数为 0 时，表示从大到小排出名次，也就是第一名是最高分。当该参数不省略且不为 0 时，表示从小到大排出名次。

操作：根据"剩余金额"从高到低排名。

(1)选中"一分厂"工作表的 N4 单元格，点击编辑栏"fx"，插入函数，打开【插入函数】对话框，选择类别【统计】→【RANK.EQ】函数。

(2)在 RANK.EQ 函数参数对话框输入参数，如图 2-3-17 所示，得到第一位职工的剩余金额排名，向下批量填充得到所有职工的排名，结果如图 2-3-18 所示。

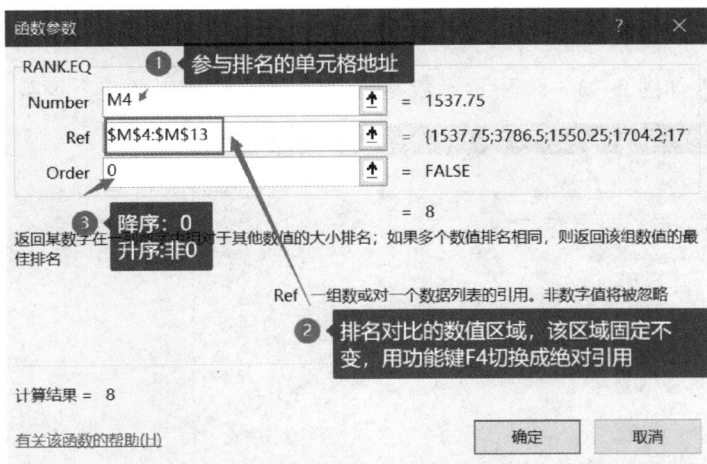

图 2-3-17　RANK.EQ 函数参数设置

剩余金额	剩余金额排名
1537.75	8
3786.5	2
1550.25	7
1704.2	6
1774.5	5
2485	4
1349.25	9
1309	10
3291	3
5498.3	1

图 2-3-18　排名结果

📱 **小贴士**

注意第二个参数的数值区域一定是绝对引用,否则得不到正确的排名。

9. 逻辑函数 IF()

语法:IF(logical_test,value_if_true,value_if_false)。

功能:判断一个条件是否满足,如果满足返回一个值,如果不满足则返回另一个值。第一参数是条件判断,结果返回 TRUE 或 FALSE。如果判断返回 TRUE,那么 IF 函数返回值是第二参数,否则返回第三参数。

操作:借助 IF 函数设置"日常收支表"中的"奖金等级","奖金"大于等于 3000 元的设置为高,2000~3000 元的设置为中,低于 2000 元的设置为低。

(1)选中"一分厂"工作表的 O4 单元格,单击【公式】选项卡→【函数库】→【逻辑】类别下拉按钮→【IF】函数,如图 2-3-19 所示。

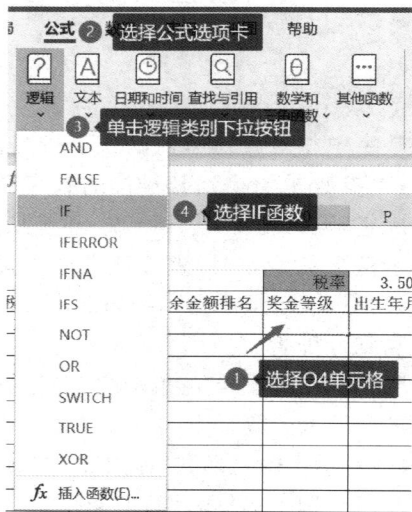

图 2-3-19　IF 函数

(2)在 IF 函数参数对话框输入如图 2-3-20 所示函数参数,得到第一位职工的奖金等级。

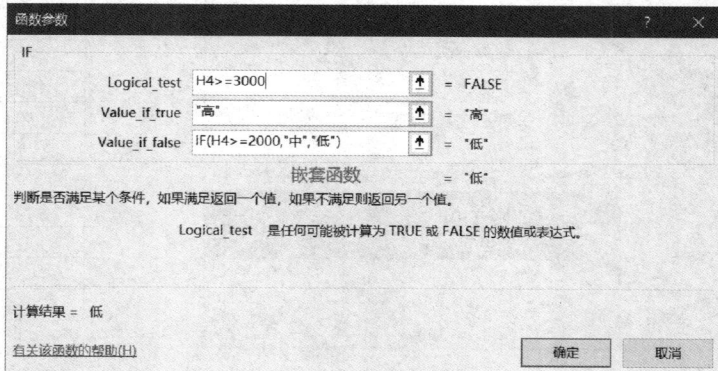

图 2-3-20　IF 函数的参数设置

(3)向下批量填充得到所有职工的奖金等级,如图 2-3-21 所示。

=IF(H4>=3000,"高",IF(H4>=2000,"中","低"))

M		N	O	P
			税率	3.50%
余金额	剩余金额排名	奖金等级	出生年月
537.75	8	低	
3786.5	2	高	
550.25	7	低	结果
1704.2	6	中	
1774.5	5	中	
2485	4	高	
349.25	9	中	
1309	10	低	
3291	3	中	
5498.3	1	高	

图 2-3-21 奖金等级结果

由于奖金等级条件有 3 个,所以函数的第三个参数嵌套了一个 IF 函数。也可以直接在编辑栏输入公式"=IF(H4≥3000,"高",IF(H4≥2000,"中","低"))",如图 2-3-21 所示。

10. 文本函数

语法:MID(text,start_num,num_chars);

TEXT(value,format_text)。

功能:MID 函数返回文本字符串中从指定位置开始的特定数目的字符,该数目由用户指定。TEXT 函数根据指定的数字格式将数值转成文本。

操作:从"一分厂"工作表身份证号码中提取出生年月,并转换成日期格式。

(1)选中"一分厂"工作表的 P4 单元格,输入公式:"=MID(D4,7,8)",得到第一位职工的出生年月文本数字"19930420",但不是日期格式。

(2)将"=MID(D4,7,8)"看成一个整体,用 TEXT 函数将文本数字转换成日期格式,即在 P4 单元格输入公式"=TEXT(MID(D4,7,8),"00-00-00")",结果如图 2-3-22 所示。

fx =TEXT(MID(D4,7,8),"00-00-00")

	O	P
	税率	3.50%
排名	奖金等级	出生年月
8	低	1993-04-20
2	高	1974-08-06
7	低	1996-10-19
6	中	1988-01-27
5	中	1996-10-11
4	高	1986-06-23
9	中	1987-04-27
10	低	1996-11-11
3	中	1983-08-30
1	高	1970-12-24

图 2-3-22 出生年月

11. 日期函数

语法:

=TODAY();

=DATEDIF(start_date,end_date,unit)。

功能:

TODAY:返回今天日期的序列号。此函数的参数省略。

DATEDIF:计算两个日期之间的天数、月数或年数。函数的第三个参数“y”返回“年”,“d”返回“月”,“m”返回“日”。此函数是 Excel 的一个隐藏函数,在插入函数中找不到,但可以直接输入使用,特别是在需要日期计算中很有用。

操作:在“一分厂”工作表中根据参工时间计算每位职工的工龄。

选中“一分厂”工作表的 Q4 单元格,输入公式:“=DATEDIF(E4,TODAY(),"y")”,得到第一位职工的工龄,向下填充得到所有职工的工龄,如图 2-3-23 所示。

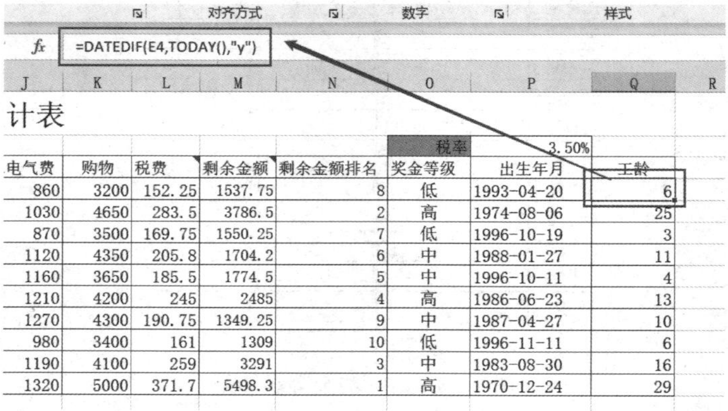

电气费	购物	税费	剩余金额	剩余金额排名	奖金等级	出生年月	工龄
860	3200	152.25	1537.75	8	低	1993-04-20	6
1030	4650	283.5	3786.5	2	高	1974-08-06	25
870	3500	169.75	1550.25	7	低	1996-10-19	3
1120	4350	205.8	1704.2	6	中	1988-01-27	11
1160	3650	185.5	1774.5	5	中	1996-10-11	4
1210	4200	245	2485	4	高	1986-06-23	13
1270	4300	190.75	1349.25	9	中	1987-04-27	10
980	3400	161	1309	10	低	1996-11-11	6
1190	4100	259	3291	3	中	1983-08-30	16
1320	5000	371.7	5498.3	1	高	1970-12-24	29

图 2-3-23　计算工龄

12. 查找与引用函数 VLOOKUP()

语法:= VLOOKUP(你想要查找的内容,要查找的位置,包含要返回的值的区域中的列号,返回近似或精确匹配——表示为 1/TRUE 或 0/FALSE)。

功能:在数组第一列中查找,然后在行之间移动以返回单元格的值。默认情况下,表是以升序排序的。

函数示例如图 2-3-24 所示。

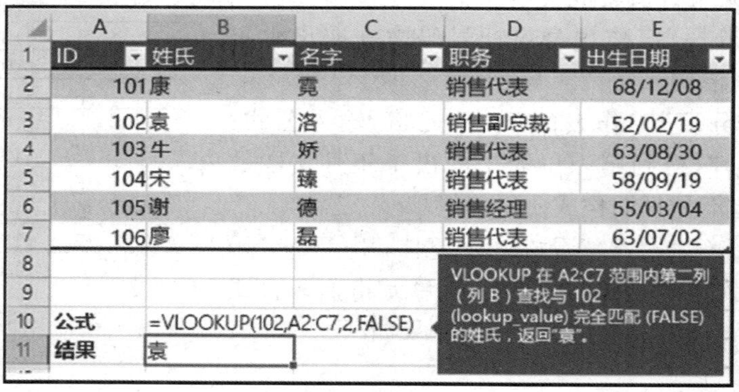

ID	姓氏	名字	职务	出生日期
101	康	霓	销售代表	68/12/08
102	袁	洛	销售副总裁	52/02/19
103	牛	娇	销售代表	63/08/30
104	宋	臻	销售代表	58/09/19
105	谢	德	销售经理	55/03/04
106	廖	磊	销售代表	63/07/02

图 2-3-24　VLOOKUP 函数示例

小贴士

Excel 函数种类很多,分别实现不同的功能,注意函数参数的设置,参数设置正确,才能得到正确的结果。为了得到某些计算结果,还可以多个函数嵌套使用。

(五)选择性粘贴

默认情况下,Excel 中复制(或剪切)并粘贴(Ctrl+V)时,源单元格或区域(数据、格式、公式、验证、批注)中所有内容将粘贴到目标单元格。但有时可能不是你想要的,例如,你可能希望粘贴单元格的内容,而不是其格式;或者你想要将粘贴的数据从行转置为列;或者你可能需要粘贴公式的结果,而不是公式本身;或者将复制的数据与目标单元格或单元格区域中的数据进行加减乘除数学运算。在 Excel 选择性粘贴中有许多其他的粘贴选项,具体取决于你的复制内容和需要粘贴得到的结果。

使用选择性粘贴的方式有以下两种。

方法一:复制(Ctrl+C)内容后,点击鼠标右键打开快捷菜单,选择【粘贴选项】图标按钮。常用的图标按钮及说明如图 2-3-25 和表 2-3-5 所示。

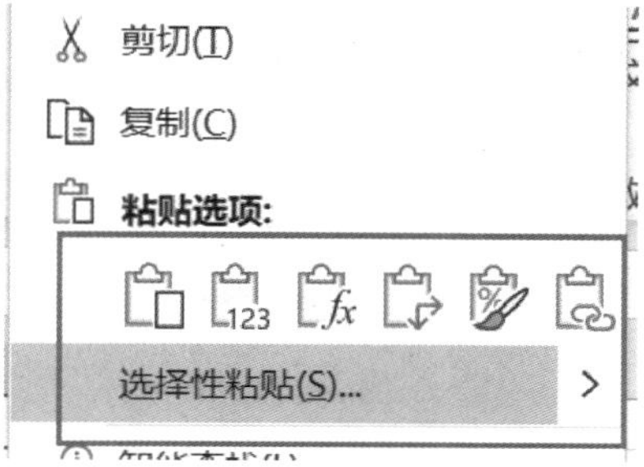

图 2-3-25　粘贴选项

表 2-3-5　常用的粘贴图标按钮

图标	选项名称	粘贴内容
	粘贴	所有单元格内容
	保留源列宽	复制的单元格内容及其列宽
	转置	粘贴时重新定位复制的单元格的内容。行中的数据将复制到列中,反之亦然
	公式	公式,无格式或批注
	值	公式结果,无格式或批注
	格式设置	只要所复制单元格的格式
	粘贴链接	引用源单元格而不是所复制的单元格的内容

方法二:复制(Ctrl+C)内容后,单击【开始】选项卡→【剪贴板】功能组→【粘贴】下拉按钮→【选择性粘贴】命令,或单击鼠标右键【选择性粘贴】命令,如图 2-3-26 所示。

在打开的【选择性粘贴】对话框中(键盘快捷方式:Ctrl+Alt+V),根据需要选择合适的粘贴选项,如图 2-3-27 所示。

图 2-3-26 选择性粘贴

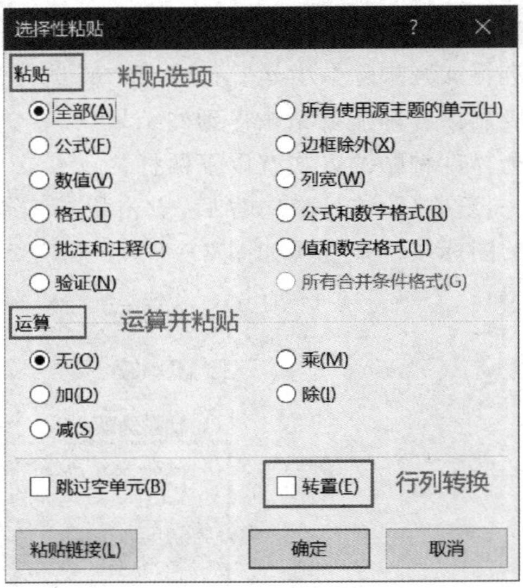

图 2-3-27 【选择性粘贴】对话框

操作:复制"一分厂"A3:L13 的数据到 Sheet2 工作表 A1 单元格,只复制值,不复制公式和格式。

(1)选择"一分厂"工作表 A3:L13 所有内容,复制(Ctrl+C)。

(2)切换到 Sheet2 工作表,选中 A1 单元格。

(3)单击鼠标右键打开快捷菜单,选择【粘贴选项】中的"值"按钮。

(4)Sheet2 工作表中粘贴得到的只是数值,没有公式和格式,如图 2-3-28 所示。

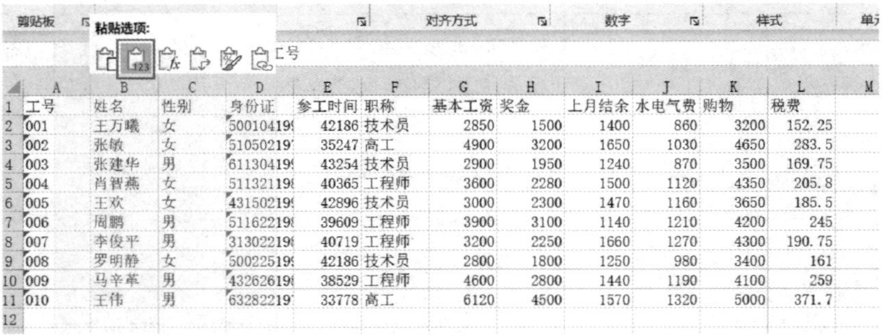

图 2-3-28 选择性粘贴(值)

(六)排序

当 Excel 表格中含有大量数据时,为了快速直观地了解表格中的数据信息,可以通过排序对数据进行处理。

数据排序的次序有升序和降序,根据排序的条件不同分为单条件排序、多条件排序和自定义排序,排序功能可以通过【开始】或【数据】选项卡打开。

1. 单条件排序

为了直观查看"素材 2_日常收支统计表.xlsx"的 Sheet2 工作表中水电气费的使用情况,对"水电气费"列降序排序。

用鼠标选择 Sheet2 工作表 J 列(水电气费)任一单元格,单击【开始】选项卡→【编辑】组→【排序和筛选】下拉按钮→【降序】命令,如图 2-3-29 所示,得到按水电气费从高到低的排序结果,如图 2-3-30 所示。

图 2-3-29　降序

图 2-3-30　降序排序结果

2. 多条件排序

如想查看按男女基本工资从高到低的情况,则排序条件有 2 个,首先是按性别排序,性别相同时按照基本工资高低排序。这时需要用到【自定义排序】。

(1)用鼠标选择 Sheet2 工作表任一单元格,单击【开始】选项卡→【编辑】组→【排序和筛选】下拉按钮→【自定义排序】→打开【排序】对话框。

(2)在【排序】对话框中的【主要关键字】选择"性别",【次序】选择"升序"。

(3)单击【添加条件】,在【次要关键字】中选择"基本工资",【次序】选择"降序",点击【确定】,如图 2-3-31 所示,得到分别按男女基本工资从高到低的排序结果,如图 2-3-32 所示。

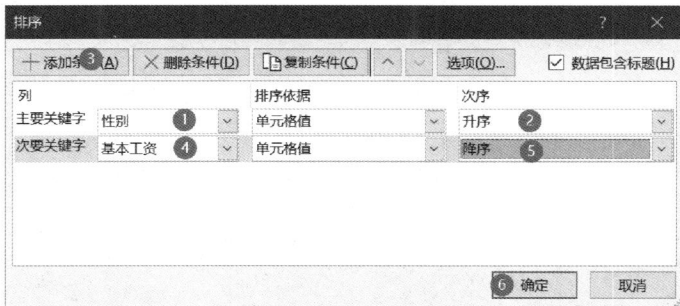

图 2-3-31　多条件排序

图 2 - 3 - 32　按性别和基本工资排序结果

3. 自定义序列排序

排序依据:在 Excel 中,排序依据默认是按单元格值进行升序或降序。在自定义排序中排序依据还可以是单元格颜色、字体颜色和条件格式图标等,如图 2 - 3 - 33 所示。

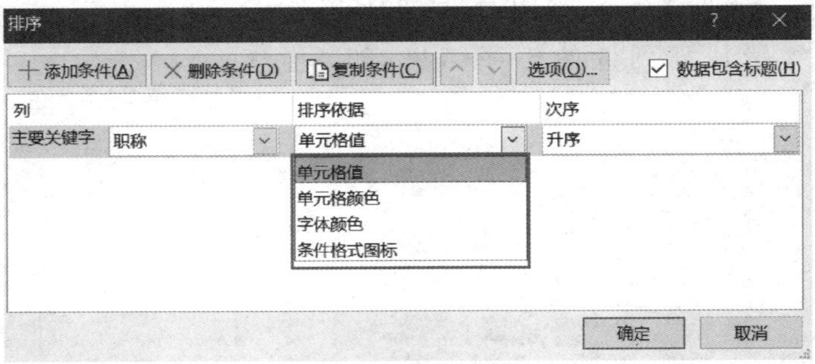

图 2 - 3 - 33　排序依据

次序:默认的次序是升序或降序,次序还可以自定义。

下面给"素材 2_日常收支统计表. xlsx"的 Sheet2 表中的职称排序,要求排序的次序是高工、工程师、技术员。

(1)打开"素材 2_日常收支统计表. xlsx",选中 Sheet2 工作表中任一单元格,单击【开始】选项卡→【编辑】组→【排序和筛选】按钮→【自定义排序】命令。

(2)在【排序】对话框中的【主要关键字】选择"职称",【次序】框下拉按钮选择【自定义序列】,如图 2 - 3 - 34 所示。

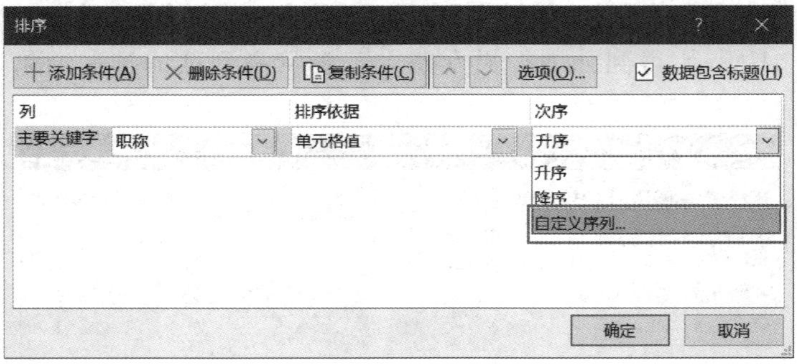

图 2 - 3 - 34　自定义序列

(3)在【自定义序列】对话框中输入序列"高工、工程师、技术员",按 Enter 键分隔列表条目,输入完成点击【添加】按钮,自定义的序列就添加到左边的序列中,如图 2 - 3 - 35 所示,单击【确定】后回到【排序】对话框页面。

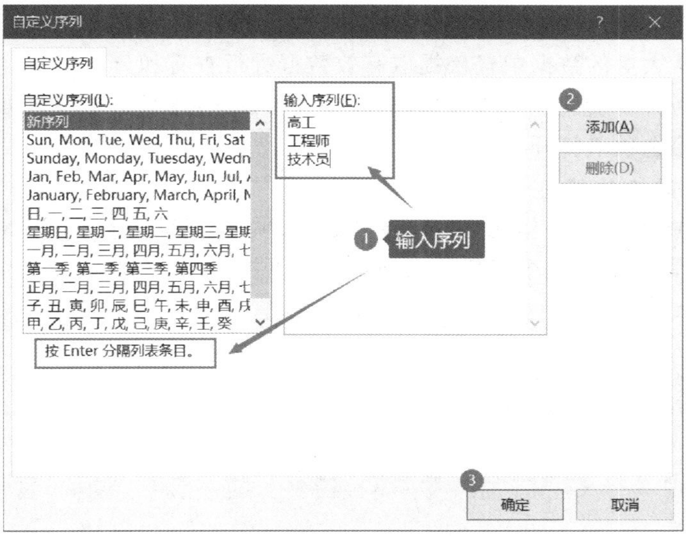

图 2-3-35　增加排序的序列

（4）这时的次序下拉列表中就有了自定义序列的升序和降序内容，选择合适的排序次序，如图 2-3-36 所示，得到按职称高低的排序结果，如图 2-3-37 所示。

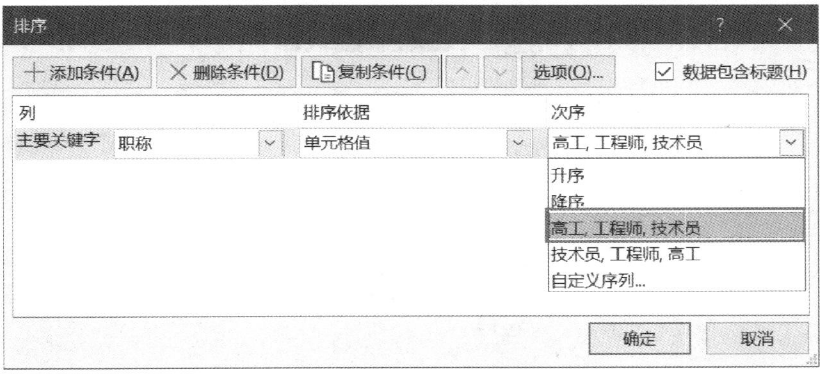

图 2-3-36　选择自定义序列

工号	姓名	性别	身份证	参工时间	职称
002	张敏	女	510502197408060721	1996年7月1日	高工
010	王伟	男	632822197012240020	1992年6月23日	高工
004	肖智燕	女	51132119880127068X	2010年7月6日	工程师
006	周鹏	男	511622198606230063	2008年6月10日	工程师
007	李俊平	男	313022198704276695	2011年6月25日	工程师
009	马辛革	男	432626198308300010	2005年6月26日	工程师
001	王万曦	女	500104199304202023	2015年7月1日	技术员
003	张建华	男	611304199610193614	2018年6月3日	技术员
005	王欢	女	431502199610110664	2017年6月10日	技术员
008	罗明静	女	500225199611110730	2015年7月1日	技术员

图 2-3-37　自定义序列排序结果

（七）筛选

当 Excel 中有大量的数据时,如果不对数据进行处理,查看起来费时又费力,利用 Excel 的筛选功能可以从大量的数据中轻松提取有效数据进行查看和分析处理。

筛选功能分为自动筛选和高级筛选,自动筛选可以通过【开始】或【数据】选项卡打开,高级筛选通过【数据】选项卡打开。

1. 自动筛选高工的信息

（1）用鼠标选择表格任一单元格,单击【开始】选项卡→【编辑】组→【排序和筛选】下拉按钮→【筛选】,表格的表头每一个字段均出现了一个下拉箭头,如图 2-3-38 所示。

	A	B	C	D	E	F	G	H	I	J	K	L
1	工号	姓名	性别	身份证	参工时间	职称	基本工资	奖金	上月结余	水电气费	购物	税费
2	010	王伟	男	632822197012240020	1992年6月23日	高工	6120	4500	1570	1320	5000	371.7
3	009	马辛革	男	432626198308300010	2005年6月26日	工程师	4600	2800	1440	1190	4100	259
4	006	周鹏	男	511622198606230063	2008年6月10日	工程师	3900	3100	1140	1210	4200	245
5	007	李俊平	男	313022198704276695	2011年6月25日	工程师	3200	2250	1660	1270	4300	190.75
6	003	张建华	男	611304199610193614	2018年6月3日	技术员	2900	1950	1240	870	3500	169.75
7	002	张敏	女	510502197408060721	1996年7月1日	高工	4900	3200	1650	1030	4650	283.5
8	004	肖智燕	女	511321198801270068X	2010年7月6日	工程师	3600	2280	1500	1120	4350	205.8
9	005	王欢	女	431502199610110664	2017年6月10日	技术员	3000	2300	1470	1160	3650	185.5
10	001	王万曦	女	500104199304202023	2015年7月1日	技术员	2850	1500	1400	860	3200	152.25
11	008	罗明静	女	500225199611110730	2015年7月1日	技术员	2800	1800	1250	980	3400	161

图 2-3-38　自动筛选

（2）单击"职称"下拉按钮选择"高工",则得到高工的筛选结果,如图 2-3-39、图 2-3-40所示。

图 2-3-39　自动筛选条件

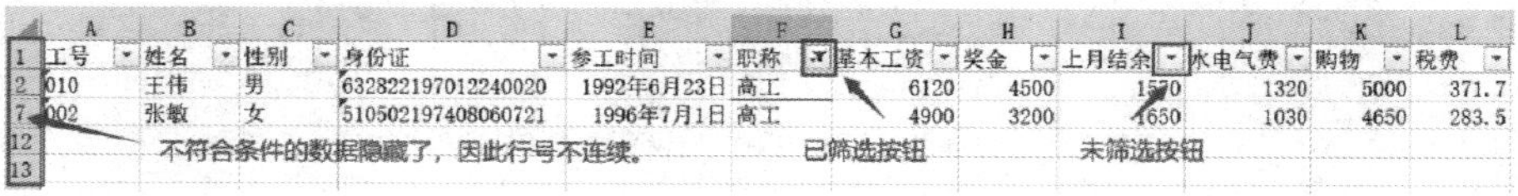

	A	B	C	D	E	F	G	H	I	J	K	L
1	工号	姓名	性别	身份证	参工时间	职称	基本工资	奖金	上月结余	水电气费	购物	税费
2	010	王伟	男	632822197012240020	1992年6月23日	高工	6120	4500	1570	1320	5000	371.7
7	002	张敏	女	510502197408060721	1996年7月1日	高工	4900	3200	1650	1030	4650	283.5

不符合条件的数据隐藏了,因此行号不连续。　已筛选按钮　未筛选按钮

图 2-3-40　自动筛选高工的信息

自动筛选可以筛选一个条件,也可以在前一个筛选结果的基础上再按另一个条件筛选,两个条件是并列的关系。筛选后显示的是满足筛选条件的数据,不满足条件的数据隐藏起来了。需要查看隐藏的数据,可以再次点击【筛选】菜单取消或者点击【排序和筛选】下拉按钮中的【清除】命令,回到原始数据状态。

筛选的数据如果是文本,还可以文本的属性自定义条件进行筛选,如图 2 - 3 - 41 所示。

图 2 - 3 - 41 文本筛选条件

筛选的数据如果是数字,则按照数字的属性自定义条件进行筛选,如图 2 - 3 - 42 所示。

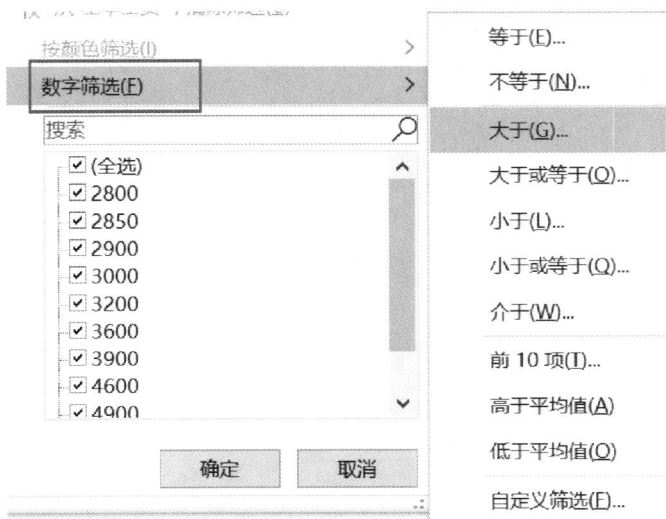

图 2 - 3 - 42 数字筛选条件

2. 高级筛选

在 Excel 中对于同时满足的条件进行筛选时可以用自动筛选,但是实际工作中往往要筛选一些复杂条件的数据,自动筛选完成不了,这时可以用到 Excel 的高级筛选。

本案例中在 Sheet2 工作表中筛选出职称是"技术员"或者奖金小于 3000 元的人员信息,结果放在本工作表的 A15 单元格位置。操作步骤如下:

(1)在 Sheet2 工作表的 O3 到 P5 单元格空白区域输入高级筛选的条件,条件区域的标题"职称"和"奖金"与数据表中的标题名称一致。"技术员"和"<3000"两个条件是"或"的关系,不能写在同一行中,如图 2-3-43 所示。

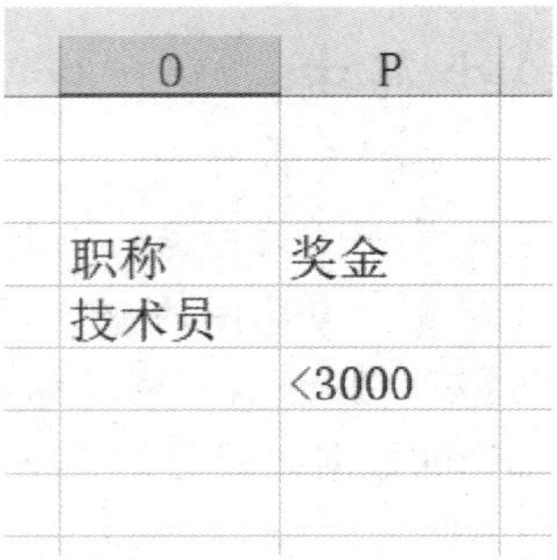

(2)用鼠标选择数据表中的任一单元格,单击【数据】选项卡→【排序和筛选】组→【高级】按钮,打开【高级筛选】对话框,如图 2-3-44 所示。

(3)在【高级筛选】对话框中选择【将筛选结果复制到其他位置】,列表区域默认已经选择,观察是否正确,可以重新调整。

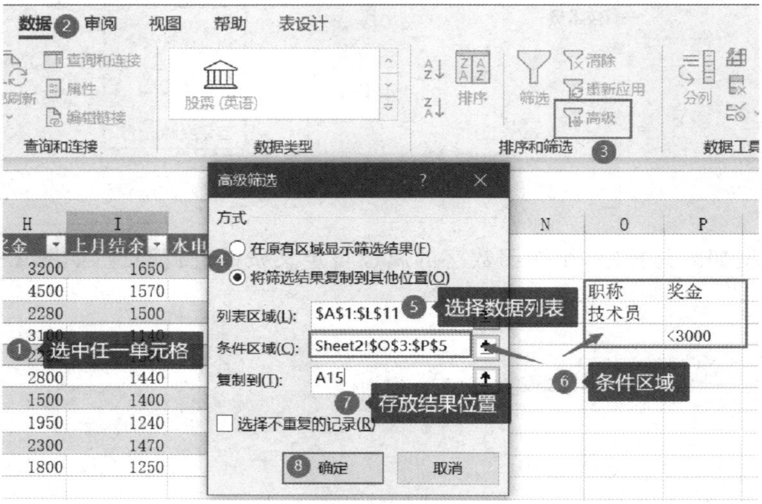

O	P
职称	奖金
技术员	
	<3000

图 2-3-43 高级筛选条件

图 2-3-44 【高级筛选】对话框

(4)【条件区域】选择 O3:P5 区域。

(5)【复制到】选择 A15 单元格,点击【确定】,得到高级筛选的结果,如图 2-3-45 所示。

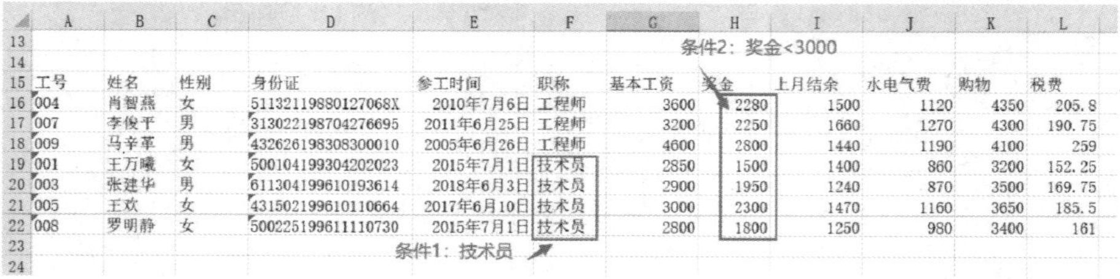

图 2-3-45 高级筛选的结果

小贴士

当高级筛选的条件为空时,选择不重复的记录后得出的结果相当于去除重复值。

(八)图表

1. 迷你图

迷你图是放入单个单元格中的小型图,每个迷你图代表所选内容中的一行数据。在一个单元格中创建小型图表来快速发现数据变化趋势。这是一种突出显示重要数据趋势的快速简便的方法,可节省大量时间。

用迷你图在"素材 2_日常收支统计表.xlsx"的 Sheet2 工作表 M2 单元格显示每位职工的收支情况。

(1)选中 Sheet2 工作表的 M2 单元格,单击【插入】选项卡→【迷你图】组→【柱形】,如图 2-3-46 所示。

(2)在【创建迷你图】对话框中的"数据范围"选择 G2 到 L2(G2:L2)单元格区域,单击【确定】,得到第一位职工的收支迷你图,如图 2-3-47 所示。

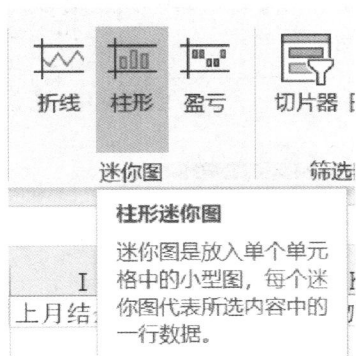

图 2-3-46 插入迷你图

图 2-3-47 【创建迷你图】对话框

(3)选中 M2 单元格→单击【迷你图】选项卡→【显示】工作组→勾选"高点""低点"→拖动填充柄向下得到所有职工的迷你图,如图 2-3-48 所示。

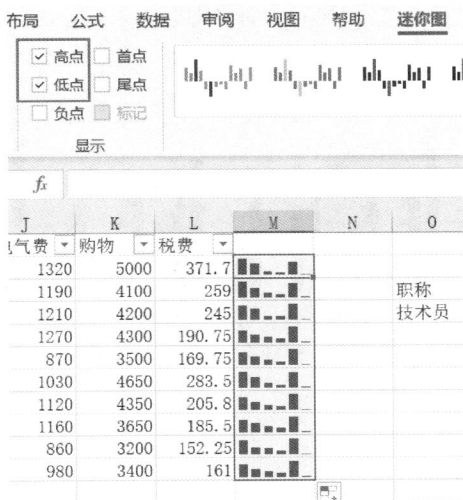

图 2-3-48 迷你图效果

2. 图表

Excel 的图表功能可实现数据的可视化，是 Excel 进行数据展示的重要工具。Excel 共提供了九种标准图表类型，分别为柱形图、折线图、饼图、条形图、面积图、XY 散点图、股价图、雷达图、组合图等。

（1）插入图表。插入图表的方法有两种，一种先选择需要用图表进行展示的数据，再选择插入图表；另一种是使用图表向导创建图表。

下面用第一种方法在"一分厂"工作表中插入柱形图展示职工的基本工资和奖金情况，为图表添加标题和数据标签并放置在 A23 单元格处。

①选中"一分厂"工作表的 B3：B13、G3：G13 和 H3：H13 三个数据区域（选择不连续的区域时按住 Ctrl 键）。

②单击【插入】选项卡→【图表】组→【插入图表】扩展按钮→打开【插入图表】对话框。

③在【插入图表】对话框选择【柱形图】→【簇状柱形图】，点击【确定】，得到所有职工的基本工资和奖金情况柱形图，如图 2-3-49、图 2-3-50 所示。

图 2-3-49　插入柱形图

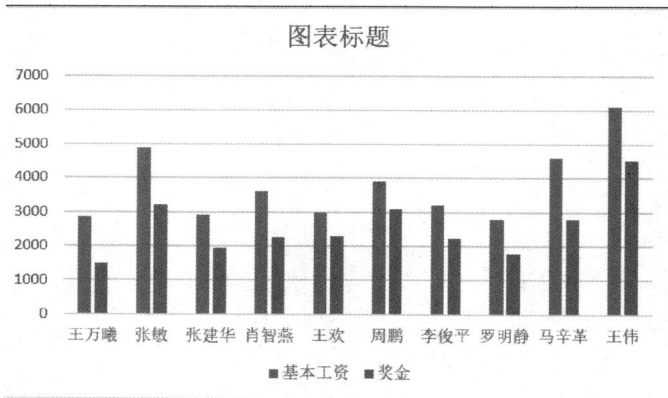

图 2-3-50　柱形图效果

（2）编辑图表。图表创建好之后，可以对图表的标题、数据标签、坐标轴、图例、数据表及背景等进行编辑，移动图表位置，改变图表大小等。

①修改标题:选中柱形图的"图表标题",将标题修改为"一分厂基本工资和奖金图"。

②添加数据标签:选中图表,单击【图表设计】选项卡→【添加图表元素】下拉按钮→【数据标签】→【数据标签外】,为图表添加数据标签,如图2-3-51所示。

图2-3-51 添加数据标签

③选中图表,按住Alt键,将图表放置在A23单元格,如图2-3-52所示。

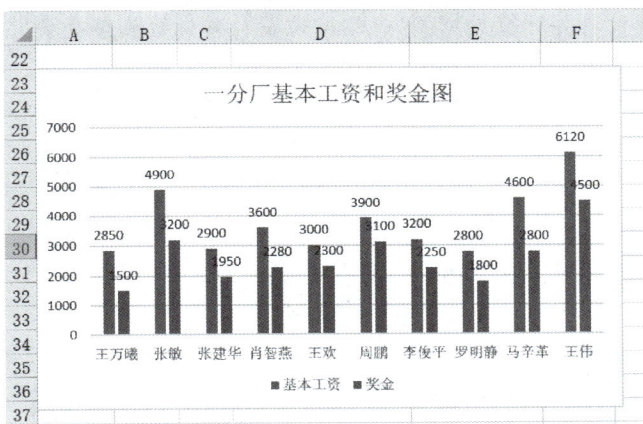

图2-3-52 图表效果

任务四 销售订单数据管理

一、任务描述

只有了解历史,才能更好地预测未来。在数据分析中,从众多的日常数据中找到周期规律或各个类别的特征或者一些异常值、极值,以预测未来可能发生的状况。

小张刚到公司就接到经理布置的任务,将2018年到2019年三个书店的销售订单数据进行分析,计算公司的总销售额,分别对各个书店、地区、图书的销售情况进行分析,为将来书店的布局提供决策依据。

为了快速准确地分析销售订单数据,需要用到 Excel 的高级分析功能。如通过合并计算将多个表格的数据进行合并,去除重复数据得到精确的信息,对各类数据进行分类、汇总、透视等。

案例素材:素材 3_销售订单数据.xlsx。

操作流程如图 2-4-1 所示。

●合并计算 ●删除重复值 ●分类汇总 ●数据透视表 数据透视图

图 2-4-1 操作流程

二、任务实施

(一)合并计算销售额

任务是在文件"素材 3_销售订单数据.xlsx"的"公司销售额"工作表中使用合并计算生成公司的销售额汇总表,了解合并计算的方法。

合并计算就是组合几个数据区域中的值。在合并计算中,存放合并计算结果的工作表称为"目标工作表",其中接收合并数据的区域称为"目标区域",被合并的工作表称为"源工作表",被合并计算的区域称为"源区域"。

Excel 提供了两种合并计算数据的方法:按位置合并计算和按类合并计算。

1. 按位置合并计算

按位置合并计算数据时,要求在所有源区域中的数据有相同的排列,即从每一个源区域中合并计算的数据必须在源区域的相同相对位置上。

(1)打开素材文档"素材 3_销售订单数据.xlsx",选中"公司销售额"工作表 B25 单元格,单击【数据】选项卡→【数据工具】组→【合并计算】→打开【合并计算】对话框。

(2)在【函数】下拉框中选择"求和",【引用位置】分别添加博达书店的"＄B＄3:＄B＄19"和鼎盛书店的"＄F＄3:＄F＄19"区域(合并计算自动将引用区域转换成绝对引用),其余参数默认,得到两个书店的销售金额合并结果,如图 2-4-2、图 2-4-3 所示。

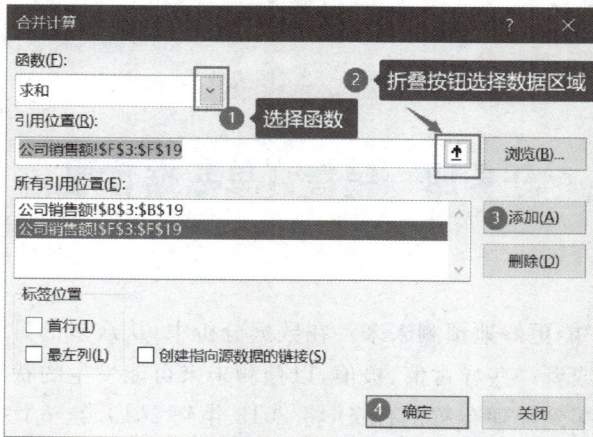

图 2-4-2 【合并计算】对话框

图 2 - 4 - 3　合并计算结果

2. 按类合并计算

如果工作表结构不完全相同,就不能再用按位置合并计算,而应该按类合并计算数据。

按类合并计算时,必须包含行或列标志,如果分类标志在顶端行,应选择"首行"复选框,如果分类标志在最左列,则应选择"最左列"复选框,也可以同时选择两个复选框。标志区分大小写。

(1)打开素材文档"素材3_销售订单数据.xlsx",选中"公司销售额"工作表 E24 单元格,单击【数据】选项卡→【数据工具】组→【合并计算】→打开【合并计算】对话框。

(2)在【函数】下拉框中选择"求和",【引用位置】分别添加博达书店的"＄Ａ＄2:＄Ｂ＄19"、鼎盛书店的"＄Ｅ＄2:＄Ｆ＄19"和隆华书店"＄Ｉ＄2:＄Ｊ＄17"区域(合并计算自动将引用区域转换成绝对引用),【标签位置】中勾选"首行"和"最左列",其余参数默认,得到三个书店的销售金额合并结果,如图 2 - 4 - 4、图 2 - 4 - 5 所示。

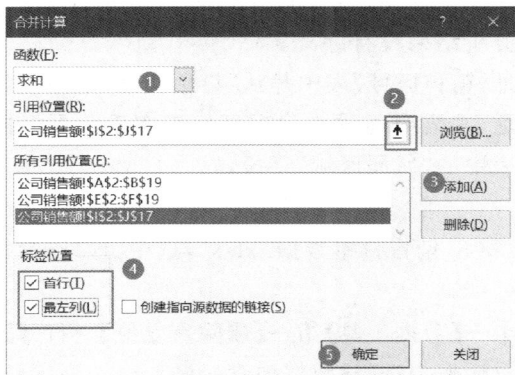

图 2 - 4 - 4　按类合并计算

图 2 - 4 - 5　按类合并计算结果

小贴士

在合并计算中,如果"源区域"和"目标区域"不在同一个工作表时,可以利用链接功能实现合并数据的自动更新,即源数据改变时,合并计算的结果也会随之改变。方法是在"合并计算"对话框中选中 ☐创建指向源数据的链接(S) 复选框即可。当"源区域"和"目标区域"在同一张工作表时,不能建立链接。本案例就不能建立链接。

所有具有相同结构可以按位置合并计算的均可以按类合并计算。

(二)数据清洗与完善

数据分析前,如果数据不规范,需要对原始数据进行整理规范后,方可以进行分析,否则,不规范的数据得到的分析结果没有意义。

比如本案例中的"地址-销售区域"表中是从"订单明细"表中复制过来的,地址中有很多重复,为了得到唯一的地址,则需要通过删除重复值来实现。再根据"省市对照"表中的"销售区域"完善"订单明细"表中的"所属区域"字段。

1．删除重复值

(1)打开素材文档"素材 3_销售订单数据.xlsx",选中"地址-销售区域"工作表 A 列任一单元格。

(2)单击【数据】选项卡→【数据工具】组→【删除重复值】→打开【删除重复值】对话框。

(3)在【删除重复值】对话框中选择【数据包含标题】,全选列标题,点击【确定】,这时得到98 个唯一值,其余重复的被删除了,如图 2 - 4 - 6 所示。

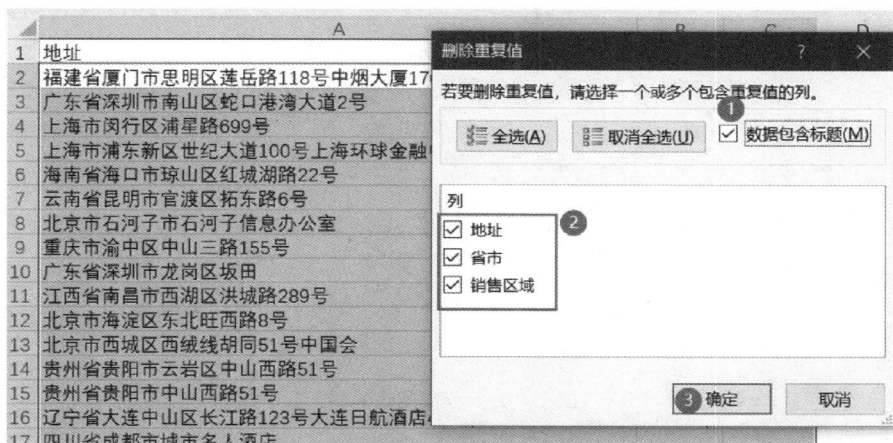

图 2 - 4 - 6　删除重复值

2. 查找地址所属的"销售区域"

（1）选择"地址-销售区域"工作表 B2 单元格，输入地址列 A2 单元格的前三个字符"福建省"，得到第一个地址的"省市"，按下 Ctrl＋E 键，得到所有地址的省市。

（2）选择"地址-销售区域"工作表 C2 单元格，输入公式"＝VLOOKUP(B2,表 3,2,0)"，得到第一个地址所属的"销售区域"，向下填充，得到所有地址的所属区域，如图 2 - 4 - 7 所示。

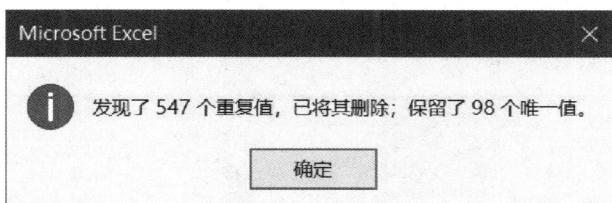

图 2 - 4 - 7　销售区域

🔲 小贴士

在公式"＝VLOOKUP(B2,表 3,2,0)"中的"表 3"是"省市对照"工作表转换成智能表（Ctrl＋T）后的名称，在公式运算中可以直接调用，省去选择数据区域。

(3)选中"地址-销售区域"工作表任一单元格,单击【插入】→【表格】组→【表格】命令(快捷键:Ctrl+T),也可以将普通数据区域转换成智能表,自动产生表名称"表_4",如图 2-4-8所示。

图 2-4-8　智能表转换

(4)表名称可以在地址栏或【公式】选项卡→【定义的名称】组→【名称管理器】对话框中查看和修改,如图 2-4-9所示。

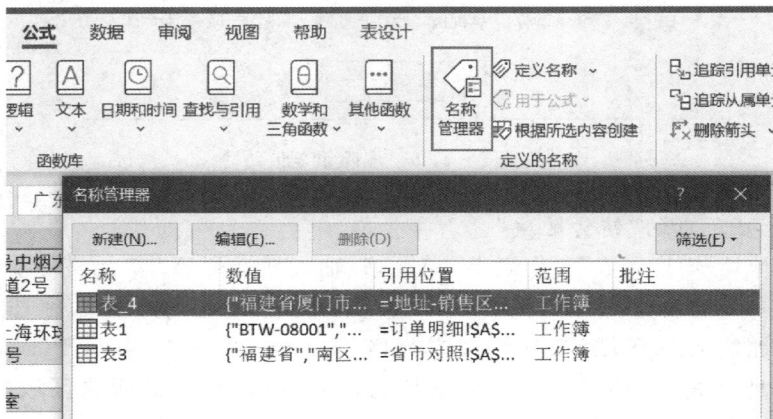

图 2-4-9　名称管理器

3．完善"订单明细"表所属的"销售区域"内容

选择"订单明细"表 H3 单元格,输入公式"＝VLOOKUP(G3,表_4,3,0)",获取第一行"所属区域",向下批量填充得到所有单元格的所属区域。

(三)分类汇总地区销售额

本案例中要快速得到各个区域的销售额,并将结果拷贝到新工作表中。要想得到这样的结果,可以借助分类汇总来实现。

1．什么是分类汇总

Excel 分类汇总是通过使用 SUBTOTAL 函数与汇总函数(包括 SUM、COUNT 和 AVERAGE)一起计算得到的分级显示列表,可以显示和隐藏每个分类汇总的明细行。

为了得到准确的统计分析结果,做分类汇总前,要注意以下两个要求:第一,分类汇总的区域不包含任何空白行或空白列;第二,做分类汇总前要对包含用作分组依据的数据的列进行排序。

2. 汇总地区销售额

(1)排序:选中"素材 3_销售订单数据.xlsx"的"订单明细"工作表 H 列"所属区域"的任一单元格,单击【数据】选项卡→【排序和筛选】组→【升序】按钮,得到按地区排序的订单明细表。

(2)分类汇总:选择【订单明细】工作表的任一单元格,单击【数据】选项卡→【分级显示】组→【分类汇总】按钮,打开【分类汇总】对话框,如图 2－4－10 所示。

(3)在【分类汇总】对话框中的【分类字段】中选择"所属区域",在【汇总方式】中选择"求和",在【选定汇总项】中勾选"销售额小计",其他保持默认,得到各地区的销售额的分类汇总结果,如图 2－4－11、图 2－4－12 所示。

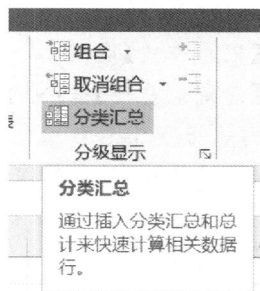

图 2－4－10　分类汇总

图 2－4－11　【分类汇总】对话框设置

图 2－4－12　分类汇总结果

(4)若只显示分类汇总和总计的结果,请单击行编号旁边的分级显示符号"1、2、3"或使用"＋"和"－"符号来显示或隐藏各个分类汇总的明细数据行,如图 2－4－13 所示。

图 2－4－13　分类汇总分级显示数据

项目二　电子表格处理

小贴士

【汇总方式】框：计算分类汇总的汇总函数有求和、平均值、最大值、最小值等。

【选定汇总项】框：对于包含要计算分类汇总的值的每个列，可以选择多个复选框。如果想按每个分类汇总自动分页，请选中"每组数据分页"复选框。若要指定汇总行位于明细行的上面，请清除"汇总结果显示在数据下方"复选框。若要指定汇总行位于明细行的下面，请选中"汇总结果显示在数据下方"复选框。

3. 复制汇总结果

(1)单击行编号旁边的分级显示符号"2"，隐藏各个地区的明细数据。

(2)选择需要复制的汇总结果数据，单击【开始】选项卡→【编辑】组→【查找和选择】下拉按钮→【定位条件】，打开【定位条件】对话框，如图 2-4-14 所示(定位命令快捷键:Ctrl+G)。

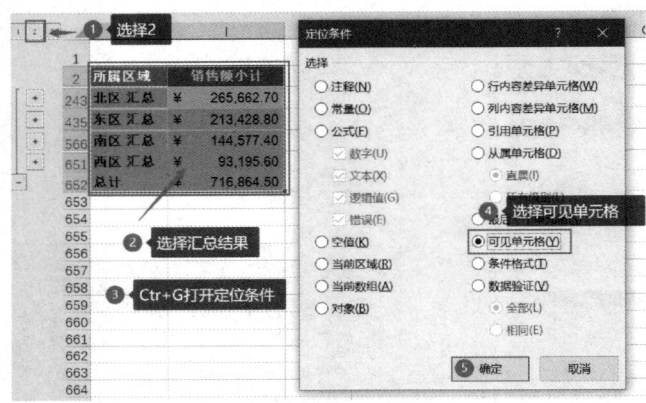

图 2-4-14　定位条件

(3)在【定位条件】对话框中选择"可见单元格"，这时选择的数据是眼睛看见的汇总数据，不包含明细数据。否则直接选中数据复制的话，Excel 复制的不是汇总数据，而是包含明细数据的所有数据(选择可见单元格数据的快捷键:Alt+;)。

(4)复制可见单元格，粘贴到新工作表中。将新工作表命名为"地区销售额"，保存，如图2-4-15 所示。

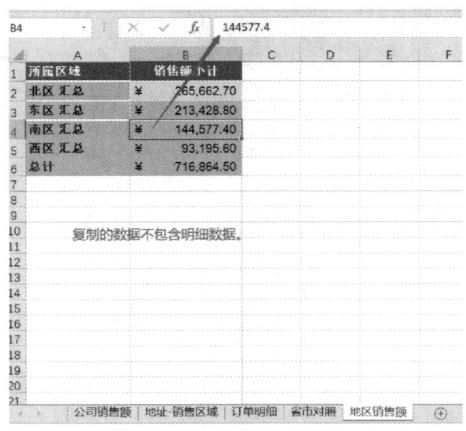

图 2-4-15　复制可见单元格结果

4. 删除分类汇总

（1）切换到"订单明细"工作表，单击【数据】选项卡→【分级显示】组→【分类汇总】按钮，打开【分类汇总】对话框。

（2）在【分类汇总】对话框中单击左下角的【全部删除】按钮，删除分类汇总的汇总结果，恢复原始数据，如图2-4-16所示。

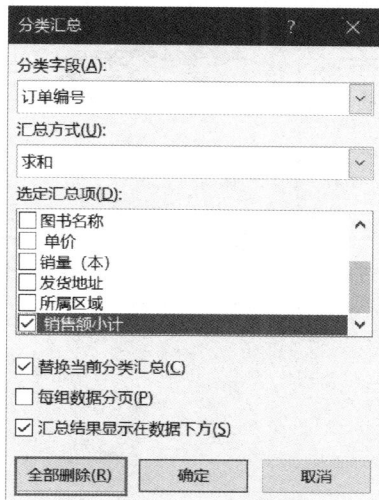

图2-4-16 删除分类汇总

（四）用数据透视表动态查询订单信息

在"订单明细"表中查询分年度的地区总销售额和平均销售量，查询季度总销售额和平均销售量，并用动态图表展示。

在数据管理中，如果按照一个字段汇总，用分类汇总是不错的方式，但是分类汇总必须先排序，这会改变数据的顺序。如果需要按多个字段进行汇总，随意布局用分类汇总就有困难了，而数据透视表可以轻松解决这个问题。

数据透视表是一种对大量数据进行快速汇总和建立交叉列表的交互式报表，不仅可以转换行和列以显示源数据的不同结果，也可以显示不同页面以筛选数据，还可以根据用户的需要显示区域的细节数据。

1. 查询分年度的地区销售额

（1）选中"素材3_销售订单数据.xlsx"文档"订单明细"工作表的任一单元格，单击【插入】选项卡→【表格】组→【数据透视表】命令，打开【创建数据透视表】对话框，如图2-4-17所示。

（2）在【选择一个表或区域】的【表/区域】框选择需要分析的数据区域"订单明细！＄A＄2：＄I＄647"，其他保持默认，单击【确定】按钮，如图2-4-18所示，会自动产生一个新工作表并在新工作表A3单元格处产生一个空白的数据透视表，同时窗口右边打开【数据透视表字段】列表，如图2-4-19所示。

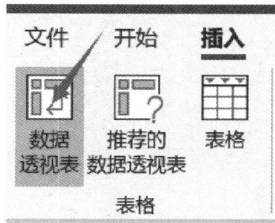

图2-4-17 插入数据透视表

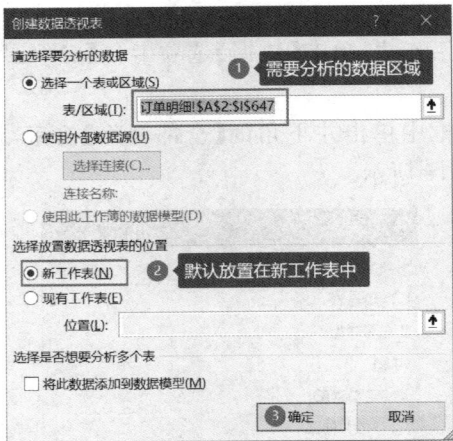

图 2－4－18　【创建数据透视表】对话框

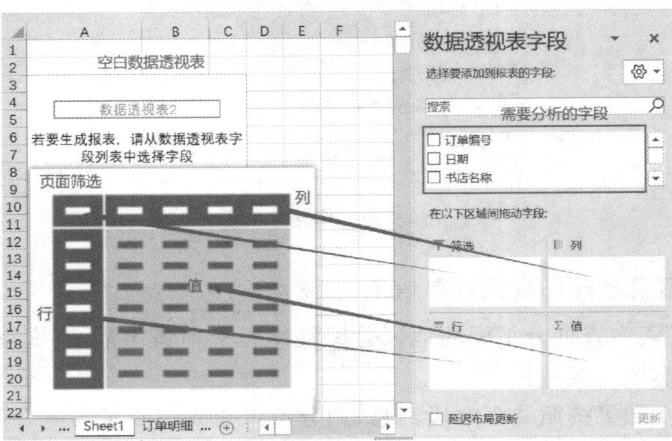

图 2－4－19　空白数据透视表

(3)将【数据透视表字段】中的"日期"字段拖动到"行"区域,"所属区域"字段拖动到"列"区域,"销售额小计"拖动到"∑值"区域,如图 2－4－20 所示,得到各个日期对应地区的销售额。

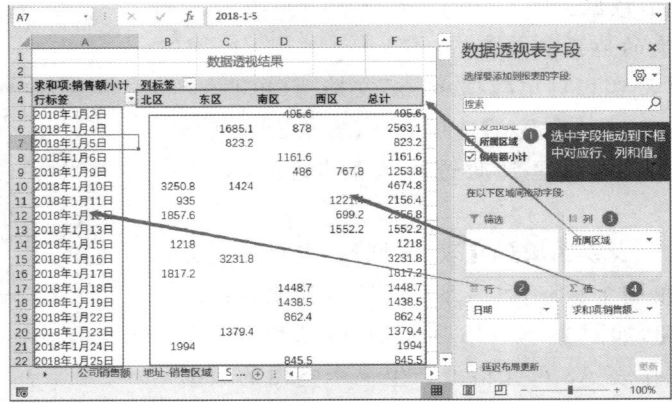

图 2－4－20　数据透视表布局

(4)选中"数据透视表"中的任一日期,单击鼠标右键,选择【组合】命令,在【步长】框选择
"年"和"月",得到按年和月汇总的地区总销售额,如图2-4-21、图2-4-22所示。

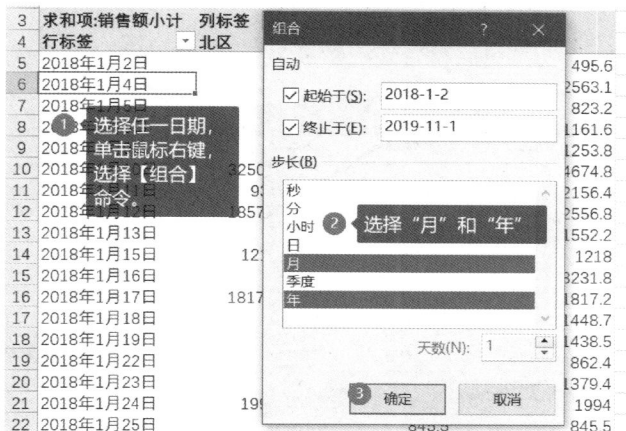

图 2-4-21　数据透视表组合

行标签	北区	东区	南区	西区	总计
⊟2018年	168468.4	120442.6	81045.8	48799.2	418756
1月	15635.2	10261.9	7616.3	5473.1	38986.5
2月	7270.6	7051.3	5185.6	3337.9	22845.4
3月	11064.1	12426.8	5423	2895.4	31809.3
4月	12702.7	6686	2124	7966.8	29479.5
5月	12165.7	11497.6	9559.8	1654.2	34877.3
6月	11581.3	9892.8	6905.9	2641.5	31021.5
7月	24620.9	11522.9	11436.2	7024	54604
8月	15989.7	11937.5	8459.8	3493.9	39880.9
9月	17514.6	13230.5	4213	1191.7	36149.8
10月	14394.6	9674.3	4259.5	6081.6	34410
11月	9984.8	7832.4	7717.4	1400.4	26935
12月	15544.2	8428.6	8145.3	5638.7	37756.8
⊟2019年	97194.3	92986.2	63531.6	44396.4	298108.5
1月	13683.4	7284.9	11191.5	6950.1	39109.9
2月	7697.4	8695.1	6627.7	1573.5	24593.7
3月	9310.1	7156.9	6985.9	7336.2	30789.1
4月	9773.4	7982.1	3929.6	3042.1	24727.2

透视结果

图 2-4-22　按年和月透视结果

(5)选中"数据透视表"中的任一日期,单击鼠标右键,选择【组合】命令,在【步长】框选择
"年"和"季度",得到按年和季度汇总的地区总销售额,如图2-4-23所示。

行标签	北区	东区	南区	西区	总计	
2018年	168468.4	120442.6	81045.8	48799.2	418756	
第一季	33969.9	29740	18224.9	11706.4	93641.2	
第二季	36449.7	28076.4	18589.7	12262.5	95378.3	
第三季	58125.2	36690.9	24109	11709.6	130634.7	按季度汇总的
第四季	39923.6	25935.3	20122.2	13120.7	99101.8	地区销售额结
⊟2019年	97194.3	92986.2	63531.6	44396.4	298108.5	果
第一季	30690.9	23136.9	24805.1	15859.8	94492.7	
第二季	38442.7	32494.4	12976.2	15024.1	98937.4	
第三季	23660.9	29218.5	22265.1	13512.5	88657	
第四季	4399.8	8136.4	3485.2		16021.4	
总计	265662.7	213428.8	144577.4	93195.6	716864.5	

图 2-4-23　按年和季度透视结果

2. 增加分年度的地区平均销售量

要增加平均销售量的分析，只需要将销售量字段拖动到对应的行或列，更改【值字段设置】为"平均值"，如图 2-4-24 所示。

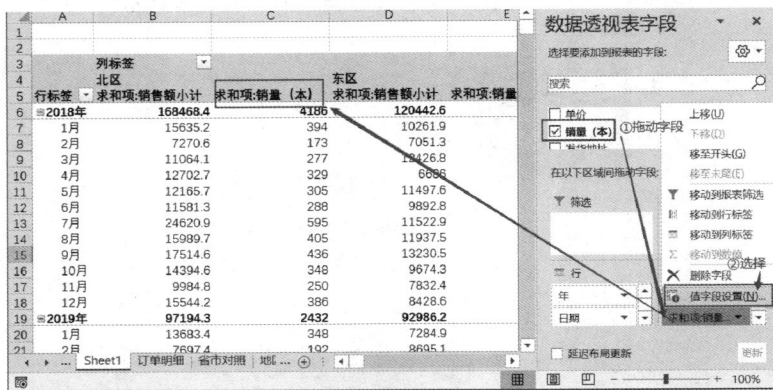

图 2-4-24　增加销量汇总

汇总计算类型包括求和、平均值、最大值、最小值、计数等，默认文本类型字段是计数，数字汇总的方式是求和。

（1）选中【数据透视表字段】中的"销量（本）"拖动到"∑值"区域，在数据透视表中增加销量的分析字段。

（2）单击"∑值"区域的【求和项：销量（本）】下拉按钮，选择【值字段设置】，在打开的【值字段设置】对话框中【计算类型】框选择"平均值"，得到各地区的平均销量分析结果，如图 2-4-25所示。

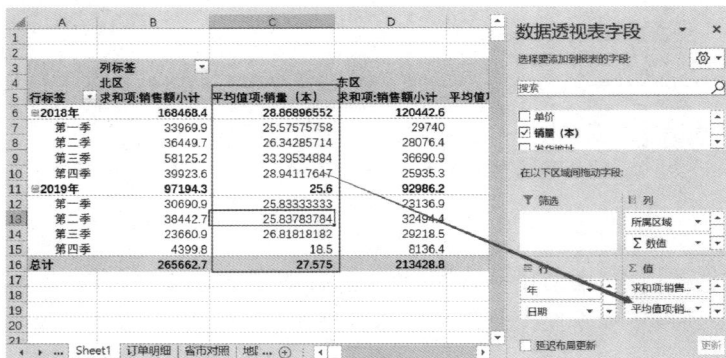

图 2-4-25　销量平均值透视结果

3. 数据透视表的分析与设计

插入数据透视表后，Excel 会自动打开【数据透视表分析】和【设计】两个选项卡。

在【数据透视表分析】选项卡中可对数据透视表进行字段设置、组合、筛选、更改数据源、清除、移动、增加计算、插入数据透视图等操作，如图 2-4-26 所示。

在【设计】选项卡中可对数据透视表进行布局调整、设置样式、套用自动样式等操作，如图2-4-27所示。

图 2-4-26 【数据透视表分析】选项卡

图 2-4-27 【设计】选项卡

(五)用数据透视图展示销售订单

数据透视表实现了对数据的分析和重新布局,分析的结果可以用数据透视图实现数据的可视化展示。

插入数据透视图的方法有两种:一是在插入的数据透视表基础上插入数据透视图,如图 2-4-28 所示;二是直接插入数据透视图,如图 2-4-29 所示。

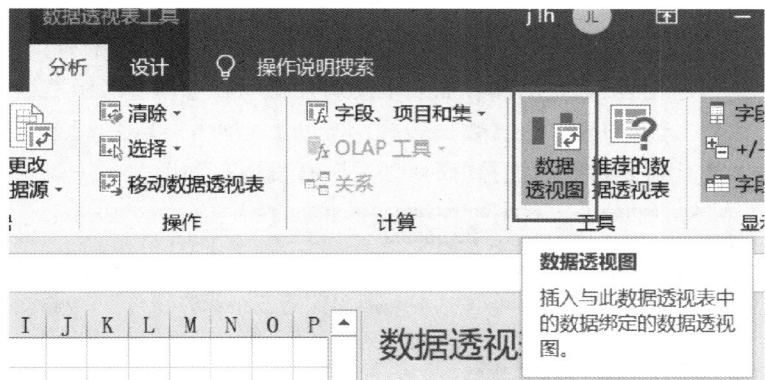

图 2-4-28 透视表-数据透视图

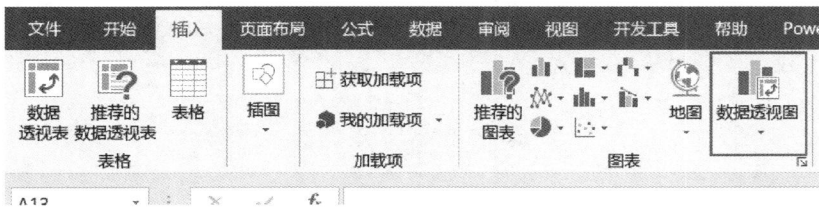

图 2-4-29 插入菜单-数据透视图

1. 动态查询各地区图书销量图

(1)选中"素材 3_销售订单数据.xlsx"文档"订单明细"工作表的任一单元格,单击【插入】选项卡→【表格】组→【数据透视表】命令,创建分地区的图书销量透视表。

（2）单击【数据透视表分析】选项卡→【工具】组→【数据透视图】按钮→打开【插入图表】对话框，选择【折线图】，得到各地区的图书销量折线图。如图2-4-30所示，可以通过"所属区域"和"图书名称"下拉筛选按钮，实现图书销量的动态查询。数据透视图和普通图表一样，插入后，会自动打开【数据透视图】工具选项卡，对图表进行布局和修改。

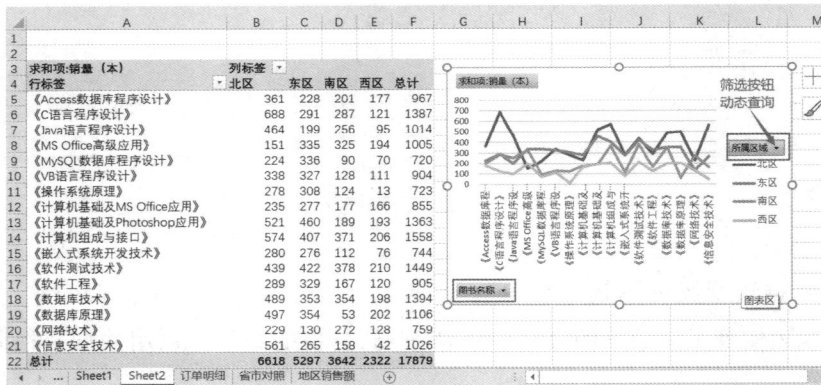

图2-4-30　销量透视图

2. 切片器辅助查询

切片器功能是与数据透视表、透视图和智能表结合使用的一个辅助查询的工具，可以直观地筛选数据，数据透视表、透视图和智能表根据切片器的筛选动态展示数据。

（1）插入切片器：选择图表，单击【数据透视图分析】选项卡→【筛选】组→【插入切片器】按钮→打开【插入切片器】对话框，选择"所属区域"→【确定】，如图2-4-31所示。

图2-4-31　插入切片器

(2)通过"所属区域"切片器查看单个或多个区域的图书销量,如图 2 - 4 - 32 所示(为了方便查看,本案例添加了"数据标签"等图表元素)。

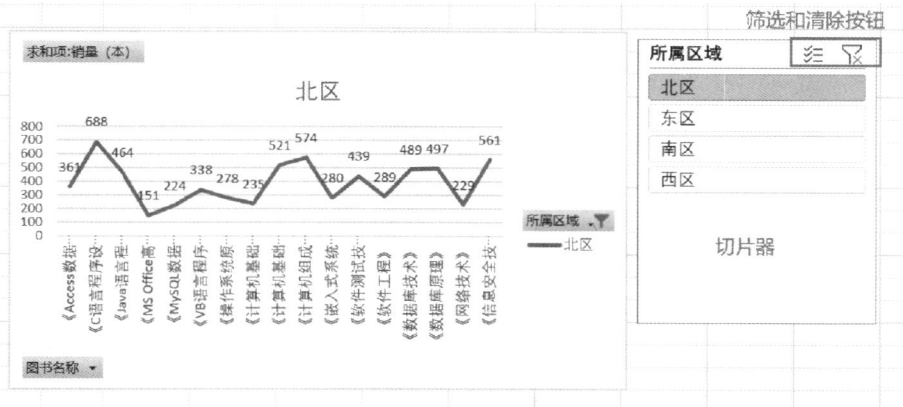

图 2 - 4 - 32　使用切片器查看"北区"的销量

(3)关闭切片器:选择切片器后按 Delete 键,就可以关闭切片器对象。

3. 添加计算字段查询各地区销量的占比图

(1)选中"素材 3_销售订单数据. xlsx"文档"订单明细"工作表的任一单元格,单击【插入】选项卡→【图表】组→【数据透视图】命令,在新工作表中创建空白的透视表和透视图,拖动"所属区域"字段到"行","销量(本)"字段到"Σ 值"区域,自动产生销量的柱状透视图,更改图表类型为饼图,得到分地区的销量透视表和透视图,如图 2 - 4 - 33 所示。

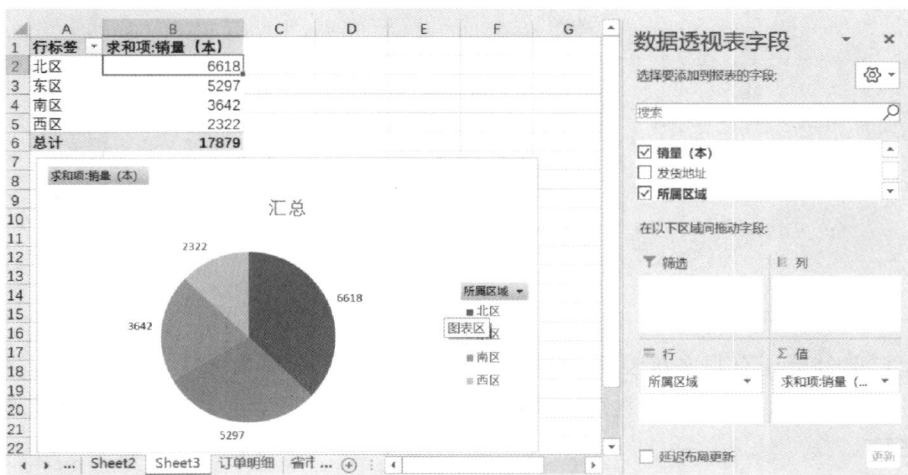

图 2 - 4 - 33　地区销量透视饼图

(2)选中"求和项:销量(本)"列任一单元格,点击鼠标右键选择【值显示方式】→【总计的百分比】,对透视表中汇总的数据进行计算,得到地区的销量占比图,如图 2 - 4 - 34、图 2 - 4 - 35所示。

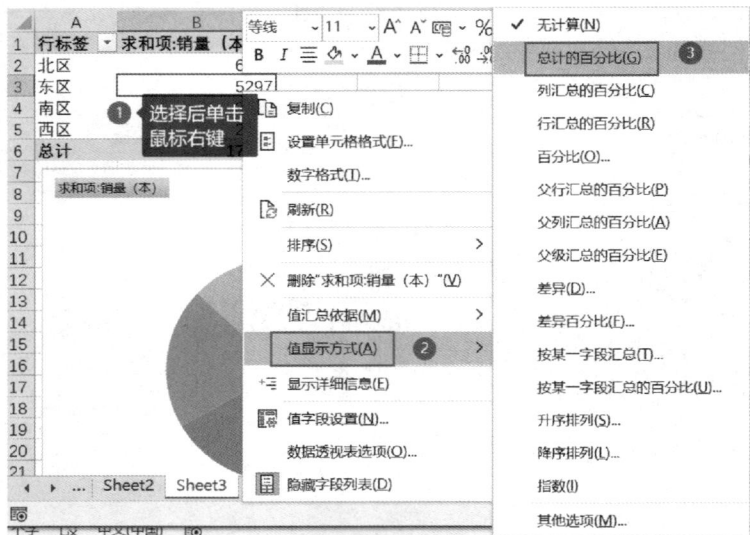

图 2-4-34　添加计算字段

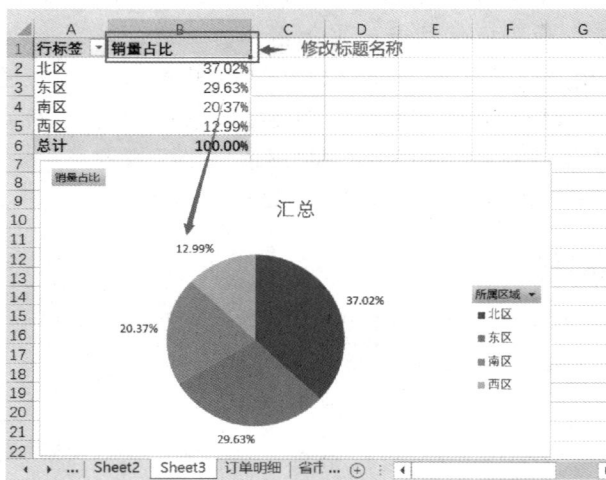

图 2-4-35　销量占比图

　　对于订单分析还有很多维度可以进行，比如从明细表中提取国家、省市信息，进行数据分析，利用地图和 3D 地图功能直观地展示数据的动态变化等，但地图展示需要注意版图的准确和完整。

即测即评

项目三
演示文稿制作

◆ 学习目标 ◆

- 了解演示文稿的应用场景,熟悉相关工具的功能、操作界面和制作流程;
- 掌握演示文稿的创建、打开、保存、退出等基本操作;
- 熟悉演示文稿不同视图方式的应用;
- 掌握幻灯片的创建、复制、删除、移动等基本操作;
- 理解幻灯片的设计及布局原则;
- 掌握在幻灯片中插入各类对象的方法,如文本框、图形、图片、表格、音频、视频等对象;
- 理解幻灯片母版的概念,掌握幻灯片母版、备注母版的编辑及应用方法;
- 掌握幻灯片切换中进入、强调、退出、路径等动画的应用方法;
- 掌握幻灯片对象动画的设置方法及超链接、动作按钮的应用方法;
- 了解幻灯片的放映类型,会使用排练计时进行放映;
- 掌握幻灯片不同格式的导出方法。

◆ 项目描述 ◆

演示文稿制作是信息化办公的重要组成部分。借助演示文稿制作工具,可以快速制作出图文并茂、富有感染力的演示文稿,并且可以通过图片、视频和动画等多媒体形式展现复杂的内容,从而使表达的内容更容易理解。本项目通过典型任务,主要介绍 PowerPoint 2016 基础应用、演示文稿制作、动画设计、母版制作和使用、演示文稿放映和导出等内容。

任务一 PowerPoint 2016 的基本操作

一、任务描述

无论是教师授课、学生竞聘、工作汇报还是企业宣传都离不开演示文稿。

通过本任务的学习,了解演示文稿的应用场景,熟悉相关工具的功能、操作界面和制作流程;掌握演示文稿的创建、打开、保存、退出等基本操作;熟悉演示文稿不同视图方式的应用;掌握幻灯片的创建、复制、删除、移动等基本操作。

二、知识储备

(一)演示文稿、幻灯片、PPT 是什么

演示文稿是由文字、图片、形状、音频、视频等对象构成,配合动画效果可以放映的电子文档。

幻灯片是指演示文稿中的某一页。在制作演示文稿时，我们要把文字、图片、形状、表格、音频、视频等对象放在幻灯片上，由一套幻灯片组成一个演示文稿。

PPT 是 Microsoft Office PowerPoint 的简称，是微软公司的演示文稿软件。用户可以在投影仪或者计算机上进行演示，也可以将演示文稿打印出来，制作成胶片，以便应用到更广泛的领域中。利用 Microsoft Office PowerPoint 不仅可以创建演示文稿，还可以在互联网上召开面对面会议、远程会议或在网上给观众展示演示文稿。除 PowerPoint 之外还有 Focusky、Keynote、WPS Presentation 等演示文稿制作软件。

三者的联系：Microsoft Office PowerPoint 做出来的东西叫演示文稿，它是一个文件，其格式后缀为".ppt"或者也可以保存为".pdf"格式等。演示文稿中的某一页就叫幻灯片，每张幻灯片都是演示文稿中既相互独立又相互联系的内容。PPT 本来只是幻灯片制作软件 PowerPoint 的缩写，但是因为它太有名了，很多人不加区分地把演示文稿、幻灯片和 PowerPoint 软件统称为 PPT。

一套完整的 PPT 文件一般包含片头动画、封面、前言、目录、过渡页、图表页、图片页、文字页、封底、片尾动画等。所采用的素材有文字、图片、图表、动画、声音、视频等。每个人设计的要求和演示的环境不同，PPT 的设计也会有所不同。PPT 正成为人们工作生活的重要组成部分，在工作汇报、企业宣传、产品推介、婚礼庆典、项目竞标、管理咨询等领域发挥重大的作用。

（二）启动与退出 PowerPoint 2016

1. 启动 PowerPoint 2016

（1）使用【开始】菜单：单击【开始】按钮，选择【所有程序】菜单，再选择【Microsoft Office】菜单，最后单击【Microsoft Office PowerPoint 2016】选项。

（2）双击桌面上 PowerPoint 2016 应用程序的快捷方式图标。

（3）在桌面空白处单击鼠标右键，在快捷菜单中单击【新建】命令，再选择【Microsoft PowerPoint 2016 幻灯片】菜单，然后双击打开该文件。

（4）直接双击需要打开的 PowerPoint 文档。

2. 退出 PowerPoint 2016

PowerPoint 2016 退出的方法很多，常用的方法有：

（1）单击【文件】选项卡下的【关闭】命令。

（2）单击标题栏最右端的【关闭】按钮。

（3）使用快捷键 Alt＋F4。

（4）双击标题栏最左端的字母。

（5）单击标题栏最左端的字母，然后单击弹出菜单中的【关闭】命令。

当 PowerPoint 文档退出时，若文档改动后没有保存，系统会询问在退出之前是否要保存这些文档。单击【是】按钮，保存修改后的当前文档并退出；单击【否】按钮，则不保存本次修改并退出；单击【取消】按钮或按 Esc 键，则取消本次退出操作。

（三）PowerPoint 2016 的工作界面

启动 PowerPoint 2016 后，可打开该软件的工作界面。其主要由标题栏、快速访问工具栏、选项卡（功能区）、视图区、编辑区、备注窗格和状态栏等部分组成，如图 3-1-1 所示。

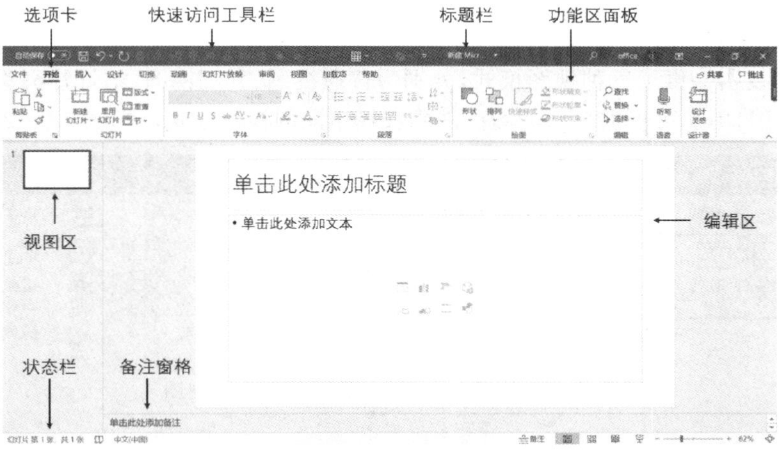

图 3-1-1　PowerPoint 2016 工作界面

1. 选项卡（功能区）

选项卡位于标题栏下方,有文件、开始、插入、设计、切换、动画、幻灯片放映、审阅、视图等。选项卡是对下一级工具的索引,功能区是该选项卡下的具体命令,包括多个组,各个组中包含多个命令按钮。

2. 快速访问工具栏

程序窗口左上角为快速访问工具栏,用于显示常用的工具。默认情况下,快速访问工具栏中包含了保存、撤销、恢复和从头开始四个快捷按钮,用户还可以根据需要进行添加。单击某个按钮即可实现相应的功能。

3. 标题栏

标题栏主要由标题和窗口控制按钮组成。标题用于显示当前编辑的演示文稿名称。控制按钮用于实现窗口的最小化、最大化、还原及关闭。

4. 幻灯片编辑区

PowerPoint 窗口中间的白色区域为幻灯片编辑区,该部分是演示文稿的核心部分,主要用于显示和编辑当前显示的幻灯片。

5. 视图区

视图区位于幻灯片编辑区的左侧,用于显示演示文稿的幻灯片数量及位置。

6. 备注窗格

备注窗格位于幻灯片编辑区的下方,通常用于为幻灯片添加注释说明,比如幻灯片的内容摘要等。将鼠标指针停放在视图区或备注窗格与幻灯片编辑区之间的窗格边界线上,拖动鼠标可调整窗格的大小。

7. 状态栏

状态栏位于窗口底端,用于显示当前幻灯片的页面信息。状态栏右端为视图按钮和缩放比例按钮,用鼠标拖动状态栏右端的缩放比例滑块,可以调节幻灯片的显示比例。单击状态栏右侧的按钮,可以使幻灯片显示比例自动适应当前窗口的大小。

(四)PowerPoint 2016 的视图模式

1. 演示文稿视图

演示文稿视图提供了五种视图模式,分别为普通视图、大纲视图、幻灯片浏览视图、备注页视图和阅读视图,用户可根据自己的阅读需要选择不同的视图模式,如图3-1-2所示。

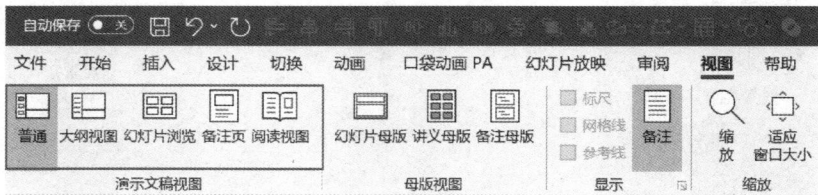

图 3-1-2 PowerPoint 2016 演示文稿视图

(1)普通视图。普通视图是 PowerPoint 2016 的默认视图模式,共包含大纲窗格、幻灯片窗格和备注窗格三种窗格。这些窗格让用户可以在同一位置使用演示文稿的各种特征。拖动窗格边框可调整不同窗格的大小。

(2)大纲视图。大纲视图含有大纲窗格、幻灯片缩图窗格和幻灯片备注页窗格。在大纲窗格中显示演示文稿的文本内容和组织结构,不显示图形、图像、图表等对象。

(3)幻灯片浏览视图。在幻灯片浏览视图中,可以在屏幕上同时看到演示文稿中的所有幻灯片,这些幻灯片以缩略图方式整齐地显示在同一窗口中,可以很容易地在幻灯片之间添加、删除和移动幻灯片的前后顺序以及选择幻灯片之间的动画切换。

(4)备注页视图。备注页视图主要用于为演示文稿中的幻灯片添加备注内容或对备注内容进行编辑修改,在该视图模式下无法对幻灯片的内容进行编辑。切换到备注页视图后,页面上方显示当前幻灯片的内容缩览图,下方显示备注内容占位符,单击该占位符,向占位符中输入内容,即可为幻灯片添加备注内容。

(5)阅读视图。阅读视图是对演示文稿中的幻灯片进行放映的视图模式,此时不能对幻灯片内容进行编辑和修改。

2. 母版视图

母版是幻灯片层次结构中的顶层幻灯片,它存储有关演示文稿的主题和幻灯片版式的所有信息,包括背景、颜色、字体、效果、占位符大小和位置。当我们需要快速对每页幻灯片设置图标、名称、日期等相同的元素时,可以使用母版对演示文稿中的每张幻灯片进行统一的样式更改,提高工作效率。

在菜单选项卡中选择【视图】,在【母版视图】一栏中可以看到,PowerPoint 2016 中有三种母版,即幻灯片母版、讲义母版、备注母版,如图3-1-3所示。

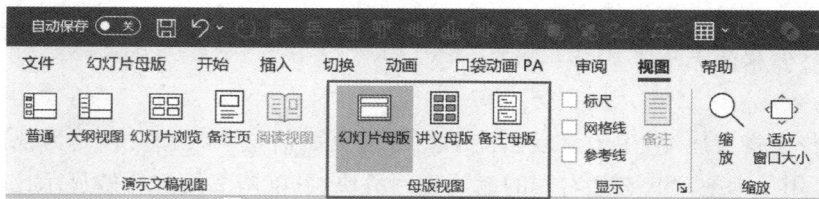

图 3-1-3 PowerPoint 2016 的母版视图

(1)幻灯片母版。幻灯片母版,是存储有关应用的设计模板信息的幻灯片,包括字形、占位符大小或位置、背景设计和配色方案。点击【幻灯片母版】,进入母版视图,这里可以对幻灯片母版进行编辑,如图 3-1-4 所示。

图 3-1-4　幻灯片母版

图中顶端第一个大的页面,称为母版或者总版,下面小一些的页面,都是基于这个母版的幻灯片母版版式(与幻灯片版式对应)。幻灯片母版一般有多种版式,幻灯片母版上的设计变化会同步到其下所有版式。

除第一页母版外,在幻灯片母版中可以通过添加占位符(占位符就是先占住一个固定的位置,等着用户再往里面添加内容的符号)对幻灯片母版版式进行设置。

第一步:选择菜单选项卡中【幻灯片母版】,在【母版版式】一栏中选择【插入占位符】,在出现的下拉列表中,可以选择插入占位符的种类,点击即可插入占位符,如图 3-1-5 所示。

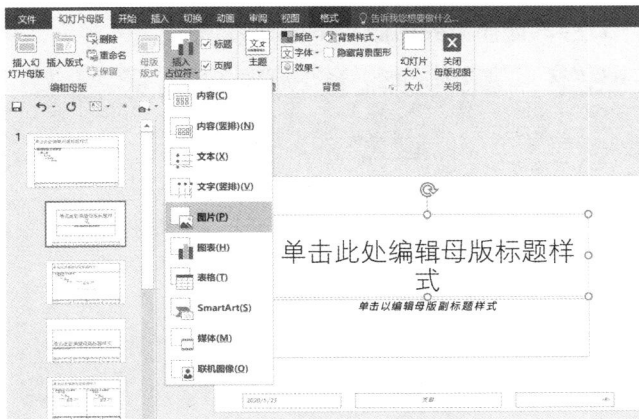

图 3-1-5　插入占位符

第二步:默认情况下幻灯片母版中会有一页空白页,我们选中该页(见图 3-1-6),并在【幻灯片母版】选项卡中点击【插入占位符】,选择【图片】(插入占位符),在幻灯片左侧拖出占位符,同样的,再在右侧拖出一个横排文字占位符。

图 3-1-6　利用占位符制作好的版式

第三步：选中该页，单击鼠标右键，选择【重命名版式】，在弹出的对话框里填入新版式的名字"左图片右文本"，点击【重命名】，随后在【幻灯片母版】选项卡中点击【关闭母版视图】，如图 3-1-7 所示。

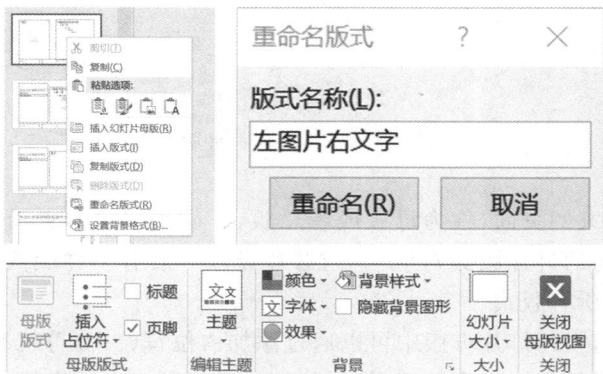

图 3-1-7　重命名版式

第四步：在【开始】选项卡中选择【版式】，即可看到在幻灯片母版中通过占位符设置的所有母版版式（见图 3-1-8），选择需要的版式单击即可。

图 3-1-8　查看利用占位符制作的版式

（2）讲义母版。讲义母版用来设置演示文稿打印成讲义时的外观，例如讲义的方向、幻灯片的大小、每页讲义幻灯片数量、页眉页脚等的设置，如图 3-1-9 所示。

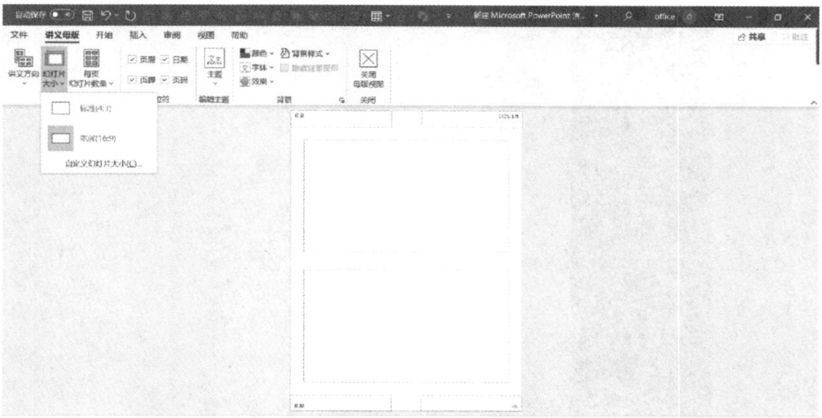

图 3-1-9　讲义母版

（3）备注母版。备注窗格在普通视图幻灯片窗格下方，可以输入该页幻灯片的说明性文字、提醒，以及该页幻灯片的详细内容等为演示者放映时参考或打印后参考。

【备注母版】是对打印的备注页进行格式设计，根据需要可以设置幻灯片的大小、备注页方向，设置页眉、页脚、日期、页码等格式，更换幻灯片主题或设置幻灯片的主题颜色、字体、效果等，同时还可以插入图片、文本框、表格等，让它们在所有备注页显示，如图 3-1-10所示。

图 3-1-10　备注母版

（五）PowerPoint 2016 新功能

相比于 PowerPoint 2013，PowerPoint 2016 在诸多方面都有了新的突破。

1. 新增 Office 主题

PowerPoint 2016 在原有的白色和深灰色 Office 主题上新增了彩色和黑色两种主题色，但是黑色主题只有登录 Office 2016 开发者账号才能进行设置。主题色设置方法为：选择

【文件】选项卡，点击【账户】选项，然后单击【Office 主题】旁边的下拉菜单，即可选择心仪的主题，如图 3-1-11 所示。

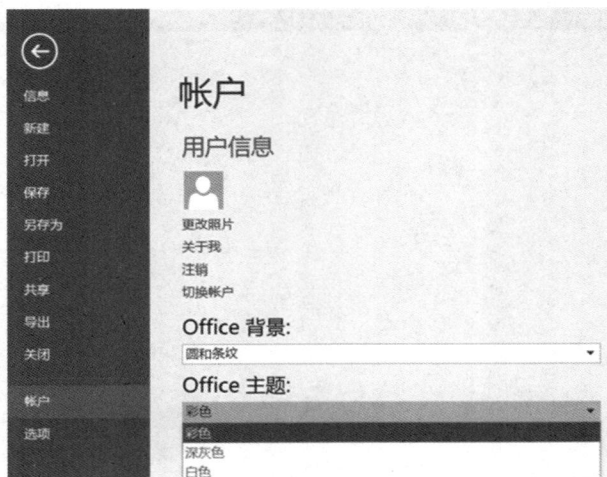

图 3-1-11　设置主题色

PowerPoint 2016 新增了十多种主题，选择【设计】选项卡，点击该选项卡中【主题】面板右下角的倒三角，即可查看内置的所有主题，如图 3-1-12 所示。

图 3-1-12　新增十几种主题

2. 新增智能搜索框

PowerPoint 2016 贴心地增加了【Tell Me】助手功能，在菜单选项卡的最后有一个【告诉我您想要做什么】的选项，这是一个文本字段，直接输入功能就可查找使用，比如选择或直接输入"更改幻灯片背景"，即可弹出更改幻灯片背景的相关选项，如图 3-1-13 和图 3-1-14 所示。

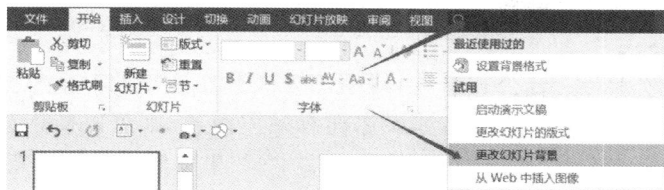

图 3 - 1 - 13 【Tell Me】助手

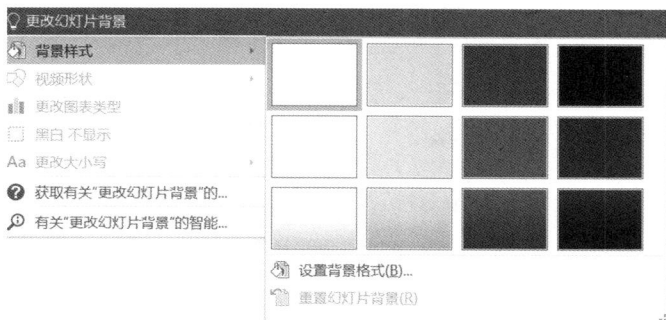

图 3 - 1 - 14 输入"更改幻灯片背景"指令后弹出的选项卡

3. 新增屏幕录制功能

通过屏幕录制功能可以录制计算机屏幕中的任何内容,让录屏更方便而且画质清晰,录制结束可直接插入演示文稿中。在【插入】选项卡的面板最右端就可以找到【屏幕录制】选项,如图 3 - 1 - 15 所示。

4. 新增六个图表类型

PowerPoint 2016 还给制表人士带来了福音,新增了六个图表类型,进一步提升了数据可视化。在【插入】选项卡的面板中单击【图表】选项,弹出对话框中的最后六个就是新加入PPT 可视化家族的图表,如图 3 - 1 - 16 所示。

图 3 - 1 - 15 【屏幕录制】选项

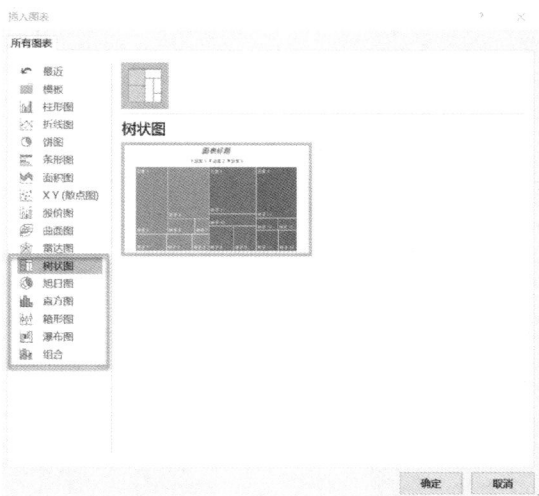

图 3 - 1 - 16 新增的六个图表类型

5. 新增墨迹公式

选择【插入】选项卡，点击【公式】，选择【墨迹公式】，在弹出的对话框里可以手动输入复杂的数学公式，如图 3-1-17 所示。如果你拥有触摸设备，则可以使用手指或触摸笔手动写入数学公式，PowerPoint 2016 会将它转换为文本（如果你没有触摸设备，也可以使用鼠标进行写入），如图 3-1-18 所示。还可以在进行过程中擦除、选择以及更正所写入的内容。

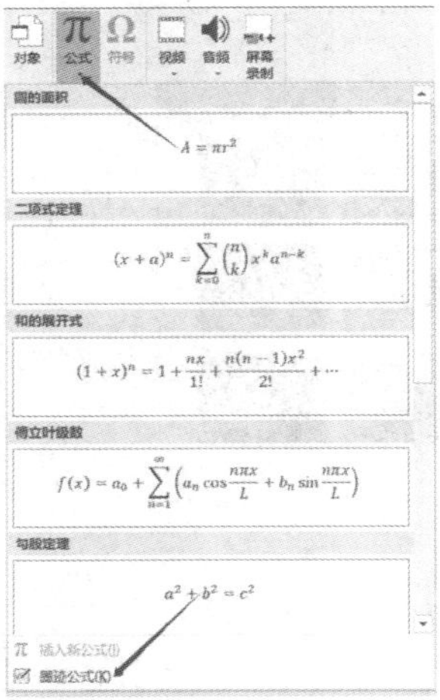

图 3-1-17　插入墨迹公式

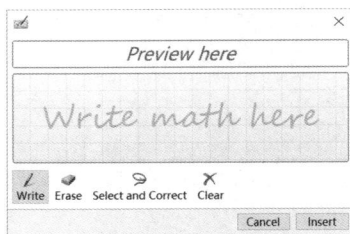

图 3-1-18　墨迹公式手写面板

6. 智能查找

当你想查找某个字词或短语，选中并用鼠标右键单击它，并选择【智能查找】，如图 3-1-19所示，PowerPoint 2016 就会帮你打开定义，定义来源于网络上搜索的结果。

图 3-1-19　【智能查找】选项

三、任务实施

(一)演示文稿的基本操作

1. 演示文稿的创建

(1)创建空白演示文稿。启动 PowerPoint 2016 后,在界面中会提示用户创建演示文稿,用户可以根据需要创建演示文稿或者根据模板创建演示文稿。

单击【开始】按钮,在弹出的菜单中选择【所有程序】→【Microsoft Office PowerPoint 2016】选项。启动程序后,弹出欢迎界面,在该界面中选择【空白演示文稿】,即可创建一个空白的演示文稿,默认文件名为"演示文稿1",如图 3-1-20 所示。

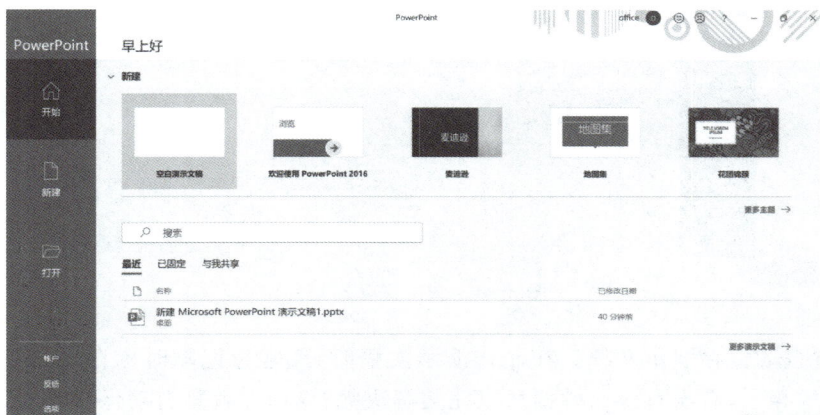

图 3-1-20 演示文稿 1

(2)根据模板创建演示文稿。PowerPoint 2016 中自带了很多模板,用户可以根据演示文稿的主题内容选择不同类别的模板,提高工作效率。

启动程序后,弹出欢迎界面,在该界面右侧的搜索文本中输入模板关键字或者直接拖动滚动条选择要创建的模板演示文稿,如图 3-1-21 所示。

图 3-1-21 模板演示文稿

2. 演示文稿的保存

(1)手动保存演示文稿。单击【保存】按钮或者选择【文件】选项卡中的【保存】选项,会弹出【另存为】界面,选择保存位置为"这台电脑"(见图 3-1-22),在弹出的选项卡中选择保存路径,填写文件名,点击【保存】即可。我们习惯将其保存为默认类型".pptx",实际上 PowerPoint 2016 共包含二十几种不同的保存类型,可以根据需要选择保存类型。

对于已经保存的演示文稿,制作期间想保存,点击【文件】选项卡中的【保存】选项或者利用快捷键 Ctrl+S 可快速保存。如果需要更改名称或者类型,也可以使用【另存为】功能来实现。

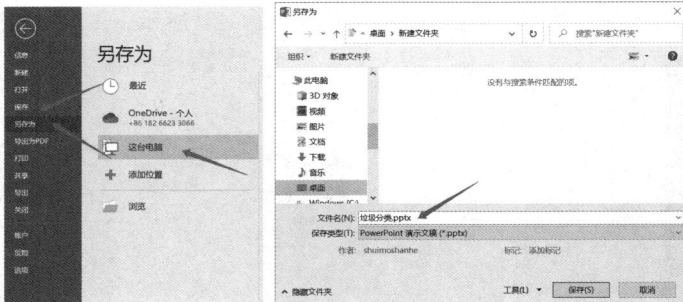

图 3-1-22　保存幻灯片

(2)设置自动保存演示文稿。在制作演示文稿时,经常忘记随时保存,一不小心自己的成果就前功尽弃了,有没有什么妙招可以完美解决呢? 有,那就是自动保存功能。

选择【文件】选项卡,点击【选项】图标,选择左侧【PowerPoint 选项】中【保存】选项,选择【保存演示文稿】选项组,设置"保存自动恢复信息时间间隔",完成设置演示文稿自动保存的操作,如图 3-1-23 所示。

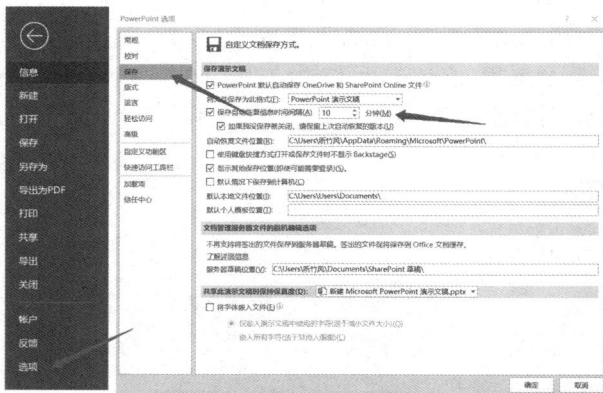

图 3-1-23　自动保存演示文稿

(二)幻灯片的基本操作

幻灯片的新建、移动、复制、删除等操作可以通过选项卡、右键菜单、快捷键等方式完成。

1. 新建幻灯片

方法一:使用选项卡。启动 PowerPoint 2016,单击【开始】选项卡,在【幻灯片】组中选择【新建幻灯片】,在弹出的版式组中单击需要的版式,即可新建幻灯片,如图 3 - 1 - 24 所示。

图 3 - 1 - 24　新建幻灯片 1

　　方法二:使用右键菜单。启动 PowerPoint 2016,将鼠标放在左边缩略图处,点击鼠标右键,在弹出的选项中选择【新建幻灯片】,如图 3 - 1 - 25 所示。

图 3 - 1 - 25　新建幻灯片 2

　　方法三:使用快捷键。启动 PowerPoint 2016,将鼠标光标点击到需要添加一个新建的幻灯片的空白处,按住 Ctrl＋M 键,完成新建幻灯片,如图 3 - 1 - 26 所示。

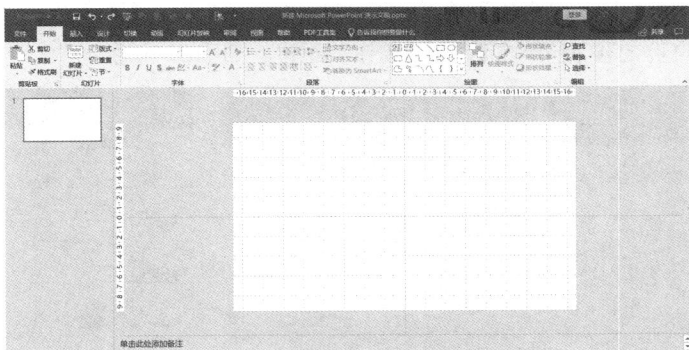

图 3 - 1 - 26　使用快捷键新建幻灯片

2. 移动幻灯片

方法一：使用选项卡。选择需要移动的幻灯片，单击【开始】选项卡中的【剪切】按钮，定位到需要移动到的目的位置，单击【粘贴】按钮，如图 3-1-27 所示。

图 3-1-27　使用选项卡移动幻灯片

方法二：使用右键菜单。用鼠标右键选择需要移动的幻灯片，在出现的右键快捷菜单中选择【剪切】，定位到需要移动到的目的位置，单击鼠标右键选择【粘贴】，如图 3-1-28 所示。

图 3-1-28　使用右键菜单移动幻灯片

方法三：使用快捷键。选择需要移动的幻灯片，按 Ctrl＋X 组合键，定位到需要移动到的位置，按 Ctrl＋V 组合键。

方法四：使用鼠标拖动。选择需要移动的幻灯片，按下鼠标左键不放，把幻灯片拖动到合适的位置释放鼠标即可。

3. 复制幻灯片

方法一：使用选项卡。选择需要复制的幻灯片，单击【开始】选项卡中的【复制】按钮，定位到需要移动到的目的位置，单击【粘贴】按钮，如图 3-1-29 所示。

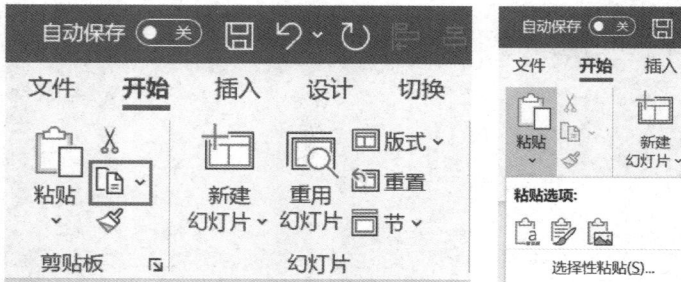

图 3-1-29　使用选项卡复制幻灯片

方法二:使用右键菜单。单击鼠标右键选择需要移动的幻灯片,在出现的右键快捷菜单中选择【复制】,定位到需要移动到的目的位置,单击鼠标右键选择【粘贴】,如图3-1-30所示。

图 3-1-30　使用右键菜单复制幻灯片

方法三:使用快捷键。选择需要复制的幻灯片,按 Ctrl＋C 组合键,定位到需要移动到的位置,按 Ctrl＋V 组合键。

方法四:使用鼠标拖动。选择需要复制的幻灯片,按住 Ctrl 键并按住鼠标左键不放把幻灯片拖动到合适的位置释放鼠标即可。

4. 删除幻灯片

选择需要删除的幻灯片,可以使用右键菜单(见图 3-1-31)、快捷键 Del 或 Backspace 键完成操作。

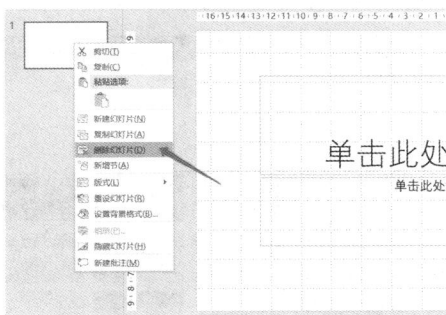

图 3-1-31　删除幻灯片

若删除不连续的多页幻灯片,按住 Ctrl 键,选中想删除的幻灯片,按照上述方法删除;若删除连续的多页幻灯片,按住 Shift 键,选中连续幻灯片的首页和最后一页,按照上述方法删除。

(三)幻灯片的基本设置

1. 幻灯片大小设置

在菜单选项卡中选择【设计】选项卡,在【设计】选项卡中点击【幻灯片大小】,出现常用的标准 4∶3 比例和宽屏 16∶9 比例,若要设置不常用幻灯片的大小,可点击【自定义幻灯片大小】,如图 3-1-32 所示。在设置幻灯片大小的对话框中可对幻灯片大小及方向进行设置。

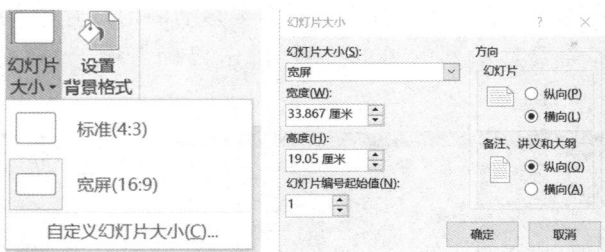

图 3 - 1 - 32　幻灯片大小设置

2. 幻灯片主题设置

选择菜单选项卡中的【设计】选项卡,单击【主题】中的任一主题即可将此主题应用到当前演示文稿中,如图 3 - 1 - 33 所示。

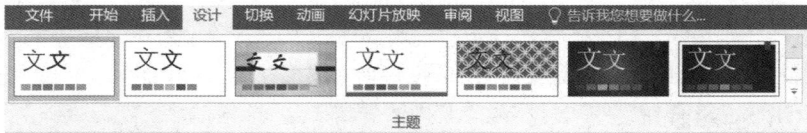

图 3 - 1 - 33　幻灯片主题设置面板

点击【设计】选项卡中的【主题】一栏右下角的倒三角,可弹出更多主题,遇到精美的主题可以点击【保存当前主题】,即可将当前主题保存至电脑,使用时点击【浏览主题】,找到保存主题的路径,双击,即可插入,如图 3 - 1 - 34 所示。

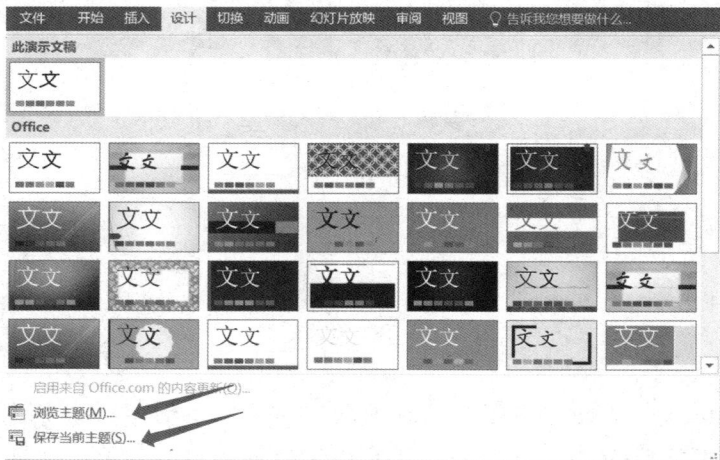

图 3 - 1 - 34　更多幻灯片主题设置

3. 幻灯片背景、字体、颜色、效果设置

(1)选择菜单选项卡中的【设计】选项卡,点击【变体】一栏中右下角的倒三角,弹出幻灯片背景、字体、颜色、效果设置选项,如图 3 - 1 - 35 所示。

图 3 - 1 - 35　幻灯片背景、字体、颜色、效果设置选项

（2）将鼠标置于背景、字体、颜色、效果中任意一项，将弹出设置对话框，可以从中选择需要的设置或者自行定义需要的设置，如图 3 - 1 - 36 所示。

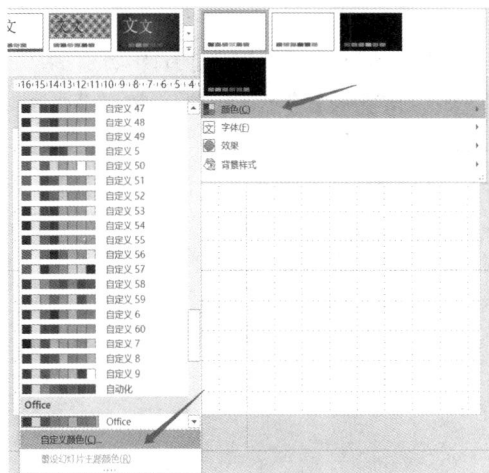

图 3 - 1 - 36　幻灯片颜色设置

4．幻灯片参考线设置

在菜单选项卡中选择【设计】选项卡，在【显示】一栏中勾选【参考线】，或者使用快捷键 Alt＋F9 可快速唤出参考线。将鼠标置于参考线上，点击右键，可对参考线进行添加或删除操作，如图 3 - 1 - 37 所示。

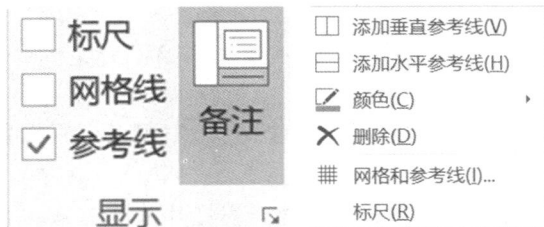

图 3 - 1 - 37　幻灯片参考线设置

(四)幻灯片的放映和输出

制作演示文稿的目的就是通过对幻灯片的放映,将幻灯片中的内容展示出来,传递给观众。演示文稿制作好后,我们可以设置不同的放映方式来满足不同放映场景的需要。下面就对幻灯片放映设置、放映相关的知识以及幻灯片输出进行讲解。

1. 幻灯片放映方式

PowerPoint 提供了多种放映方式,最常用的是幻灯片页面的演示控制,主要有定时放映幻灯片、连续放映幻灯片、自定义放映幻灯片等。

(1)从头开始放映,即从第一张幻灯片开始放映。在【幻灯片放映】菜单选项卡的【开始放映幻灯片】组中单击【从头开始】按钮或直接按下 F5 键,如图 3-1-38 所示。

图 3-1-38 【开始放映幻灯片】选项栏

(2)当前幻灯片开始放映,即从当前选中的幻灯片开始放映。在状态栏的幻灯片视图切换按钮区域中单击【幻灯片放映】按钮,或者在【幻灯片放映】选项卡的【开始放映幻灯片】组中单击【从当前幻灯片开始】按钮。

(3)自定义放映幻灯片。自定义放映是指用户可以自定义演示文稿放映的张数,使一个演示文稿适用于多种观众,即可以将一个演示文稿中的多张幻灯片进行分组,以便向特定的观众放映演示文稿中的特定部分。用户可以用超链接分别指向演示文稿中的各个自定义放映,也可以在放映整个演示文稿时只放映其中的某个自定义放映。

2. 设置放映方式

我们可以通过【幻灯片放映】面板中的【设置幻灯片放映】来设置幻灯片的放映方式,如图 3-1-39 所示。

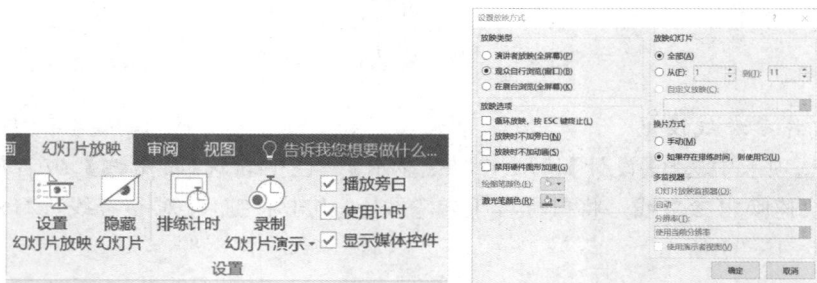

图 3-1-39 【设置放映方式】对话框

幻灯片的放映类型主要有"演讲者放映(全屏幕)""观众自行浏览(窗口)""在展台浏览(全屏幕)"三种类型。

(1)演讲者放映(全屏幕)。这是常规的全屏幻灯片放映方式。可以用人工控制幻灯片和动画播放或使用【幻灯片放映】菜单上的【排练计时】命令设置时间。

（2）观众自行浏览（窗口）。即在标准窗口中观看放映，包含自定义菜单和命令，便于观众自己浏览演示文稿。

（3）在展台浏览（全屏幕）。即自动全屏放映。观众可以更换幻灯片，或单击超级链接和动作按钮，但不能更换演示文稿。如果单击此选项，PowerPoint 会自动选中"循环放映，按 Esc 键终止"复选框。

放映幻灯片时，默认是全部放映，可以指定放映连续的部分幻灯片，也可以自定义放映指定的幻灯片。在幻灯片放映时，我们可以实现幻灯片切换动画、自定义动画等效果，还可以使用绘图笔在幻灯片中绘制重点、书写文字。

3．使用排练计时功能

使用 PowerPoint 2016 提供的排练计时功能，可模拟演示文稿的放映过程，自动记录每张幻灯片的放映时间，从而实现自动播放演示文稿的效果，如图 3-1-40 所示。

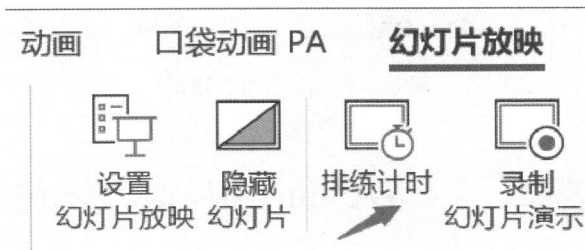

图 3-1-40　使用排练计时功能

注：若在排练计时过程中出现差错，可以单击录制窗格中的【重复】按钮，以便重新开始当前幻灯片的排练计时；单击【暂停】按钮，可以暂停当前的排练计时。

4．放映幻灯片

放映幻灯片分为直接放映或自定义放映。直接放映非常简单，单击【从头开始】或【从当前幻灯片开始】，而自定义放映则需要进行设置，如图 3-1-41 所示。

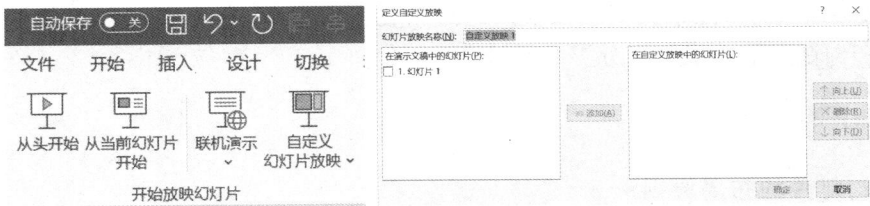

图 3-1-41　放映幻灯片

5．幻灯片输出

在 PowerPoint 中可以将制作好的演示文稿通过打印机打印出来。在打印时，根据不同的目的将演示文稿打印为不同的形式，常用的打印版式有整页幻灯片（讲义）、备注和大纲。单击【文件】菜单选项卡，单击【打印】，打印界面如图 3-1-42 所示。打印机属性、打印版式、幻灯片打印颜色、页眉和页脚等均可在此设置。

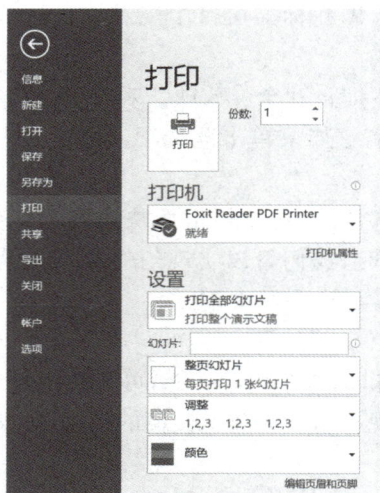

图 3-1-42　幻灯片输出

任务二　PowerPoint 2016 的基本制作

一、任务描述

中国是一个人口大国,也是垃圾产量大国。垃圾的大量产出、简单堆放和处理,使环境与健康问题日益突出。垃圾分类能有效节约资源,改善环境质量。国家相关部门陆续提出并制定了相关政策和文件。

本任务以垃圾分类主题班会活动为案例,以制作封面页、目录页、内容页、封底页为线索,潜移默化地将垃圾分类的理念融入其中,使学习者掌握 PowerPoint 2016 基本功能,制作一套完整的幻灯片。

垃圾分类一小步,健康文明一大步。通过本任务的学习,学习者在掌握专业知识的同时,可提高环保意识,养成垃圾分类的好习惯!

二、知识储备

(一)幻灯片的布局原则

1. 幻灯片布局的四原则(CRAP 原则)

(1)C:Contrast 对比。一页幻灯片中不同的内容有一定的区分,例如小标题和内容的区分,内容和内容之间的区分,标题和标题之间的区分等。我们可以通过调节颜色、大小、粗细等来突出展示,形成对比。

如图 3-2-1 所示的这一页的小标题和内容的区分,将字号、字体颜色和字体粗细进行更改,突出标题重点,使观看者轻而易举地辨识出标题与内容。

(2)R:Repetition 重复。幻灯片中相同逻辑层级的内容可以使用相同的样式,这样有利于提高作品的一致性。同样以上张幻灯片为例,"国内研究现状"与"国外研究现状"是一样

图 3 - 2 - 1 Contrast 对比

的逻辑层级,所以这两个小标题使用的是一样的字体样式,如图 3 - 2 - 2 所示。而下方的内容分别是这两个小标题的详细介绍,所以这些内容使用相同的样式。

图 3 - 2 - 2 Repetition 重复

(3)A:Alignment 对齐。排版中"对齐"是一项很重要的要素。内容的对齐可以瞬间使杂乱无章的幻灯片变得顺眼起来,如图 3 - 2 - 3 所示。

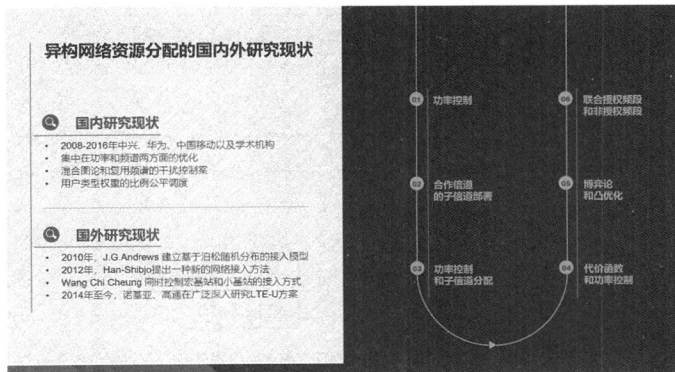

图 3 - 2 - 3 Alignment 对齐

(4)P:Proximity 亲密。为了使幻灯片中的逻辑感更清晰,联系比较密切的内容可以放得近一些,联系比较远的内容可以间隔得远一些,使得相关的部分组织在一起。如图3-2-4所示,"国内研究现状"与其详细内容放在一起,而"国外研究现状"也与其详细内容放在一起,这样每一部分内容就一目了然。

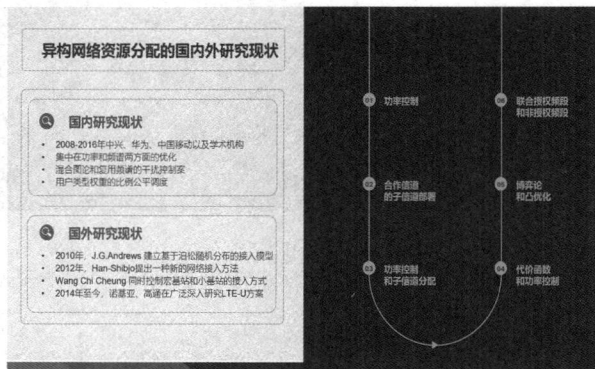

图 3-2-4　Proximity 亲密

2. 常见版式

(1)分栏排版(见图3-2-5)。将幻灯片内容进行梳理,页面分栏排版,可以有横向分栏、纵向分栏、等分分栏和不规则分栏等多种方式,如图3-2-6所示。

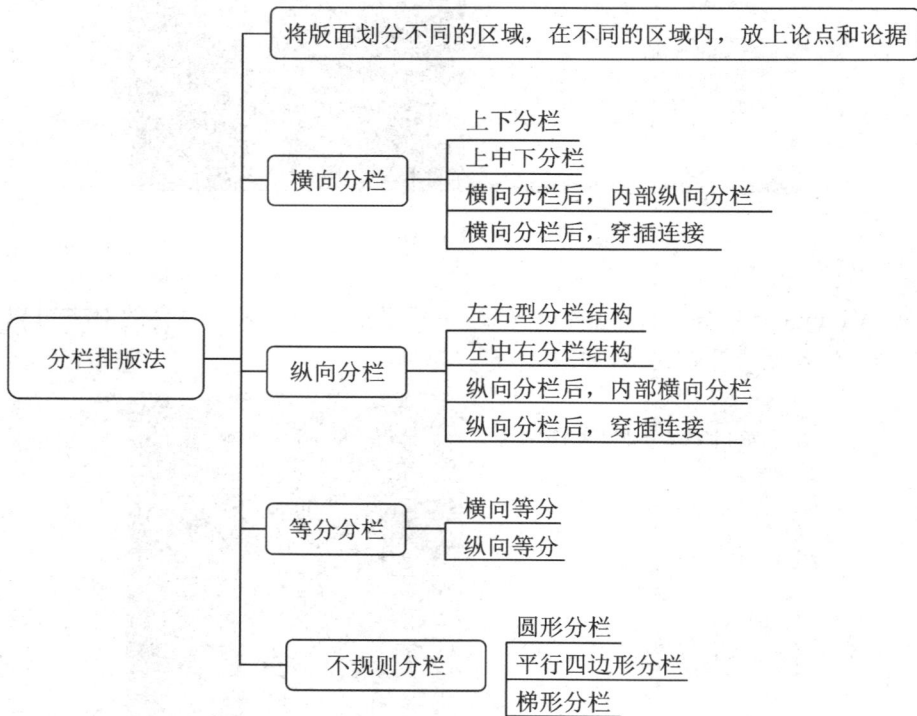

图 3-2-5　分栏排版总结

图 3-2-6　分栏排版版式

（2）环绕排版。环绕式布局就是从中间向四周扩散的一种布局方式，包括中心环绕和半圆式分散等方式，如图 3-2-7 所示。

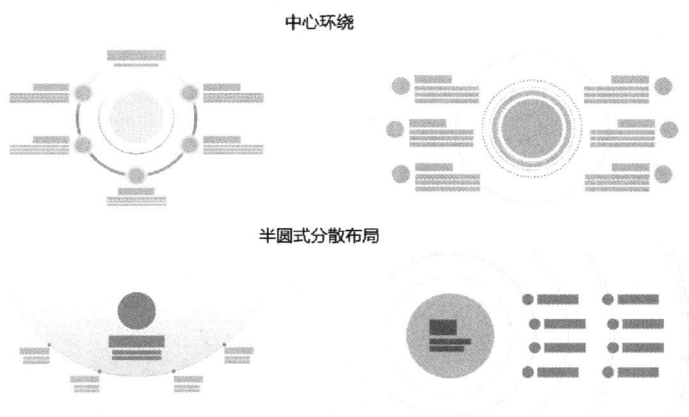

图 3-2-7　环绕排版版式

（3）卡片排版。在幻灯片排版时，有时会用到卡片划分区域的方式，当然也可以将卡片重叠，增加排版的层次感，如图 3-2-8 所示。在使用卡片式排版的时候，注意图形阴影的使用，增加卡片的层次感。

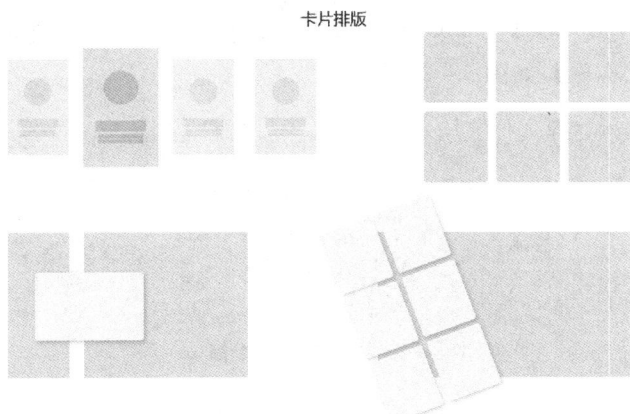

图 3-2-8　卡片排版版式

三、任务实施

(一)封面页制作

1. 封面页常见版式

封面页常见版式如图3-2-9所示。这里我们选用了左右分布的版式,如图3-2-10所示。

图 3-2-9　封面页常见版式

图 3-2-10　封面页

2. 文字的编辑

(1)插入文本框。在【插入】选项卡中选择【文本框】,可选择【横排文本框】或【竖排文本框】,本处选择【竖排文本框】,如图 3-2-11 所示。

图 3-2-11　插入文本框

在幻灯片上拖出文本框,键入文字即可,如图3-2-12所示。

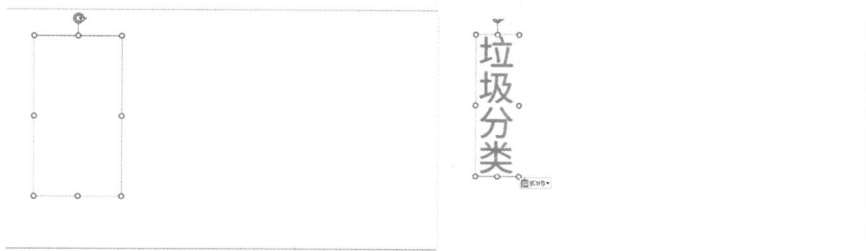

图3-2-12 键入文字

　　(2)插入艺术字。在【插入】选项卡中选择【艺术字】,在弹出艺术字组中选择喜欢的样式,点击,系统自动插入一个文本框,直接键入文字,文字样式即为所选艺术字,如图3-2-13所示。对于已经输入的文字,想改成艺术字,只需选中目标文字,再点击【插入】选项卡中的【艺术字】,选择艺术字样式即可,如图3-2-14所示。

图3-2-13 直接插入艺术字

图3-2-14 将已有文字修改成艺术字

　　(3)设置文本格式。选择【开始】选项卡中【字体】一栏,可对字体的种类、字号、大小等进行设置,点击【字体】栏右下角双三角,可弹出更多文本格式的设置,如图3-2-15所示。

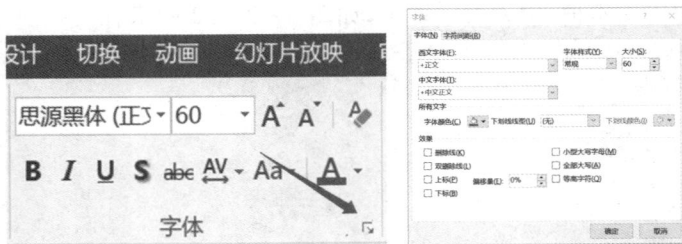

图 3-2-15　设置文本格式

3. 图片的编辑

(1)插入图片。在【插入】选项卡中选择【图片】选项,如图 3-2-16 所示。在弹出的选择框中选择目标图片所在路径,单击目标图片选中,点击【插入】,如图 3-2-17 所示。

图 3-2-16　【图片】选项

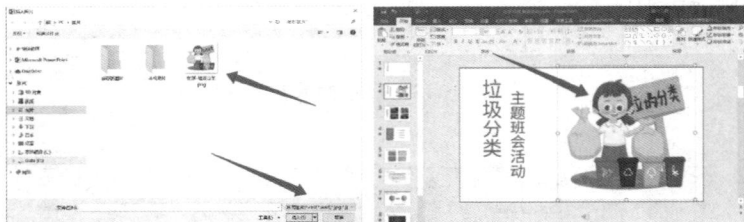

图 3-2-17　选择路径并插入图片

(2)设置图片的格式。用如上方法,再插入四张图片,并插入文本框附文字"污染触目惊心"进行说明,如图 3-2-18 所示。选中图片,可见菜单选项卡中出现【格式】选项卡,在【图片样式】功能区中可对图片样式、排列、大小等进行调整。选中图片后,点击【柔化边缘】样式,可以看到被选中的图片边缘被柔化,如图 3-2-19 所示。

图 3-2-18　待制作幻灯片样式

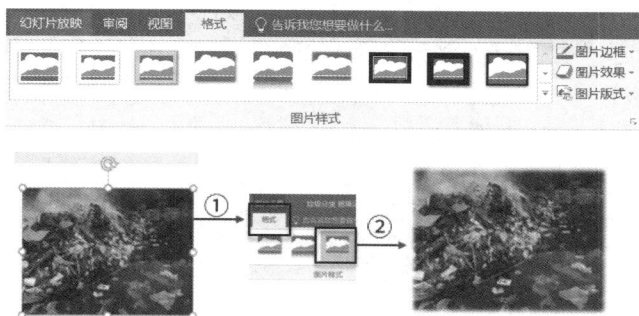

图 3 - 2 - 19　图片样式修改

（二）目录页制作

1. 目录页常见版式

目录页常见版式如图 3 - 2 - 20 所示。这里我们选用了左右分布的版式，如图 3 - 2 - 21 所示。

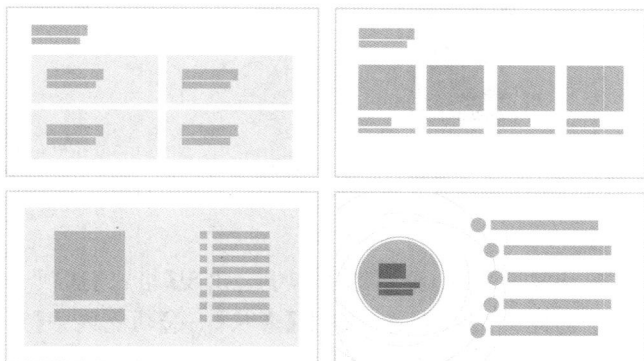

图 3 - 2 - 20　目录页常见版式

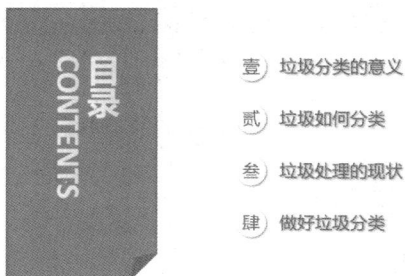

图 3 - 2 - 21　目录页

2. 形状的编辑

（1）插入形状。选择【插入】选项卡，在【插入】选项卡的功能面板中选择【形状】这一选项并点击，如图 3 - 2 - 22 所示。在弹出的形状组中选择需要的形状，此处我们选择矩形，在幻灯片上拖动，绘制一个矩形，如图 3 - 2 - 23 所示。

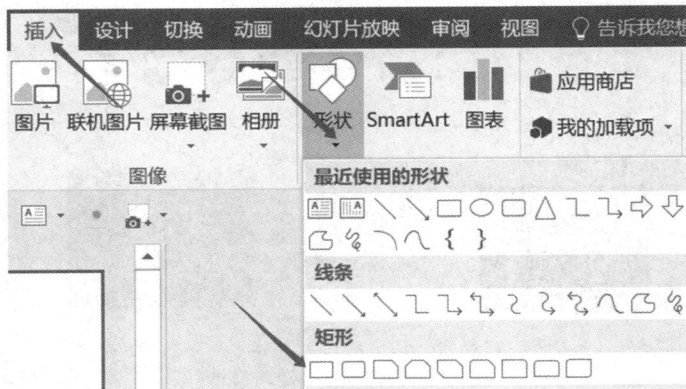

图 3 - 2 - 22　【形状】选项

图 3 - 2 - 23　绘制矩形

(2)设置形状的格式。

①与图片同理,在形状被选中时,菜单选项卡中会出现【格式】选项卡,选中该选项卡,在功能面板中,可以对形状的样式进行设置。选中【形状样式】功能区中【形状填充】选项,在下拉菜单中,可以选择合适的颜色对形状填充颜色进行更改(见图3-2-24),除此之外还可对填充边框、形状样式等进行更改。

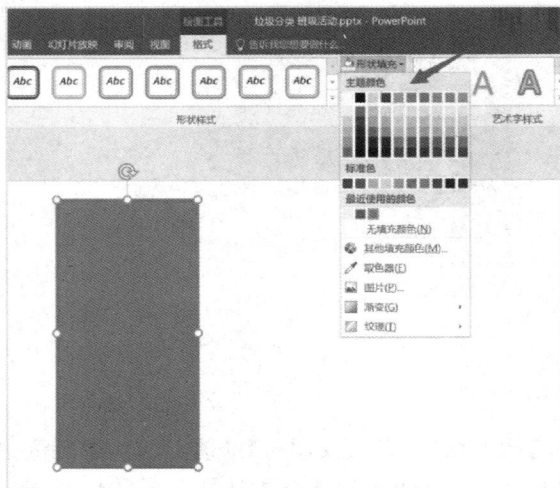

图 3 - 2 - 24　更改矩形颜色

②在【插入】选项卡功能区,选择【文本框】,在弹出选项中可以选择插入【横排文本框】或者【竖排文本框】,如图 3-2-25 所示。此处我们选择【竖排文本框】,并键入文字"目录CONTENTS",设置自己喜欢的艺术字效果,如图 3-2-26 所示。

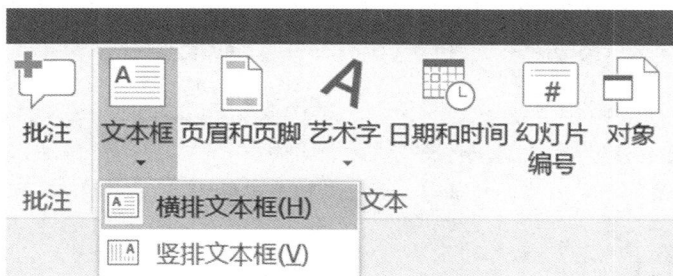

图 3-2-25　在形状上插入文本框

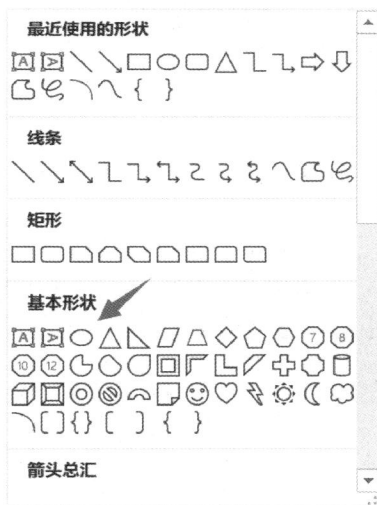

③在【插入】选项卡功能区中,再次选择形状,这次选择椭圆效果,如图 3-2-27 所示。并且在拖拽时按住 Shift 键,可以画出正圆。同理其他形状按住 Shift 键拖拽也可画出标准形状。在该正圆上添加文本框,写上"壹"。

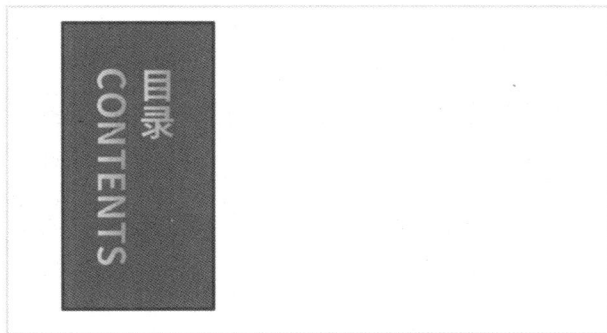

图 3-2-26　在形状上插入文本框样图　　　　图 3-2-27　插入形状

接下来为正圆添加阴影,点击【形状效果】一栏右下角(见图 3-2-28),可在右侧弹出【设置形状格式】选项卡,选择【形状选项】,再选择"效果"(即那个五边形)一栏,具体参数如图 3-2-29 所示,为正圆添加阴影。再按照同样方法,做出完整目录。

图 3-2-28　为正圆添加阴影

图 3 - 2 - 29　添加阴影

3. 设置超级链接

(1)选中要插入超链接的对象,这里我们选择了目录的第一个标题"垃圾分类的意义",在【插入】选项卡中选择【链接】,如图 3 - 2 - 30 所示。

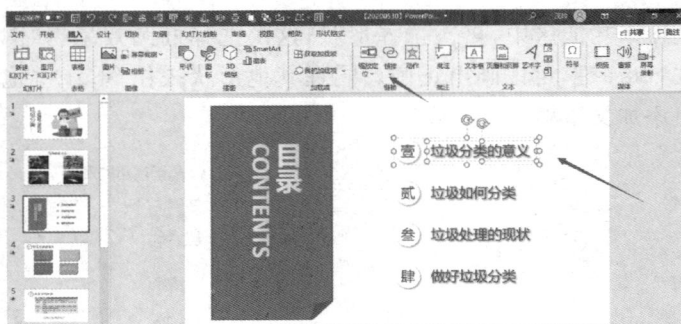

图 3 - 2 - 30　超链接选项

(2)在弹出的文本框中选择【本文档中的位置】,再选择链接的幻灯片,在幻灯片预览一栏中可以查看链接的目标是否正确,如图 3 - 2 - 31 所示。

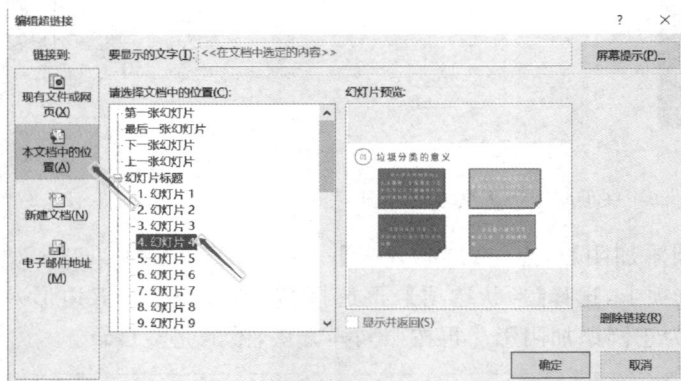

图 3 - 2 - 31　设置超链接

(三)内容页制作

1. 内容页常见版式

内容页常见版式如图 3 - 2 - 32 所示。

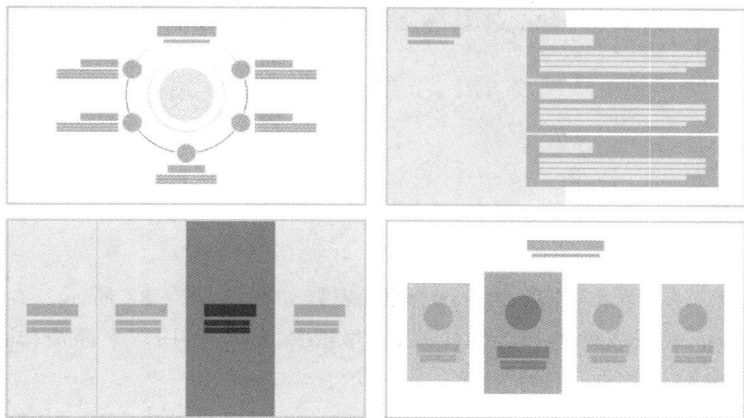

图 3-2-32　内容页常见版式

2. 表格的编辑

（1）插入表格。在【插入】选项卡功能区中，选择【表格】选项，插入表格行列数较少时可以直接在弹出选项卡中选择方格数，行数较多时选择【插入表格】，手动输入表格行列数，这里我们直接选择 2×5 的方格就可以了，如图 3-2-33 所示。

在输入的表格中键入文本即可，将鼠标放在两个单元格之间拖拉，可以改变整行或整列单元格大小；将鼠标放在表格四个角处拖拉，可放大或缩小整个表格（如图 3-2-34 中箭头所示）。

图 3-2-33　插入表格

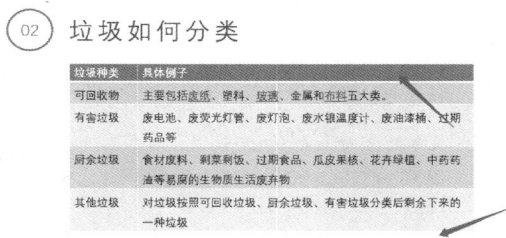

02 垃圾如何分类

图 3-2-34　表格页

（2）设置表格的格式。选中表格，单击【设计】选项卡可对表格样式进行更改，如图 3-2-35所示。

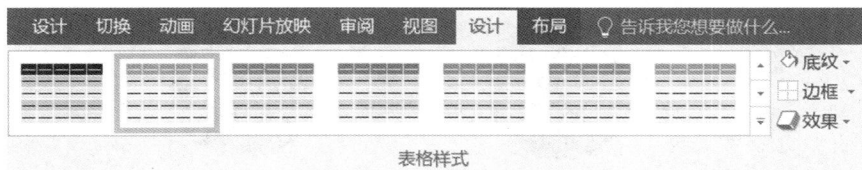

图 3-2-35　表格工具之【设计】选项卡

选中表格，单击【布局】选项卡可对表格尺寸、对齐方式进行更改，还可对表格行列进行增删，合并拆分单元格等，如图 3-2-36 所示。

图 3 - 2 - 36 表格工具之【布局】选项卡

3. 图表的编辑

(1)插入图表。在【插入】选项卡中选择【图表】,如图 3 - 2 - 37 所示。在弹出的图表选项卡中,可以选择插入图表种类和具体样式,这里选择"饼图"中的"平面简单饼图",点击【确定】插入,在表格中输入数据,如图 3 - 2 - 38 所示。

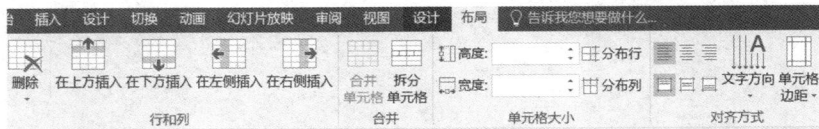

图 3 - 2 - 37 【图表】选项

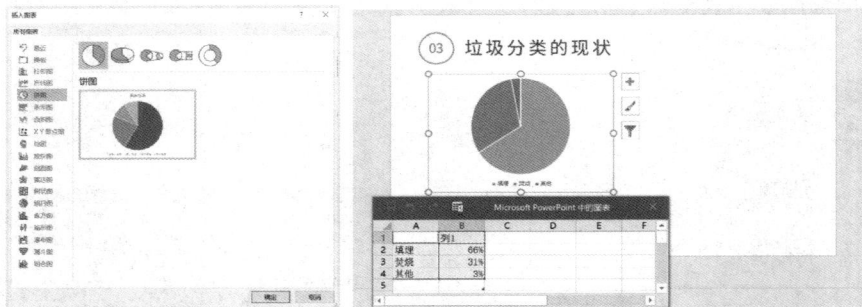

图 3 - 2 - 38 插入图表并输入数据

同理插入另一个饼图,中间插入箭头形状,并用文本框加上标题,如图 3 - 2 - 39 所示。

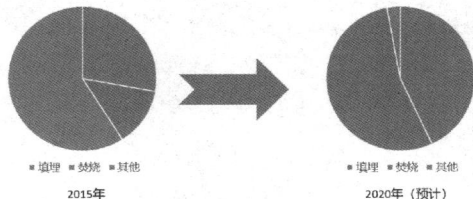

"十三五"中国城镇生活垃圾处理比例规划

图 3 - 2 - 39 图表页

（2）设置图表的格式。选中图表，选择【设计】选项卡，在功能区可以更改图表样式、颜色、编辑数据等，如图 3－2－40 所示。

图 3－2－40　图表工具之【设计】选项卡

选中图表，选择【格式】选项卡，在功能区可以更改图表形状样式、大小、层级关系等，如图 3－2－41 所示。

图 3－2－41　图表工具之【格式】选项卡

4．音频的编辑

（1）插入音频。点击【插入】选项卡，在该选项卡右端找到并选择【音频】，在弹出的下拉菜单中选择【PC 上的音频】，如图 3－2－42 所示。

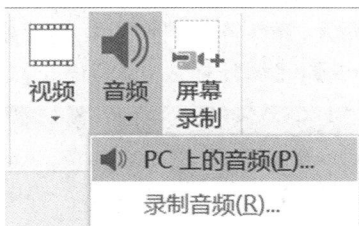

图 3－2－42　插入 PC 上的音频选项

在弹出的对话框里找到音频所在路径，选中待插入的音频，点击【插入】，如图 3－2－43 所示。

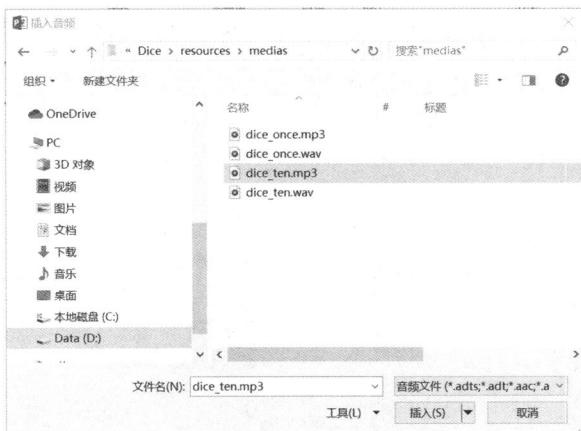

图 3－2－43　插入音频

可以看到一个小喇叭图标，将鼠标放上去出现进度条，可以对音频进行播放或暂停，如图3-2-44所示。

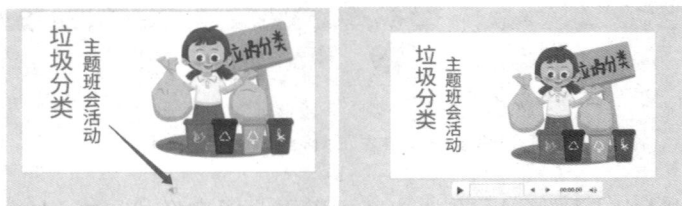

图3-2-44　插入音频所在处

（2）设置音频的格式。选中音频，点击菜单选项卡中的【格式】选项卡，可对音频格式进行调整，如图3-2-45所示。

图3-2-45　音频格式选项卡

选中音频，点击菜单选项卡中的【播放】选项卡，在【音频选项】功能区中将【开始】方式设置为"单击时"，如图3-2-46所示，若要将音频作为背景音乐一直应用于整个活动期间，则将【音频选项】中的【跨幻灯片播放】和【循环播放，直到停止】选中。

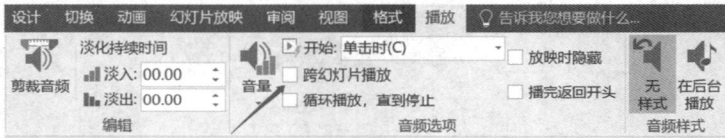

图3-2-46　音频播放选项卡

选中音频，选择菜单选项卡中的【播放】选项卡，点击【播放】选项卡功能区中【剪辑音频】选项，可弹出音频剪辑框，如图3-2-47所示。

图3-2-47　【剪辑音频】选项

在【剪辑音频】对话框中,可以在进度条上直接拖动前后两个剪辑按钮进行剪辑,两个按钮之间的音频为剪辑后留下的音频;也可以直接更改剪辑【开始时间】和【结束时间】,如图3-2-48所示。

图3-2-48　剪辑音频

5．视频的编辑

(1)插入视频。在【插入】选项卡中,选择【视频】,再选择【PC上的视频】,在弹出的对话框中选择待插入视频所在路径,点击待插入视频,点击对话框中【插入】选项,即可插入视频,如图3-2-49所示。

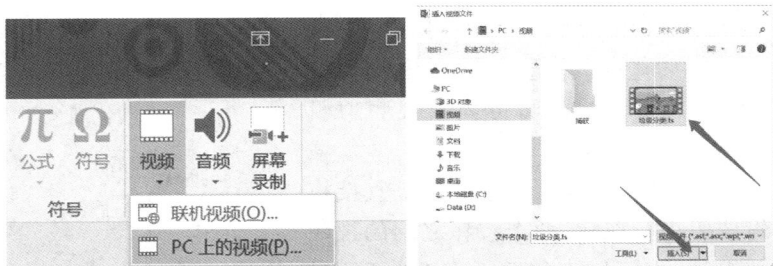

图3-2-49　插入视频

(2)设置视频的格式。选中视频,点击菜单选项卡中的【格式】选项卡,可对视频格式进行调整。可以在【视频样式】中更改视频外观、形状、边框、效果等,如图3-2-50所示。

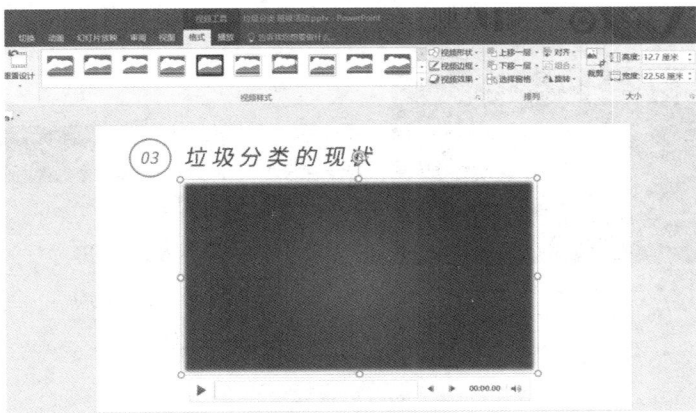

图3-2-50　视频格式选项卡

选中视频,点击菜单选项卡中的【播放】选项卡,将【视频选项】功能区中【开始】方式设置为"单击时"或"自动",如图3-2-51所示。

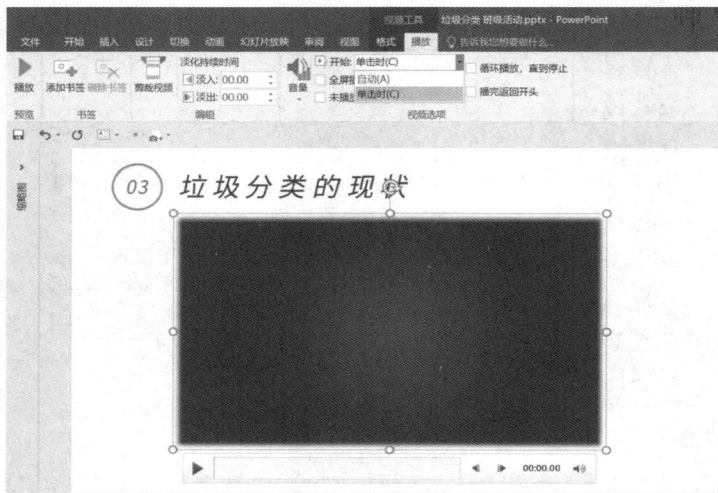

图3-2-51 视频播放选项卡

与音频类似,也可以对视频进行剪辑。选中视频,选择菜单选项卡中的【播放】选项卡,点击【播放】选项卡功能区中【剪裁视频】选项,可弹出视频剪辑框,如图3-2-52所示。

在【剪裁视频】对话框中,可以在进度条上直接拖动前后两个剪辑按钮进行剪辑,两个按钮之间的视频为剪辑后留下的视频;也可以直接更改剪辑【开始时间】和【结束时间】,有时剪辑过的视频在开始或结尾会比较生硬,可以通过在【播放】选项卡中的【编辑】部分设置一定的淡化时间来消除生硬感,如图3-2-53所示。

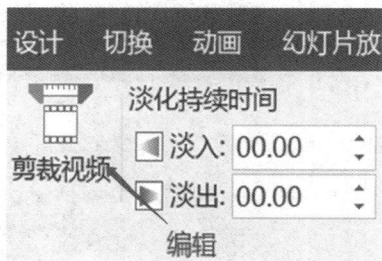

图3-2-52 【剪辑视频】选项

图3-2-53 剪辑视频及淡化

（四）封底制作

PPT 的尾页就相当于一本书的封底，在版式上起到前后呼应的作用，从而来构建一个整体的氛围。封底可以根据封面页的元素进行适当弱化，添加表示感谢的话语、广告语、联系方式等内容。本次的封底制作中，我们将封面页图片调小，加上了结束语，如图 3-2-54 所示。

图 3-2-54　封底页

（五）动画和切换设置

1. 动画设置

为幻灯片中的对象添加动画可以增加幻灯片的动感和表现力。在一些场合需要对象有序地或者按照指令出现，这些都需要动画来实现。

（1）以封面页为例，选中【垃圾分类】这个文本框，在菜单选项卡中选择【动画】，此时可在功能区的【动画】一栏中选择动画效果，此处我们选择了"淡出"，开始指令默认为"单击时"，如图 3-2-55 所示。

图 3-2-55　为对象添加动画

（2）在【动画】面板，单击右边向下的小黑三角形图标，会显示更多的动画效果。动画可分为进入动画、强调动画、退出动画、路径动画四种，如图 3-2-56 所示。

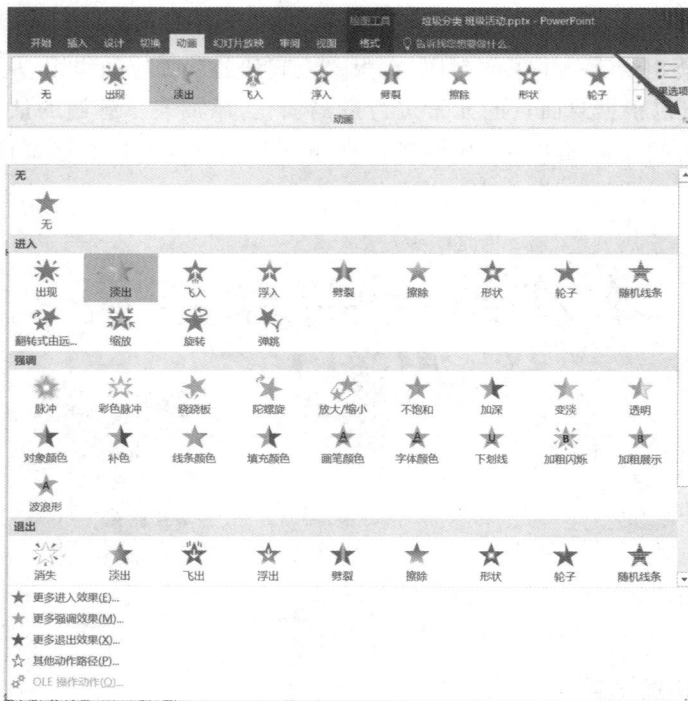

图 3 - 2 - 56　更多动画选项

2. 切换设置

切换效果适用于相邻的幻灯片之间的转换，切换效果可以使幻灯片之间实现更平滑、更有趣味性的切换。

选中需要添加切换效果的幻灯片，在菜单选项卡中选择【切换】选项卡，在该选项卡功能区单击想要添加的切换效果即可，这里我们选择了"推进"效果，点击【切换】选项卡功能区中的【效果选项】，可以设置切换的方向，如图 3 - 2 - 57 所示。

图 3 - 2 - 57　为幻灯片添加切换效果

与动画面板一样，单击右边向下的小黑三角形图标，可选择更多切换效果，如图 3 - 2 - 58 所示。

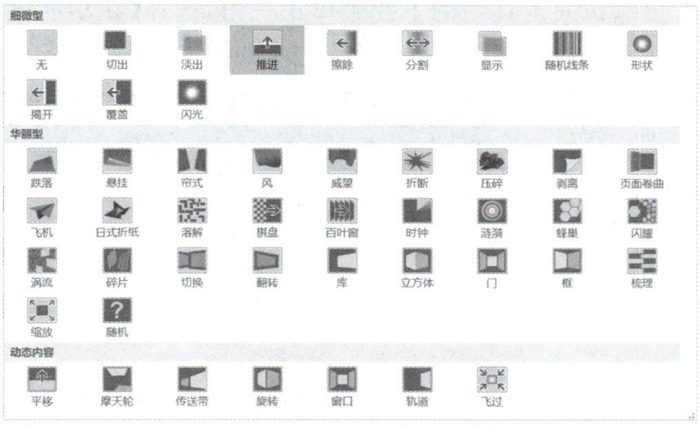

图 3-2-58　更多切换效果

任务三　PowerPoint 2016 幻灯片美化

一、任务描述

该任务要求学习者在掌握了 PowerPoint 2016 基本制作技能之后,按照排版原则和排版步骤,通过色彩搭配、字体设置、图片处理、形状设置、图标运用等对之前制作的"垃圾分类主题班会活动"幻灯片进行优化。

通过本任务的学习,学习者可以提高 PPT 制作效率和设计感,培养和提高感受美、鉴赏美和创造美的能力。

二、知识储备

(一)幻灯片效率提升

1. 快速访问工具栏

快速访问工具栏是一个可自定义的工具栏,它包含一组独立于当前所显示的选项卡的命令。

在 PowerPoint 中,有一些经常使用的命令,分散在不同的选项卡里,为提高 PPT 制作效率,我们可以把这些命令放到快速访问工具栏中,需要时直接调用。

(1)设置快速访问工具栏的位置。快速访问工具栏可以位于功能区上方和下方,默认情况下位于上方,如图 3-3-1 所示。

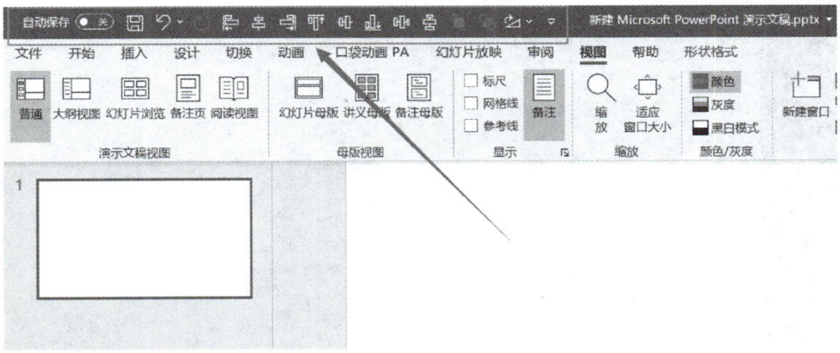

图 3-3-1　快速访问工具栏位置

用鼠标右键点击快速访问工具栏的下拉菜单小三角,选择【在功能区下方显示快速访问工具栏】,可让快速访问工具栏出现在功能区的下方,如图3-3-2所示。

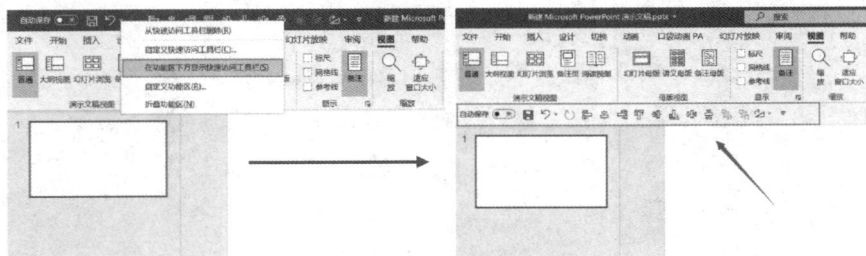

图3-3-2　变换快速访问工具栏位置

(2)添加命令到快速访问工具栏。

方法一:单个添加。

在功能区上,单击相应的选项卡或组以显示要添加到快速访问工具栏的命令,然后用鼠标右键单击快捷菜单上的【添加到快速访问工具栏】,如图3-3-3所示。

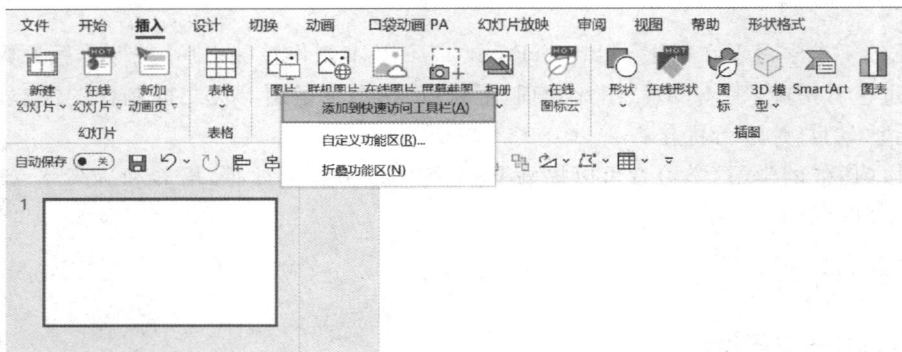

图3-3-3　添加到快速访问工具栏

方法二:批量添加。

①单击【文件】,点击最底部的【选项】。

②在弹窗中点击左侧的【快速访问工具栏】选项,在【从下列位置选择命令】下拉菜单中选择想要添加的工具选项卡;再从选项卡里选择命令,可选择多个命令,添加至右侧后点击【确定】,如图3-3-4所示。

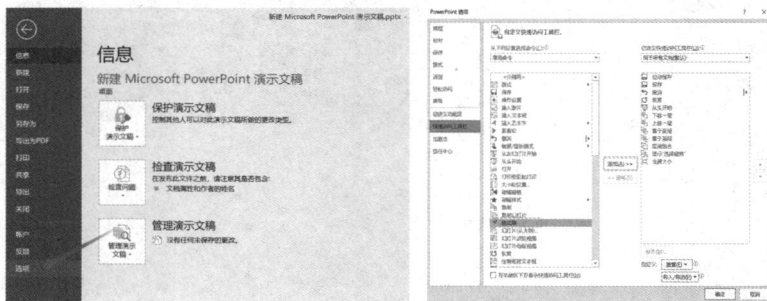

图3-3-4　在【文件】选项卡添加快速访问工具栏

2. 参考线

PowerPoint 的参考线,也叫辅助线,是水平和垂直的线,专门用于在视觉上对齐对象。制作 PPT 的时候,我们会在页面四周留出适量空白区域增加呼吸感,同样可以使用参考线来辅助设计。

(1)创建一张空白 PPT,点击菜单栏上【视图】下的【参考线】,在【参考线】前面打钩之后在 PPT 中出现水平、垂直的两条参考线。

(2)按住 Ctrl 键,用鼠标左键单击已有的参考线,会出现一个"＋",移动鼠标后,根据自己的需要添加垂直或水平参考线。

(3)用鼠标右击任意一个参考线,我们可以对其颜色进行设置或者进行删除,也可以将参考线移动到边界实现快速删除,如图 3-3-5 所示。

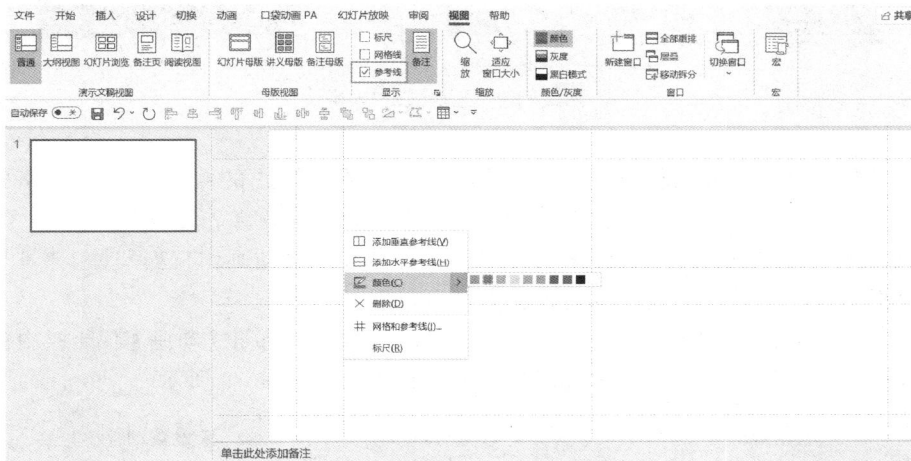

图 3-3-5　设置参考线

智能参考线是新版 PowerPoint 软件中特有新功能,不用手动调出参考线,在移动 PPT 中元素时会自动进行对齐。

设置方法:在编辑区域中点击鼠标右键,选择【网络和参考线】,在出现的对话框中就可以看到【参考线设置】下【形状对齐时显示智能向导】默认处于开启状态,如图 3-3-6 所示。

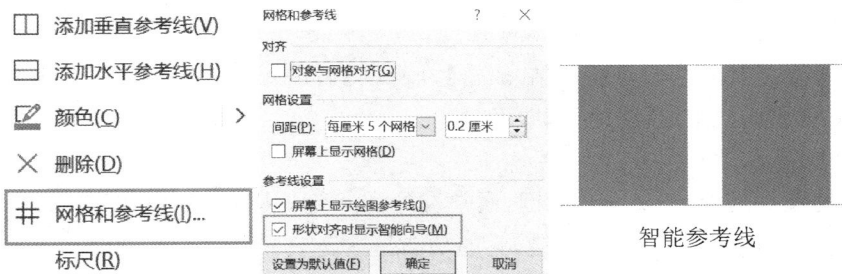

图 3-3-6　设置智能参考线

3. 两把刷子

PPT 中有两把刷子,即格式刷和动画刷。格式刷是将 PPT 文档里面的格式进行复制。

那动画刷是用来刷什么的呢？顾名思义，它是用来复制动画动作的。这两把刷子能让你高效便捷地处理大量重复动作。

（1）格式刷。选择已经设置好格式效果的对象（文字、形状、图片等），单击【开始】工具栏中的"格式刷"工具，再单击目标完成单个对象格式复制，此时，格式刷就没有了，鼠标恢复正常形状，若想再使用还需要再次单击格式刷图标，如图 3-3-7 所示。

已设置格式　　　　　　　　　　　　　　　　　　未设置格式

图 3-3-7　格式刷应用

如果需要对多个对象进行格式复制，只要选中设置好格式的对象后，双击"格式刷"工具，再连续"刷"多个对象。若要关闭格式刷，按下 Esc 键或再次单击格式刷即可。

（2）动画刷。在制作 PPT 时经常会看到很多特别好看的动画，自己设计起来非常复杂，如果会使用动画刷其实一键就可以完成复杂动画设置。

选择已经设置好动画效果的对象（文字、形状、图片等），单击【动画】工具栏中的【动画刷】工具，然后单击你想要应用相同动画效果的对象，如图 3-3-8 所示。

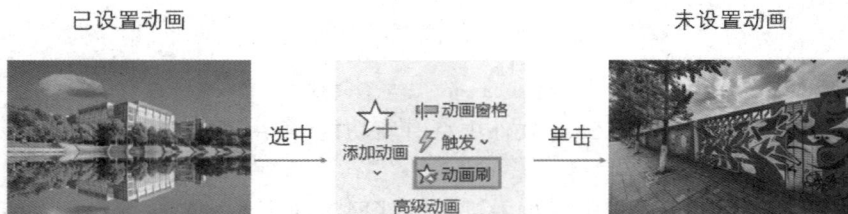

已设置动画　　　　　　　　　　　　　　　　　　未设置动画

图 3-3-8　动画刷应用

若想要对多个对象进行动画复制，双击【动画刷】后进行多次应用即可。若要关闭动画刷，按下 Esc 键或再次单击【动画刷】即可。

4. 神奇的 F4

所有的键盘都至少有 12 个功能键，通常被称为 F 键，其位置一般在键盘顶部，从 F1 到 F12。我们重点来谈一下快捷键 F4 键，它的功能是重复上一步的操作，相当于复制、粘贴、对齐和格式刷的作用。

（1）快速复制多个等距对象。在 PPT 中想要复制多个相同的对象（文字、形状、图片等），并且保证这些形状之间横向对齐、间距相等，就可以使用 F4 键快速完成。首先，插入一个对象；其次，按住 Ctrl 键，横向/纵向拖动鼠标复制出一个相同的对象；最后，一直按 F4 键，就会复制出与原对象对齐的等间距的多个对象，如图 3-3-9 所示。

图 3 - 3 - 9　快速复制多个等距对象

（2）快速复制格式。在 PPT 中要为多个对象（文字、形状、图片等）设置相同格式时，使用 F4 键可以快速提高效率。首先，对第一个对象设置格式；其次，选择其余对象，按下 F4 键快速应用相同格式，如图 3 - 3 - 10 所示。

已设置格式　　　　　　　　　　　　未设置格式

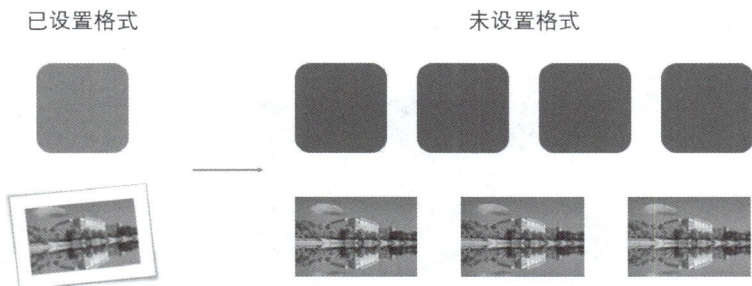

图 3 - 3 - 10　快速复制格式

（3）作为表格工具。在 PPT 中制作表格时使用 F4 键，可以快速进行表格处理，比如增加表格的行数、更改表格颜色、合并单元格等。先在某一行的下方插入一行，然后一直按 F4 键，就可以复制生成多行；先填充一个单元格后，将光标放于下一个需要填充的单元格中，然后按下 F4 键，就可以快速为单元格应用相同颜色；先选中需要合并的单元格，单击鼠标右键选择【合并单元格】，再选中其他需要合并的单元格后，按下 F4 键，就可以快速应用合并单元格功能。

F4 键能实现的功能不仅仅是上面介绍的这些操作，在 PPT 中，甚至在 Word 和 Excel 中，这些操作都是能通用的。也就是说，Office 中几乎所有的动作都可以被复制，包括文字、字号、字体、加粗、颜色、阴影、行距等。不仅文字、形状的设置，甚至是排列中的对齐和旋转都可以用 F4 键来进行复制。

三、任务实施

（一）配色

生活中的颜色能呈现五彩缤纷的世界。红色代表喜庆、热情，橙色代表温暖，黄色代表充满希望活力，绿色代表希望、环保，蓝色代表安静、稳重，紫色代表高贵、神秘。

设计来源于生活，对幻灯片而言，好的配色能提高视觉冲击力，给观众留下深刻的印象。现实生活中，交通信号灯采用了红、黄、绿三种色彩进行配色，PPT 又如何配色呢？

1. 631 配色原则

PPT 的画面颜色一般由主色、辅助色以及点缀色三个部分组成,同一页面颜色数量不要超过 5 种。主色决定风格,确保正确传达信息;辅助色能帮助主色建立更完整的形象,使画面更丰富;点缀色为非必要色,分散且面积较小,可以酌情添加。

631 配色原则为主色 60%,辅助色 30%,点缀色 10%。

2. 配色方法

(1)借助取色器。工作中经常看到配色不错的图片,想从中提取配色方案,怎么办呢?可以选择要设置颜色的对象(图形或文字),使用【取色器】功能采集颜色,还能查看采集颜色的 RGB 值。

①在 PPT 页面中插入我们想要获取颜色的图片素材。

②绘制一个形状,选中形状,单击【设置形状格式】选项卡中的【颜色】展开下拉菜单,单击【取色器】,此时光标会变成吸管样式。将鼠标指针移动到要采集颜色的区域,可以查看到它的 RGB 值,单击就可以完成颜色的提取,应用到形状对象中(见图 3-3-11)。

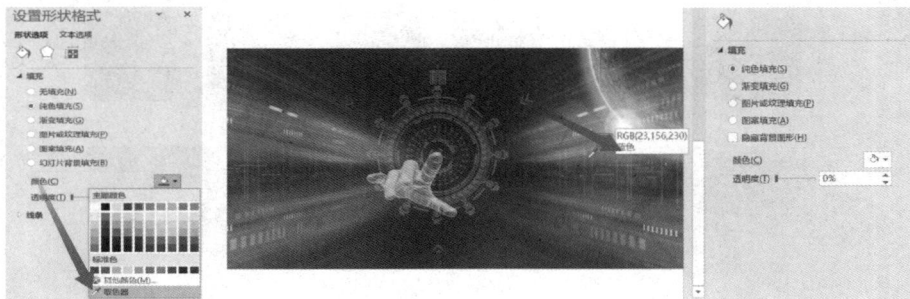

图 3-3-11　使用取色器配色

提示:取非当前页面颜色,比如需要取网页上的颜色,怎么办呢? 选择形状,长按住鼠标左键,移动取色器至需要取色地方,松开鼠标左键即可取色成功。

(2)借助配色网站。目前有大量的配色网站可以用来辅助配色,对于配色基础薄弱的新手会有很大的帮助。在这里给大家推荐几个配色方案参考网站。

①Adobe Color CC。这是由 Adobe 公司开发的一款动态的配色识别工具。进入网站,选择【新增】,上传本地的一张照片进去,系统会从照片提取画面的主要构成颜色,生成五种颜色的配色组合,还能自己通过色轮搭配配色方案。

②Color Hunt(https://colorhunt.co/)。Color Hunt 最大的特点就是使用饱和度调配配色方案,每天会根据浏览量进行更新,并可以直接使用。

③千图网·配色工具(https://www.58pic.com/peise/)。千图网·配色工具,是千图网下面的一个小工具,聚集了印象配色、智能配色、传图识色、趣味配色、魔秀配色等几个小部分,满足用户对配色效果的一切需求。

④Color Supply(https://colorsupplyyy.com/app)。网站根据色彩设计理论,提供有互补色、相邻色、三色调、四色调,我们用鼠标拖动色轮的取色杆,旁边提供的色卡方案就会随着色轮的取值而变化。

⑤中国色(http://zhongguose.com/)。如果你打算做富有中国风的主题作品,这个配

色网址一定要记住,因为它基本覆盖了中国风元素的色彩。

3. 操作实践

确定班会活动幻灯片的配色方案。

(1)主题属于卡通风,可以借助取色器或者配色网站,从幻灯片封面的卡通图片上提取颜色,记录颜色的 RGB 值,如图 3-3-12 所示。

96, 155, 59	242, 227, 182
68, 166, 83	238, 201, 83
40, 168, 153	颜色RGB值

图 3-3-12 提取配色方案

(2)在 PPT 中,依次点击【设计】选项卡【变体】→【颜色】→【自定义颜色】选项,打开主题色设置窗口,在主题色对应的颜色中依次输入 RGB 值,得到该种颜色,设置好幻灯片的主题颜色的名称,如图 3-3-13 所示。

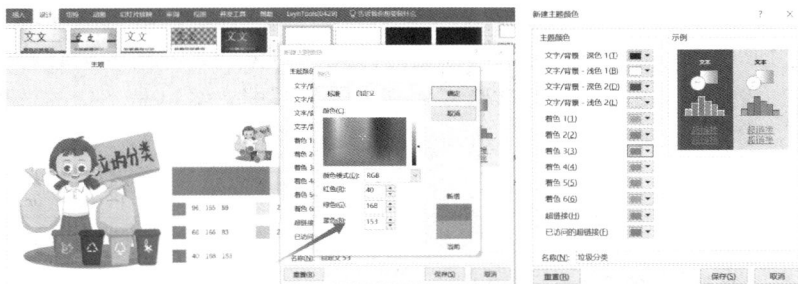

图 3-3-13 设置幻灯片主题色

(二)字体

1. 字体气质

字体是文字的外在形式特征,代表文字的风格。不同的字体有它自己的气质,要根据幻灯片的内容来选择合适的字体,如图 3-3-14 和表 3-3-1 所示。

图 3-3-14 幻灯片的字体气质

表 3-3-1　幻灯片的字体气质

风格	字体
商务风	庞门正道标题体、思源黑体、思源宋体、汉仪旗黑、文悦后现代体、微软雅黑、苹方、冬青黑体、汉仪典雅体、方正兰亭黑简体
文艺风	汉仪新蒂唐朝体、喜鹊聚珍体、方正清刻本悦宋、造字工房黄金时代、文悦古典明朝体、文悦新青年体、汉仪书魂体、文悦古体仿宋、喜鹊古字典简体、造字工房朗宋
科技风	站酷高端黑体、站酷酷黑体、阿里汉仪智能黑体、汉仪菱心体、造字工房尚黑、锐字逼格青春粗黑体
可爱风	汉仪哈哈体字体、站酷庆科黄油体、汉仪小麦体、汉仪糯米团、汉仪铸字木头人、造字工房童心体、汉仪黑荔枝体、汉仪游园体、汉仪喵魂体、汉仪铸字童年体
中国风	汉仪尚巍手书、汉仪秦川飞影、演示新手书、汉仪孙万民草书、禹卫书法行书、叶根友毛笔行书、方正吕建德字体、李旭科毛笔行书、段宁毛笔行书

2. 字体搭配

在进行字体搭配的时候要注意字体的笔画粗细、字形样式和高低对比。我们在选择字体搭配的时候,要注意粗细的搭配,笔画的粗细可以凸显重点。在字形的选择上,尤其是中文和英文混杂的时候,尽量能够保持字形一致。在高低上,为了能够让排版更加工整,中英文的字体高低也要一致。

为了避免 PPT 文件拷贝到其他电脑播放时出现因字体缺失导致的设计走样问题,标题采用微软雅黑加粗字体,正文采用微软雅黑常规字体的搭配方案也是不错的选择,这里再介绍几种常用的字体搭配,如表 3-3-2 所示。

表 3-3-2　常用的字体搭配

标题文字	正文文字	使用场合
方正综艺简体、汉仪综艺体简	微软雅黑	学术报告、论文、教学课件
方正粗宋简体	微软雅黑、方正兰亭黑简体	政府报告、会议
方正胖娃简体	方正卡通简体	卡通、动漫、娱乐
方正卡通简体	微软雅黑	中小学课件

提示:通常情况下,幻灯片中的字体种类不超过 3 种;各层级的字号要有层级区分,标题至少是正文的 1.5 倍;正文的行间距控制在 1.2~1.5 倍之间,阅读起来更舒适。

3. 字体排版

内容页文字的排版需要符合版式设计的 CRAP(对比、重复、对齐、亲密)原则,有联系的内容要相近,重点和标题部分可以设置字体颜色、字体大小或者字体粗细突出,进行区分,如图 3-3-15 所示。

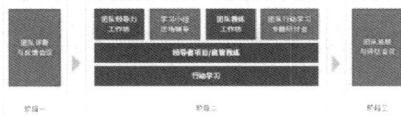

图 3-3-15　内容页文字排版

　　封面页标题可以错位排版,有多种排列方式,比如高低低高型、低高低高型、高低型、左右左右型等,如图3-3-16所示。

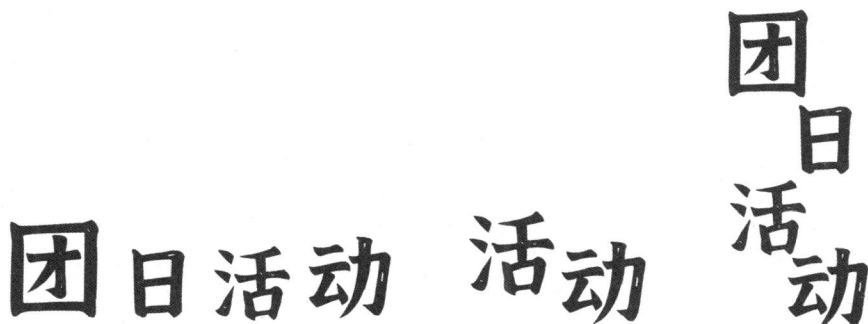

图 3-3-16　封面页标题文字排版样式

4. 字体资源

　　(1)下载字体的网站。字体管家作为一款字体下载软件,不仅提供了字体预览、备份、下载和安装,还包含了字体修复功能,出色的字体管理性能让用户使用起来更加便捷省心。使用字体管家查询和安装字体只需要两步操作即可完成。

　　①打开字体管家,直接查询自己想要下载的字体(这一过程中可以预览字体效果);

　　②选中字体点击【一键安装】,字体管家即可自动完成字体安装,如图3-3-17所示。

　　(2)查询字体是否可以商用。在电脑自带的字体中,黑体、宋体、楷体、幼圆等是免费可用的,微软雅黑是方正与微软共有的版权,商用也是需要购买授权的。

　　如何查询字体是否可商用呢? 可登录以下网站 https://www.tooleyes.com/app/font_check.html 查询,如图3-3-18所示。

项目三　演示文稿制作

175

图 3 - 3 - 17　字体管家

图 3 - 3 - 18　字体可商用查询

5．操作实践

将垃圾分类班会活动的封面的字体重新排版设计。原稿如图 3 - 3 - 19 所示。

图 3 - 3 - 19　垃圾分类原稿封面页

操作步骤如下：

(1)选用一款有趣的卡通字体。注意如果用于商业用途的话，要选择可商用的字体。更改文字颜色，RGB值为(41,148,62)，如图3-3-20所示。

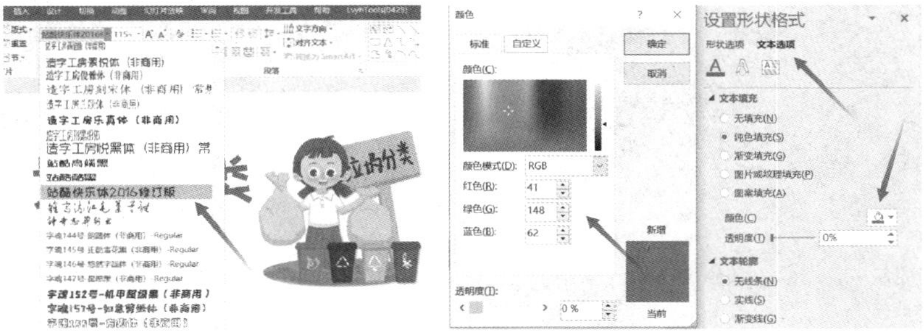

图3-3-20　选择字体更改颜色

(2)将字体拆分，一个文字一个文本框，错位排版。可以旋转字体的角度，调整字体的大小和位置，如图3-3-21所示。

图3-3-21　文字错位排版

(3)复制粘贴一层文字，置于底层。设置新复制的一层文字填充为"无填充"，线条选用RGB值(244,250,240)，大小设为15磅。再将这复制的一层文字重合在原文字下方，为文字加上一层外框，如图3-3-22所示。

图3-3-22　为标题文字添加外框

(4)同样，将"主题班会活动"也设置为站酷快乐体，拆分文字，如图3-3-23所示。（为了看清楚，设置了一个背景色，设计完文字之后可以设置回白色。）

（5）添加英文装饰，如图 3 - 3 - 24 所示。

图 3 - 3 - 23 拆分文字

图 3 - 3 - 24 为封面文字添加英文装饰

（6）基于相同的原理，我们可以将整个幻灯片的文字都进行调整，如图 3 - 3 - 25 所示。

图 3 - 3 - 25 调整幻灯片文字

（三）图片

一图胜千言。图片不仅可以丰富页面，增强 PPT 的视觉化程度，还能帮助读者理解 PPT 表达的内容，让幻灯片更有说服力。图片的选用要遵循以下三个原则：画质高清、主题相关、营造氛围。

1. 图片资源

图片可以作为幻灯片中的背景，当然有一些 PNG 图片也可以作为装饰元素使用在幻灯片中。在使用图片的时候要注意图片的清晰度。下面给大家推荐几个资源网站。

类型一：JPG 背景图片。

①摄图网（http://699pic.com/）。

②Pixabay（https://pixabay.com/）。

③Pexels（https://www.pexels.com/）。

④Unsplash（https://unsplash.com/）。

类型二：PNG 图片。

①觅元素（http://www.51yuansu.com/）。

②千库网（https://588ku.com/）。

③快图网（http://www.kuaipng.com/）。

④90 设计（http://90sheji.com/）。

⑤3PNG 网（http://3png.com/）。

2. 图片的处理方法

图片的好坏直接影响到 PPT 的质量,如何将图片处理得高大上,这里你不需要会使用 PS,PPT 自带的处理功能足够帮你解决这些难题。

(1)图片校正。选中图片,单击鼠标右键,在【设置图片格式】中的【形状选项】中选择图片,在【图片校正】选项中,可以调节图片的清晰度、亮度、对比度等参数,如图 3-3-26 所示。清晰度的数值越大,图片锐化程度越大;亮度数值越大,图片越亮;对比度数值越大,图片色彩对比越明显。但是 PPT 使图片变清晰的功能有限,只能增加图片的锐化程度,使用时需要注意。

图 3-3-26　图片校正

(2)图片颜色。选中图片,单击鼠标右键,在【设置图片格式】中的【形状选项】中选择图片,在【图片颜色】选项中,可以调节图片的饱和度和色调,如图 3-3-27 所示。饱和度值越高,图片的饱和度越大,色彩越鲜明。色温越大,图片颜色越偏向暖色调;反之,则偏向冷色调。

图 3-3-27　调整图片颜色

(3)重新着色。在幻灯片中使用图片时,有时候会发现图片的颜色与整个幻灯片的风格不符,这时候可以使用重新着色功能进行更改。

点击【设计】选项卡中的【颜色】下的【自定义颜色】可以设置主题色,在自定义颜色中改变着色 1 和着色 2 的颜色,如图 3-3-28 所示。

图 3 - 3 - 28 设置主题色

选中图片,点击图片工具的【格式】。点击【颜色】可以对图片设置重新着色,且【重新着色】的第二排和第三排是由在【设计】选项卡中的【变体】下的【自定义颜色】中设置的主题色决定的。同时也可以在下方的【其他变体】中设置其他的颜色变体,如图 3 - 3 - 29 所示。

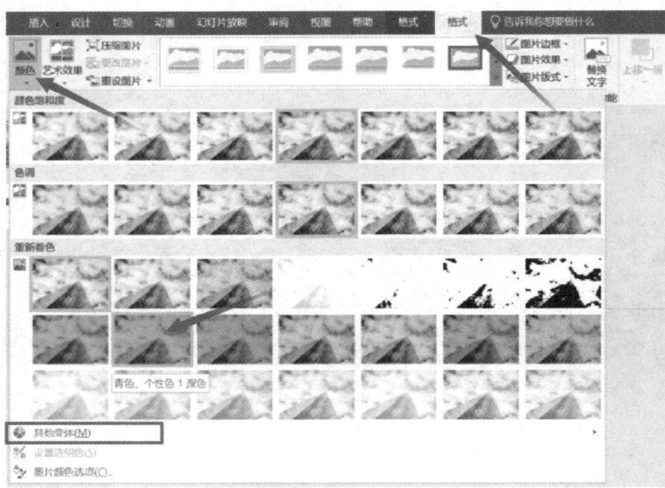

图 3 - 3 - 29 图片重新着色

(4)图片蒙版。在使用图片制作幻灯片背景的时候,有时很难找到一张合适的背景图,往往好不容易发现一张合适的图片,但是这张图片的尺寸不合适,想要进行裁剪,但是又会对图片内容造成影响。这时候我们就可以使用蒙版来遮丑。

图 3 - 3 - 30 是一张与科技有关的图片,但是显然这张图片的宽度太小,直接放在16∶9的幻灯片中不合适。

图 3 - 3 - 30　科技原图

这时候我们可以插入一个形状,插入【矩形】,将插入的矩形调节为全屏大小,放置在底层,将线条设为无线条,如图 3 - 3 - 31 所示。

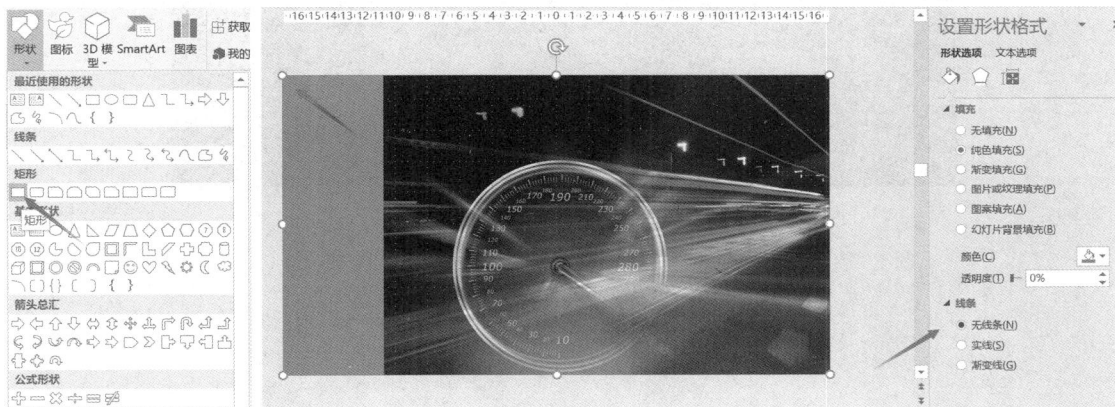

图 3 - 3 - 31　插入全屏大小矩形

设置矩形为"渐变填充",颜色从图片的边缘处吸取,根据需求调节渐变角度,使渐变角度与图片边缘与垂直线的夹角相同。将矩形置于图片上层,调节渐变颜色的透明度和停止点的位置,使得图片边缘被遮住,如图 3 - 3 - 32 所示。

最终调试细节,调节各个停止点的位置、透明度或者颜色等,就可以制作出一张很棒的背景了,如图 3 - 3 - 33 所示。

(5)三维旋转。在制作幻灯片中可能会需要摆放图片材料,使用【三维旋转】可以让我们的图片摆放更有设计感。

右击图片,依次点击【设置图片格式】→【形状选项】→【效果】→【三维旋转】。可以在预设中选择预设效果,也可以调节 X、Y、Z 轴的参数,自行设置,如图 3 - 3 - 34 所示。

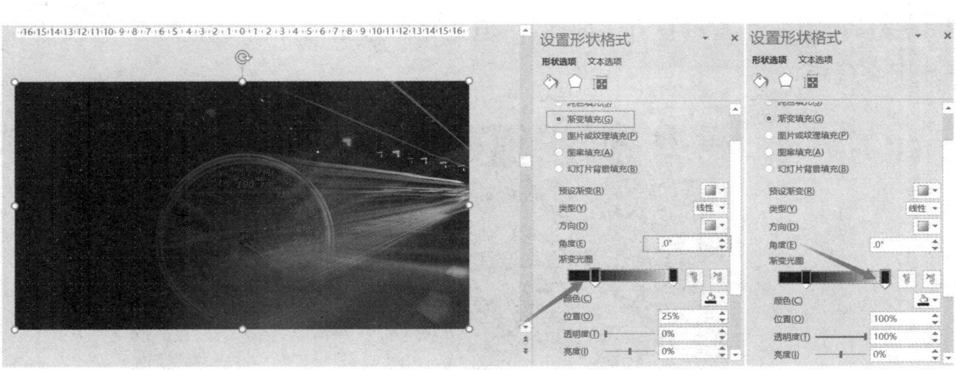

图 3-3-32　设置矩形颜色

图 3-3-33　使用图片蒙版的封面

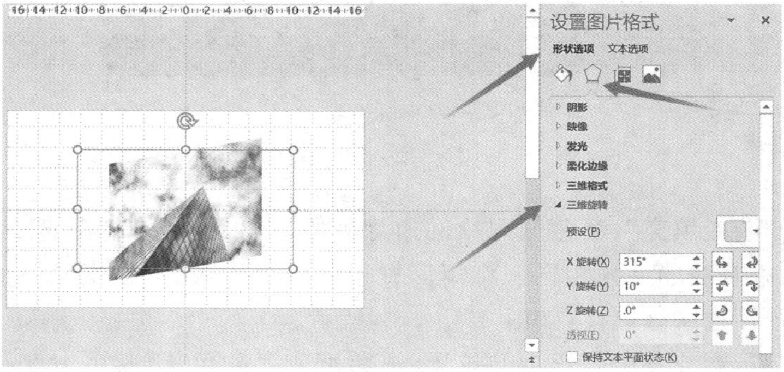

图 3-3-34　设置三维旋转

　　同时,也可以在预设中选择【透视】功能,激活透视参数,如图 3-3-35 所示。

　　在三维格式中,可以调节深度和光源等参数,使图片更有立体感,更加自然,如图 3-3-36所示。

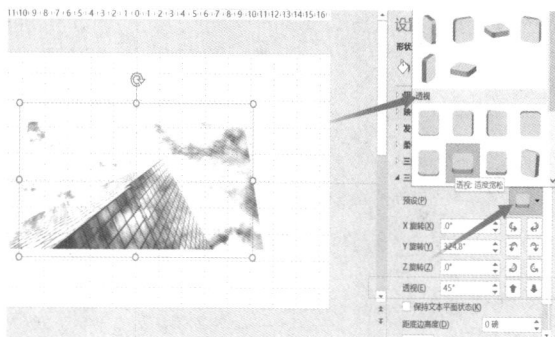

图 3 - 3 - 35　设置透视效果

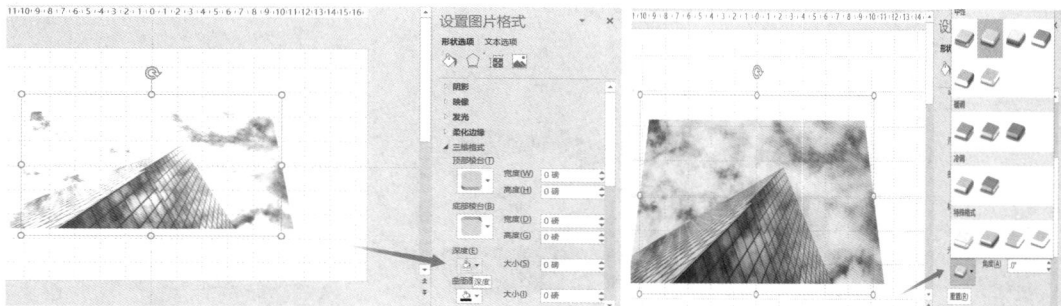

图 3 - 3 - 36　调节深度和光源

（6）删除背景。有时我们想要一张有趣的图片作为装饰，但是却不想保留图片的背景，这时候可以使用 PPT 中的【删除背景】功能。

单击图片，在出现的【格式】选项卡中选择【删除背景】。图片中天空区域是将会被删除的区域，可以使用【标记要保留的区域】和【标记要删除的区域】工具，调节要保留和要删除的部分，最后点击【保留更改】即可，如图 3 - 3 - 37 所示。

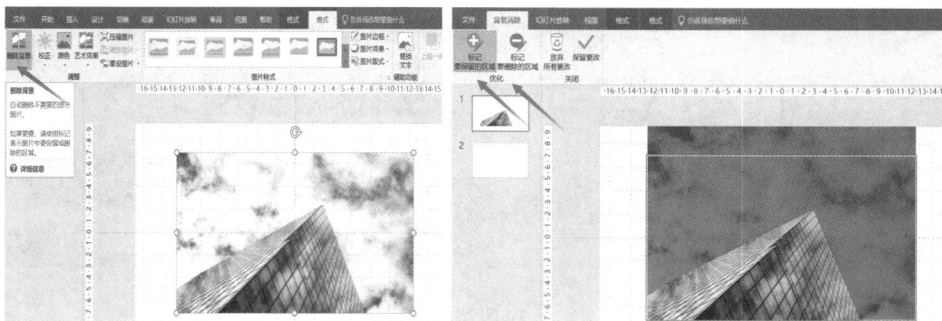

图 3 - 3 - 37　删除图片背景

（7）艺术效果。右击图片，依次点击【设置图片格式】→【形状选项】→【效果】→【艺术效果】。点击艺术效果的小三角，会出现 22 种艺术效果，点击应用一种，可以调节相关参数，如图 3 - 3 - 38 所示。

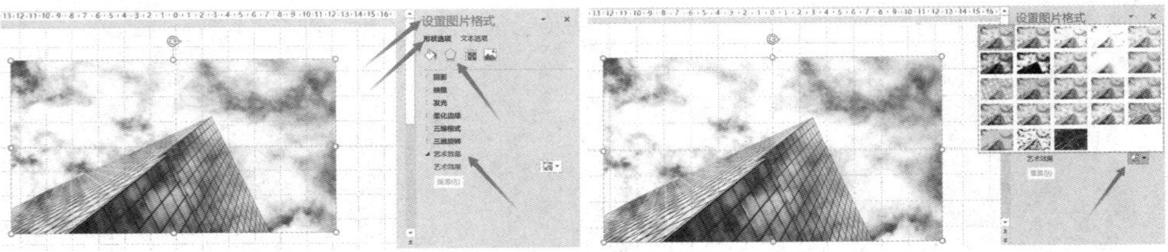

图 3 - 3 - 38 设置图片艺术效果

3. 实践操作

图片可以作为背景和装饰。

先给封面幻灯片添加一个矩形，设置矩形的阴影和颜色。矩形色值为（218,243,237），阴影设置如图 3 - 3 - 39 所示，阴影颜色色值为（49,82,27）。

图 3 - 3 - 39 为封面添加色块

从觅元素上下载叶子图片，进行裁剪，将 PNG 素材裁剪完毕后装饰在矩形的边缘处，如图 3 - 3 - 40 所示。

图 3 - 3 - 40 添加叶子 PNG 图片修饰

下载一张图片，插入 PPT 中，调节为幻灯片页面大小。插入一个与背景图片一样大的矩形，剪贴背景图片，右击矩形，依次点击【设置形状格式】→【形状选项】→【填充】→【图片或纹理填充】→【剪贴板】，如图 3 - 3 - 41 所示。

调节填充透明度为 20%，如图 3 - 3 - 42 所示。

图 3-3-41　插入背景图片

图 3-3-42　修改填充透明度

修改艺术效果,点击【效果】→【艺术效果】→【虚化】,设置参数为 20,如图 3-3-43
所示。

图 3-3-43　设置艺术效果

将此矩形置于底层,效果如图 3-3-44 所示。

图 3-3-44　设计背景图片的封面

同时也可以上网找一些 PNG 图片，调节色调，作为内容页的装饰，如图 3-3-45 所示。

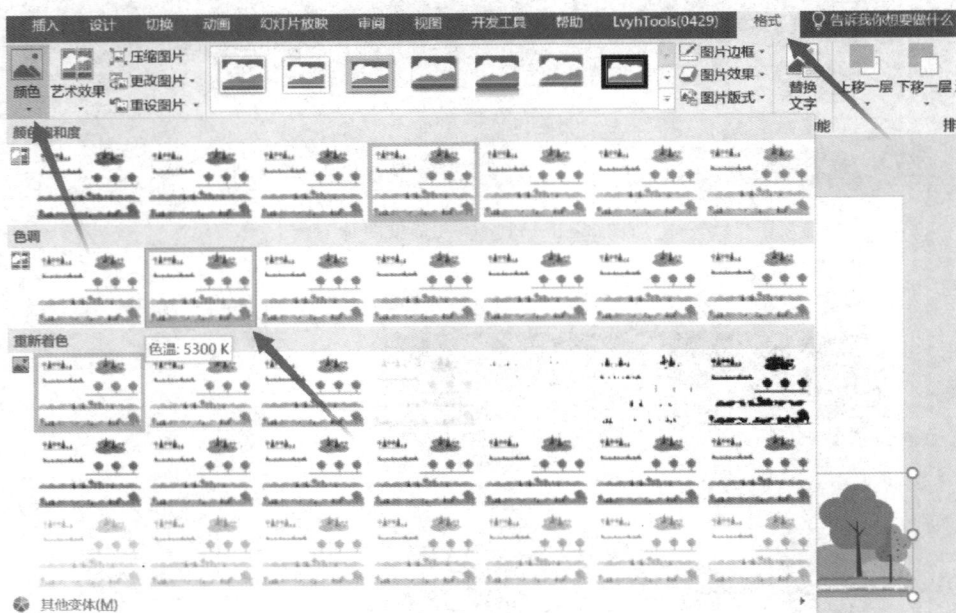

图 3-3-45　修饰图片素材

这样就可以得到一些如图 3-3-46 所示的内容页效果。

图 3-3-46　添加装饰图片的内容页

对于一些图片材料，可以使用蒙版。选中 4 张图，点击【格式】选项卡中的【颜色】→【重新着色】→【灰度】，如图 3-3-47 所示。

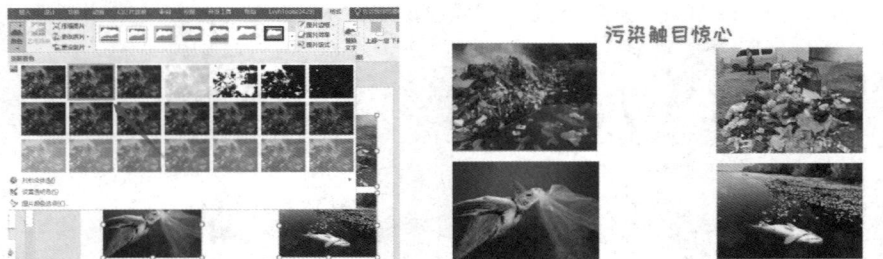

图 3-3-47　为图片素材去色

在图片上方添加与图片一样大小的矩形。设置无线条,渐变色色值(41,148,62)、透明度 50、位置 0 至色值(49,147,123)、透明度 50、位置 100,如图 3-3-48 所示。

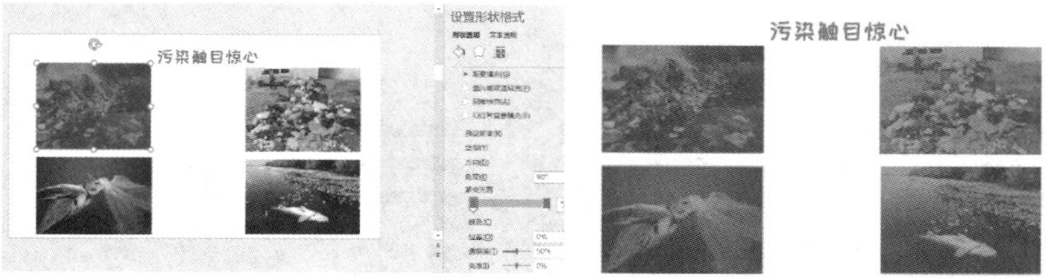

图 3-3-48　添加图片蒙版

当幻灯片中有图片材料时,我们可以用【三维旋转】展示图片材料。

用鼠标单击图片材料,点击【设置图片格式】下的【图片】,将清晰度、亮度和饱和度都增加 10%,如图 3-3-49 所示。

图 3-3-49　调节图片颜色和图片校正

选择重新着色功能,对图片重新着色,如图 3-3-50 所示。

图 3-3-50　图片素材重新着色

点击【设置图片格式】→【效果】→【三维旋转】，启用透视。设置 X 轴旋转为 40°，如图 3 - 3 - 51 所示。

图 3 - 3 - 51　为图片素材设置三维效果

点击【三维格式】，调节【光源】为平衡，设置深度为 6 磅，如图 3 - 3 - 52 所示。

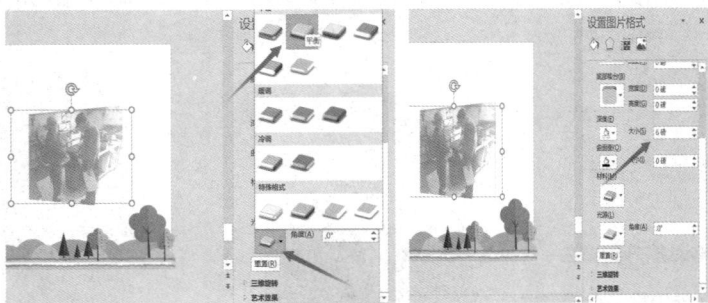

图 3 - 3 - 52　为图片素材调节光源和深度

(四)形状

在 PPT 中，除了文字和图片，使用较多的对象毫无疑问就是形状了。形状在 PPT 中的作用非常大，可以制作各式各样的图形。

1. 布尔运算

PowerPoint 2016 提供了一些基础的图形可以插入，但是有时候我们需要使用一些不规则的特殊图形，这时候就用到了布尔运算。

依次选中插入的两个形状，点击【格式】→【合并形状】，会出现五种布尔运算操作，如图 3 - 3 - 53 所示。

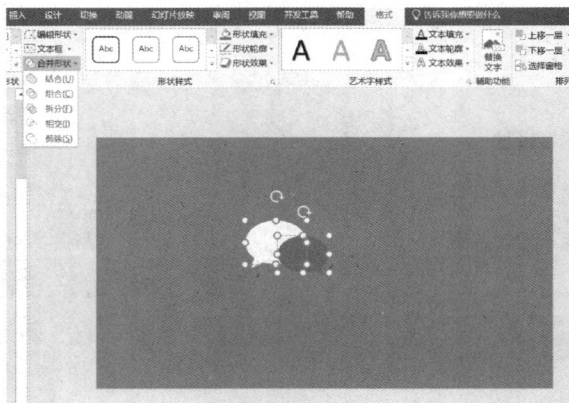

图 3 - 3 - 53　五种布尔运算

(1)结合:将两个形状【合并】,并且以第一个形状的颜色作为运算后合并形状的颜色,如图 3-3-54 所示。

图 3-3-54　结合

(2)组合:将两个形状合并,并且将重叠部分删除得到一个组合后的形状,如图 3-3-55 所示。

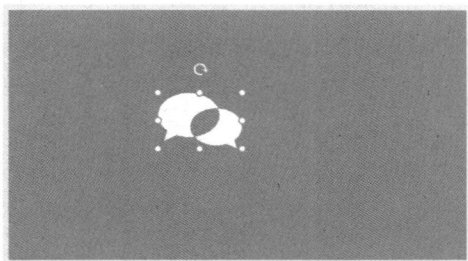

图 3-3-55　组合

(3)拆分:将两个形状与其合并部分都拆分开,运算后得到三个独立的形状,如图 3-3-56所示。

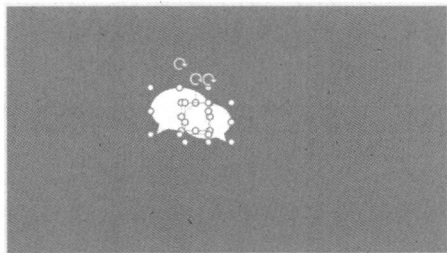

图 3-3-56　拆分

(4)相交:保留两个形状相交的部分,运算后得到一个重叠部分的形状,如图 3-3-57 所示。

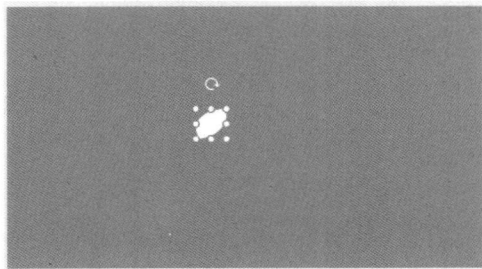

图 3-3-57　相交

（5）剪除：先选择的形状被后选择的形状剪除，运算后得到先选择的形状的非重叠部分，如图 3 - 3 - 58 所示。

图 3 - 3 - 58　剪除

利用这个技能，我们可以轻松做出微信图标等不规则形状，如图 3 - 3 - 59 所示。

图 3 - 3 - 59　运用布尔运算做微信图标

2. 任意多边形

点击【插入】→【形状】→【任意多边形】，可以使用这个工具画出不规则图形，如图 3 - 3 - 60所示。

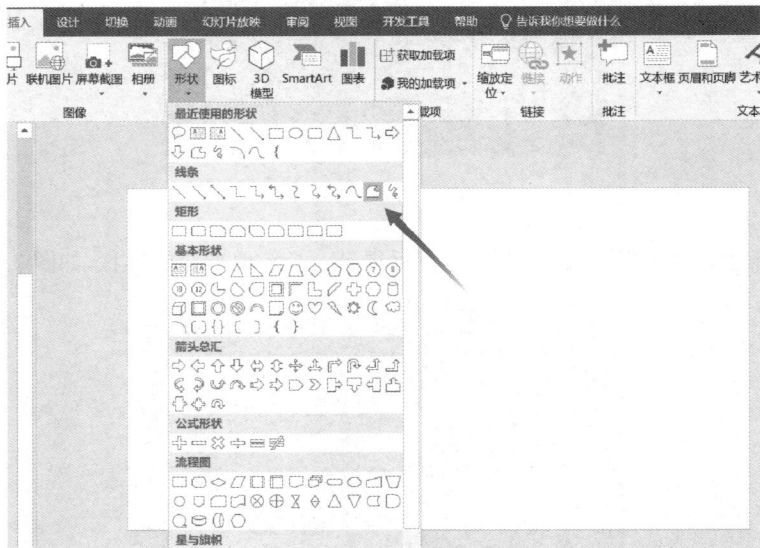

图 3 - 3 - 60　插入任意多边形

将鼠标一直按住不放，拖动鼠标，可以画出手绘的形状，如图3-3-61所示。

图3-3-61 用任意多边形画手绘形状

用鼠标单击一处，再移至另一处单击，可以在两处之间生成直线。最后双击即可结束绘制，或者将鼠标移至初始位置单击，即可生成封闭图形，如图3-3-62所示。

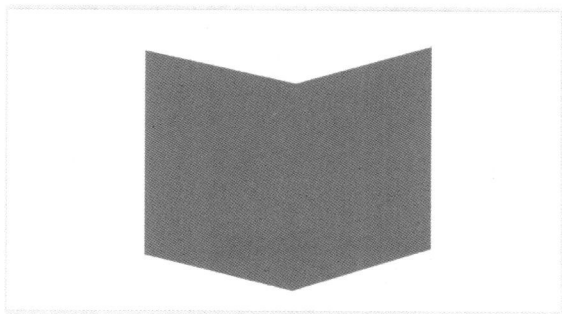

图3-3-62 用任意多边形画任意封闭图形

3. 曲线

点击【插入】→【形状】→【曲线】，可以插入有弧度的曲线（见图3-3-63）。同任意多边形一样，用鼠标单击一处，再移至另一处单击，可以在两处之间生成有弧度的曲线。双击即可结束绘制，或将鼠标移至初始位置单击，即可生成封闭图形，如图3-3-64所示。

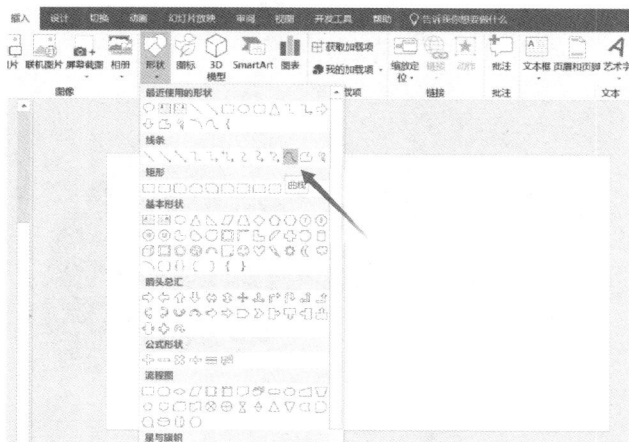

图3-3-63 插入曲线

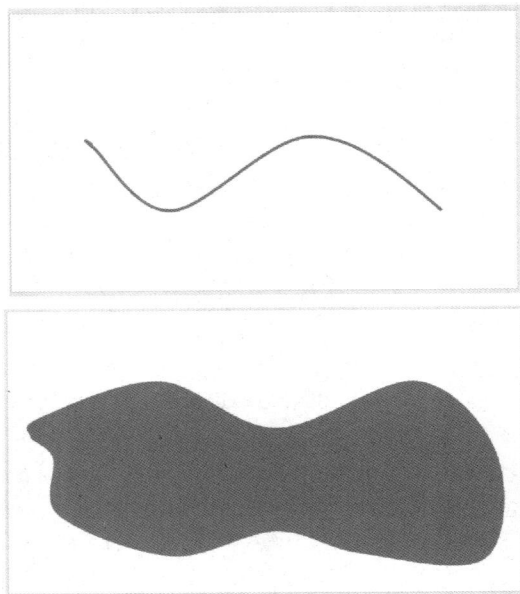

图 3-3-64 使用曲线工具绘制曲线和封闭曲线图形

　　选中图形,点击鼠标右键,选择【编辑顶点】,调节顶点的位置和点的切线,如图 3-3-65 所示。

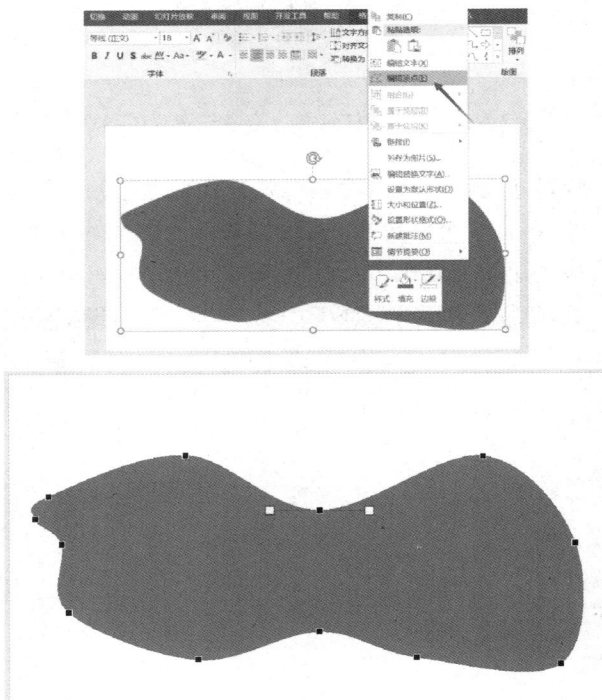

图 3-3-65 编辑顶点

利用这些技巧也可以做出很有意思的幻灯片，比如剪纸风格等，如图3-3-66所示。

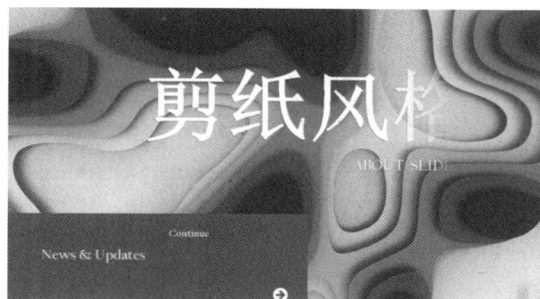

图3-3-66　剪纸风格幻灯片样例

4. 实践操作

使用形状做一些素材的衬底。比如在封面页中添加圆形，作为文字的衬底，如图3-3-67所示。

图3-3-67　制作文字衬底

或者使用形状做图片衬底，增加层次感。插入与原图片素材同样大小的矩形，设置为浅灰色。设置与图片一样的【三维旋转】。【光源】也调为"平衡"，置于底层，调节位置。将形状复制，填充为深灰色，置于底层，调节位置，如图3-3-68所示。

图3-3-68　制作图片衬底

还可以插入一些小形状做细节修饰,比如插入一些线条,如图3-3-69所示。

图3-3-69　使用形状做修饰

同时,可以用布尔运算绘制垃圾车形状,用来承载内容。

插入一个圆角矩形和两个圆形,调整为"无线条"。依次点击圆角矩形和圆形,选择【合并形状】→【剪除】。另一个圆形也是如此,得到如图3-3-70所示的图形。

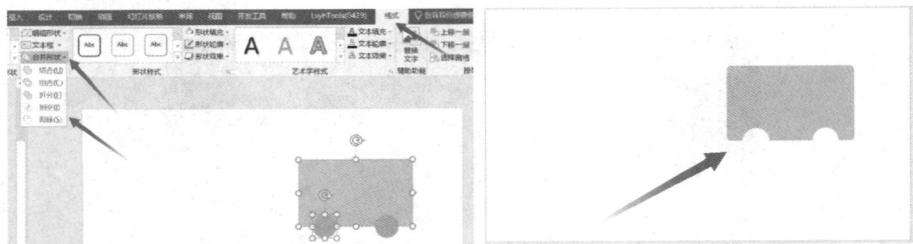

图3-3-70　剪除形状制作垃圾车

再插入两个圆形,作为轮子。插入一个圆角矩形,调节颜色和大小,作为车顶,将其组合,如图3-3-71所示。

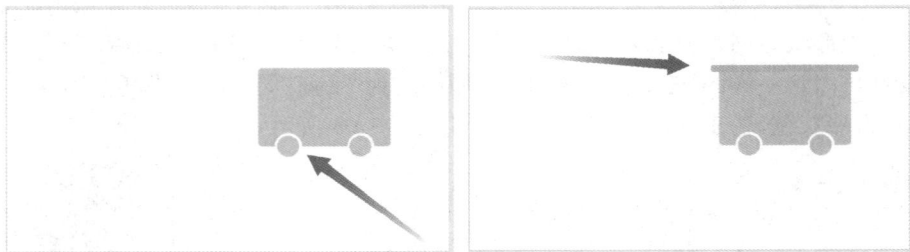

图3-3-71　组合形状制作垃圾车

调节形状大小,放于文字下方,如图3-3-72所示。

或者使用任意多边形或曲线绘制一些特殊的形状,比如手,如图3-3-73所示。

用各种图形组合一个卡通屏幕,用来放置视频,如图3-3-74所示。

还可以绘制图形,作为背景,解决幻灯片太空洞的问题。绘制圆形等图形,调节颜色和透明度,丰富背景,如图3-3-75所示。

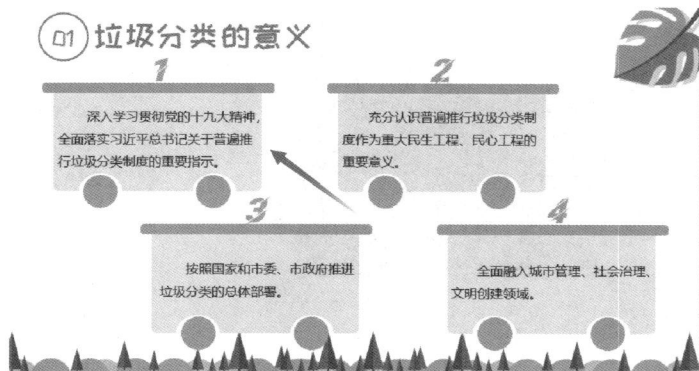

图 3 - 3 - 72　组合形状衬底

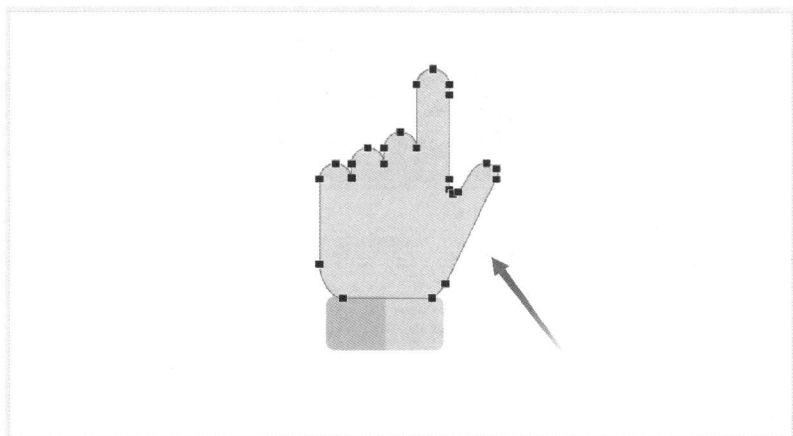

图 3 - 3 - 73　绘制手

图 3 - 3 - 74　卡通屏幕形状

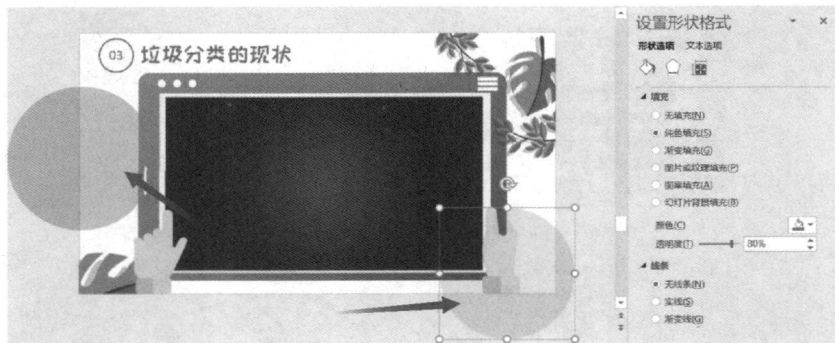

图 3-3-75　插入修饰形状

完成上述操作,即可得到如图 3-3-76 所示的页面。

图 3-3-76　插入形状后的内容页

(五)图标

在制作 PPT 的时候,我们往往会用到一些矢量小图标,这不仅可以使内容可视化表达,也能够起到装饰的效果。

1. 图标资源

以下是一些可以下载矢量图标的网站。

(1)阿里巴巴图标素材网站。网址为 https://www.iconfont.cn/。

(2)ManyPixels。网址为 https://www.manypixels.co/gallery。

(3)IconStore。网址为 https://iconstore.co/。

(4)flaticon。网址为 https://www.flaticon.com/。

2. 导入图标

PowerPoint 2016 不支持 svg(可编辑矢量格式)的导入,只有 2019 版本和 365 版本才支持 svg 格式的导入。不过我们可以借助 LvyhTools 插件(也叫英豪插件),如图 3 - 3 - 77 所示。插件在 https://addins.cn/yhtools/官网就可以下载。

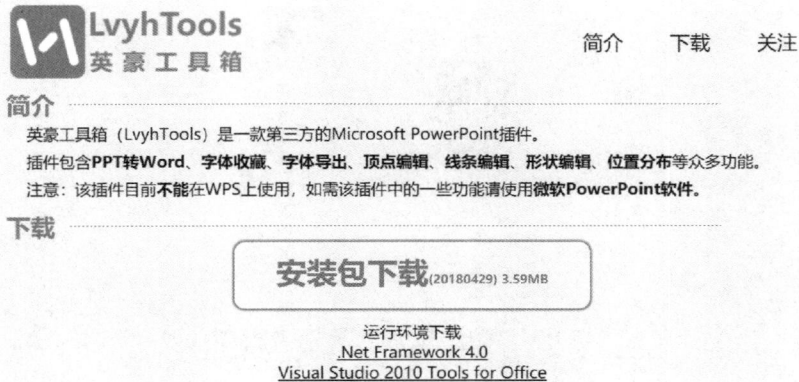

图 3 - 3 - 77　英豪工具下载

将插件安装到电脑上之后,点击【LvyhTools】选项卡,在形状部分,找到【SVG】。点击【SVG】下方的小三角,可以导入 svg 格式的图标,如图 3 - 3 - 78 所示。

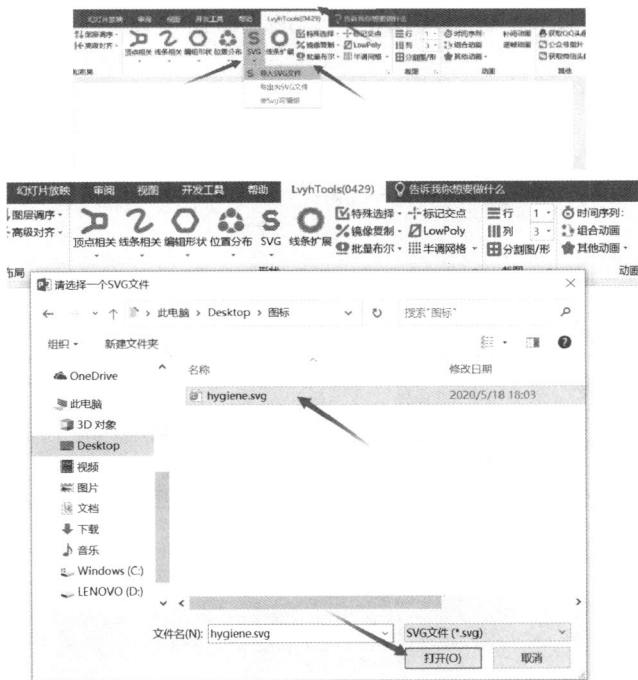

图 3 - 3 - 78　借用英豪插件导入 svg 格式图标

将图标导入 PPT 之后,点击图标,取消组合,使其变成可编辑的矢量组合,如图 3 - 3 - 79 所示。

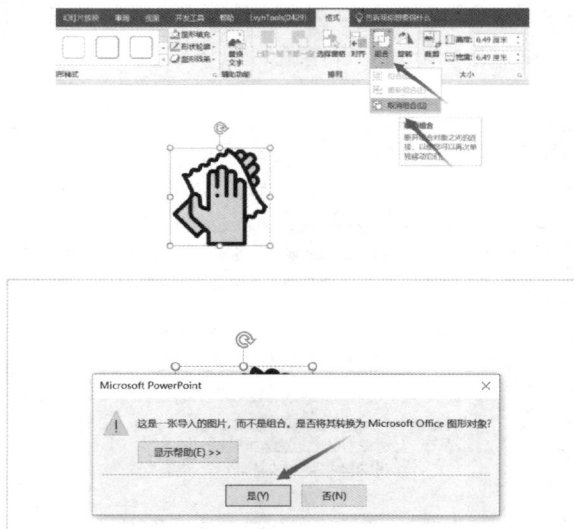

图 3 - 3 - 79 变为可编辑的矢量组合

当然如果不想安装插件,可以直接从网上下载 png 图标,如图 3 - 3 - 80 所示。比如从 flaticon 网站上下载 png 图标。但是 png 格式的图标不支持在 PPT 中编辑。

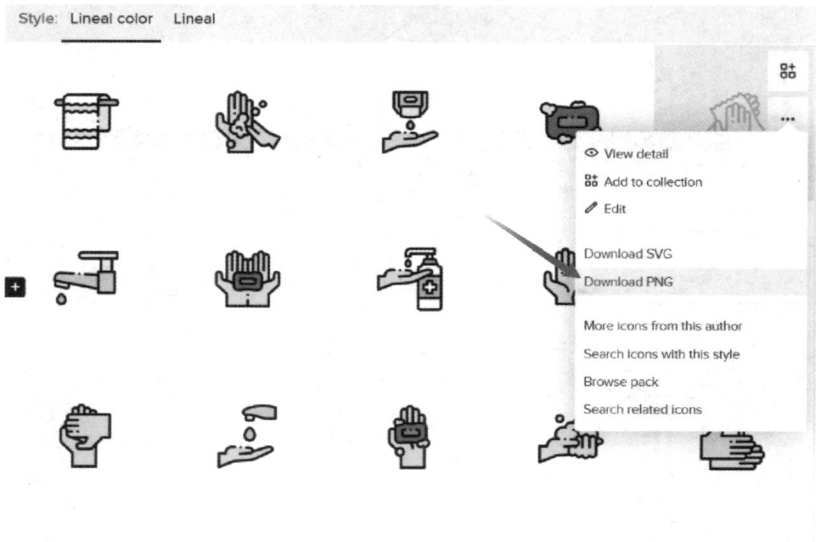

图 3 - 3 - 80 下载 png 格式图标

3. 渐变填充

将可编辑的图标导入 PPT 之后,点击【取消组合】,可对其各个部分进行渐变填充,如图 3 - 3 - 81 所示。

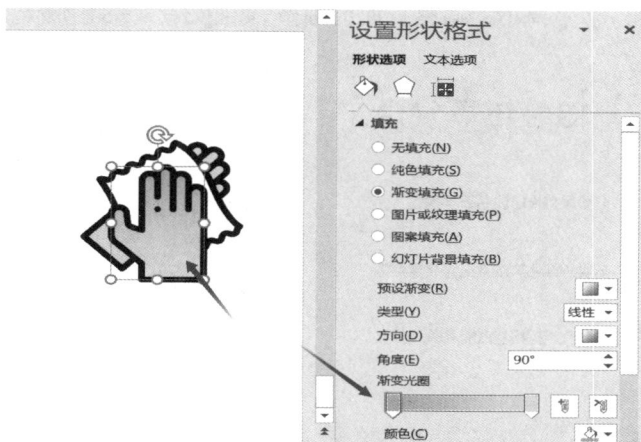

图 3 - 3 - 81　图标渐变填充

利用图标,我们可以对幻灯片加以润色,做出如图 3 - 3 - 82 所示效果的幻灯片。

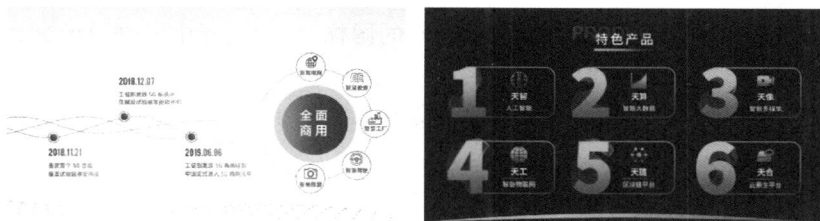

图 3 - 3 - 82　图标修饰幻灯片样例

4．操作实践

下载适合文字内容的图标。对其进行颜色【渐变填充】,设置合适的颜色。为图标外加一个圆框,插入圆形,无填充,线条设置为渐变,渐变色与渐变角度和图标相同,如图3 - 3 - 83所示。

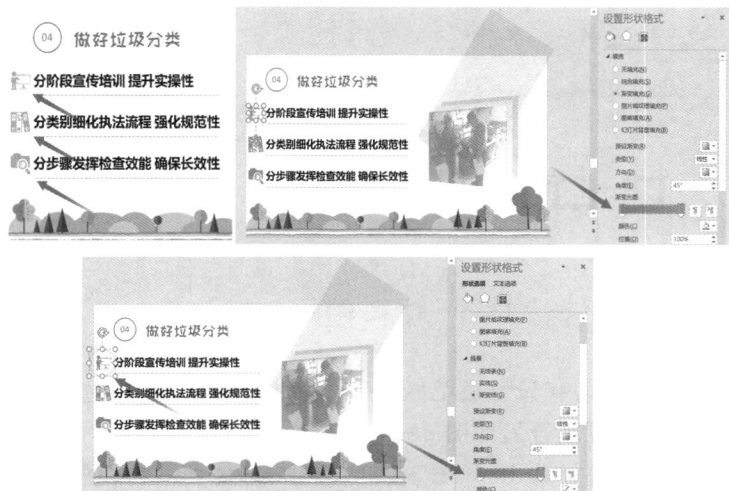

图 3 - 3 - 83　添加图标修饰页面

将字体不再加粗,字号调小。调整页面的细节,如图 3-3-84 所示。

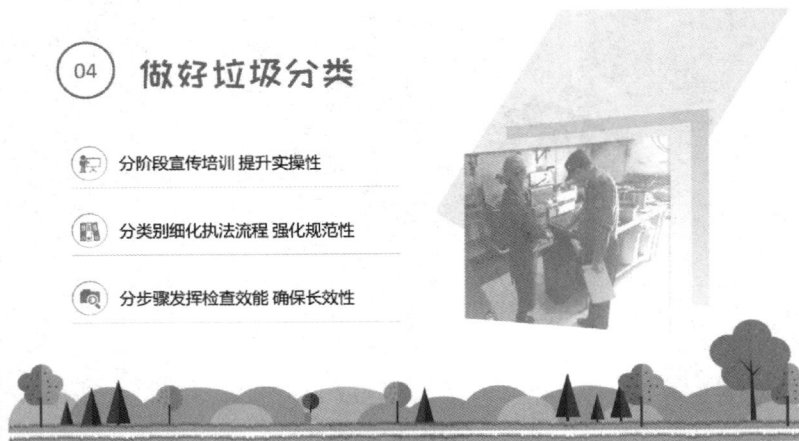

图 3-3-84　图标修饰页面最终效果

可以从网上下载符合幻灯片内容的可拆解的图标,设计图标中一部分的颜色。

将下载好的 svg 格式图标用插件导入,一次取消组合后,会出现如图 3-3-85 所示提示,点击【是】。最后再一次取消组合,将整体分解成各个小部分。对每一部分设置相应的颜色,如图 3-3-86 所示。

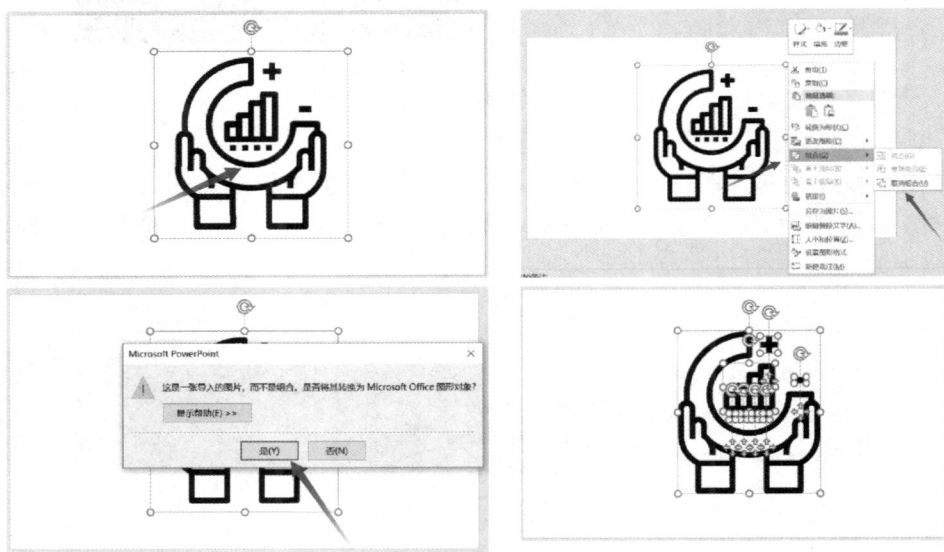

图 3-3-85　分解插入的图标

插入空心弧图形,将空心弧设置成图标中弧形的大小置于底层,选中图标下部分再选中空心弧,选择布尔运算中的【结合】,如图 3-3-87 所示。

将其应用到幻灯片的小标题中,如图 3-3-88 所示,注意图标类型的一致。

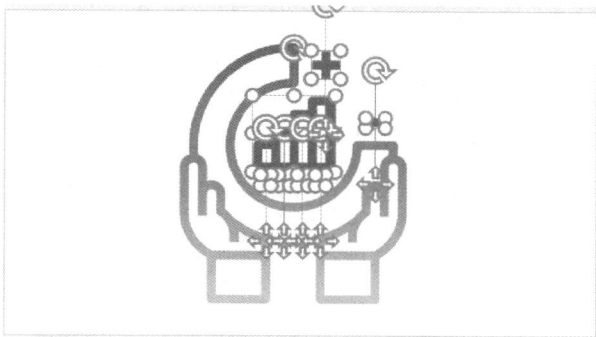

图 3 - 3 - 86　图标各部分分解后的填充效果

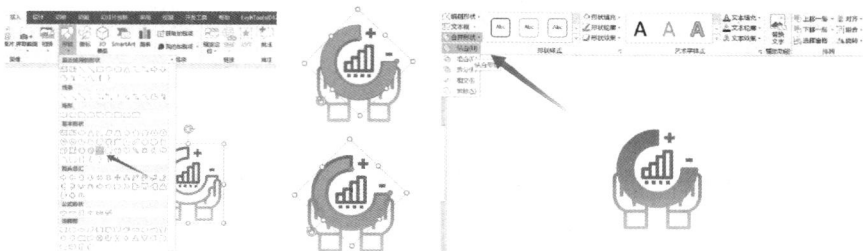

图 3 - 3 - 87　修改加工图标

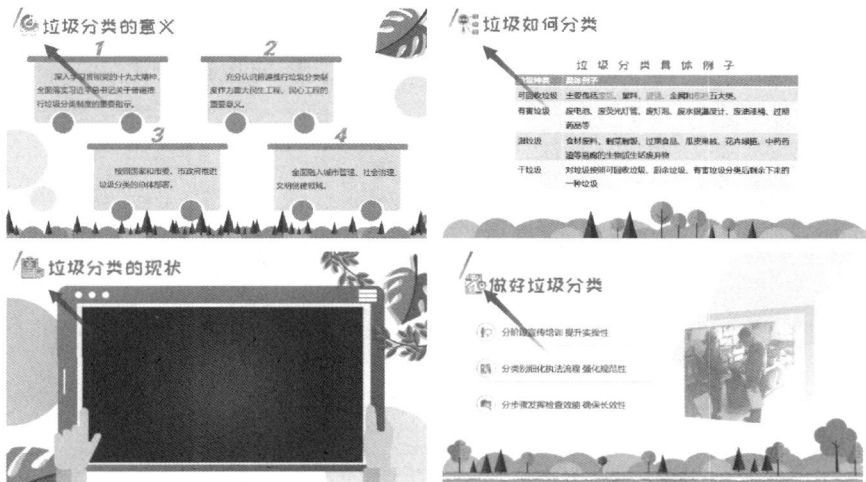

图 3 - 3 - 88　应用了图标的幻灯片内容页

(六)幻灯片版式

根据 CRAP 原则,对幻灯片页面内容的呈现进行调整。

对于原幻灯片中的这个表格(见图 3 - 3 - 89),将表格中的文字内容进行梳理。有关联的内容放在一起,整体注重对齐。不同等级的内容可以使用不同的展现方式,相同等级的内容使用相同的格式。文字整理后效果如图 3 - 3 - 90 所示。

垃圾分类具体例子

垃圾种类	具体例子
可回收物	主要包括废纸、塑料、玻璃、金属和布料五大类。
有害垃圾	废电池、废荧光灯管、废灯泡、废水银温度计、废油漆桶、过期药品等
厨余垃圾	食材废料、剩菜剩饭、过期食品、瓜皮果核、花卉绿植、中药药渣等易腐的生物质生活废弃物
其他垃圾	对垃圾按照可回收垃圾、厨余垃圾、有害垃圾分类后剩余下来的一种垃圾

图 3-3-89　原幻灯片表格

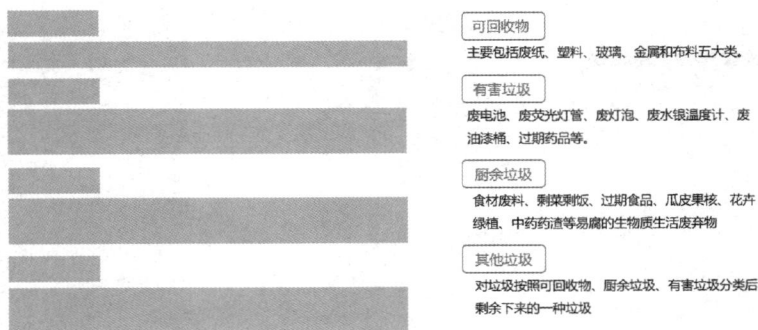

图 3-3-90　文字整理

在排版中灵活运用三种排版方法。比如就这页幻灯片,可以使用中心环绕排版法,如图 3-3-91 所示。

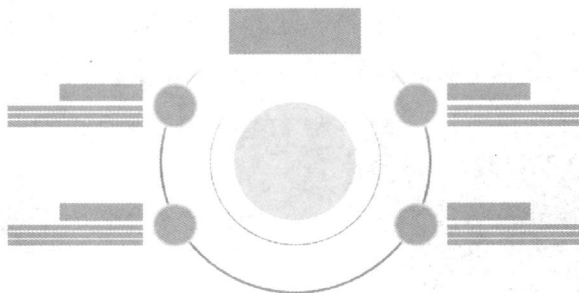

图 3-3-91　选取中心环绕版式

插入圆形,无填充,线段设为 3.25 磅,渐变填充。渐变角度为 90°。渐变停止点 1:色值(201,255,53),透明度 100%,位置 10%;停止点 2:色值(201,255,53),透明度 50%,位置 50%;停止点 3:色值(41,148,62),透明度 0%,位置 100%,如图 3-3-92 所示。颜色不固定,可以自行调节。

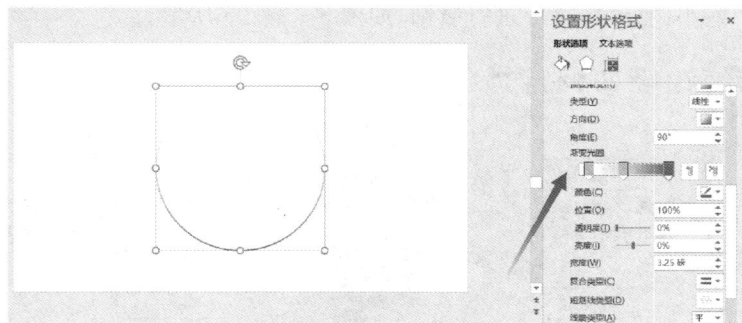

图 3 - 3 - 92　调节版式圆弧形状

用同样的方法,绘制出以下图形。第二个圆弧与第一个圆弧渐变色值相同,宽度为 1 磅,如图 3 - 3 - 93 所示。

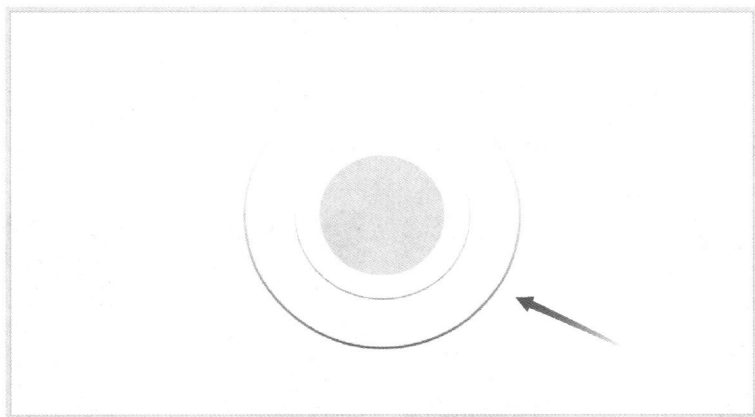

图 3 - 3 - 93　调节版式形状

将内容环绕排版,如图 3 - 3 - 94 所示。

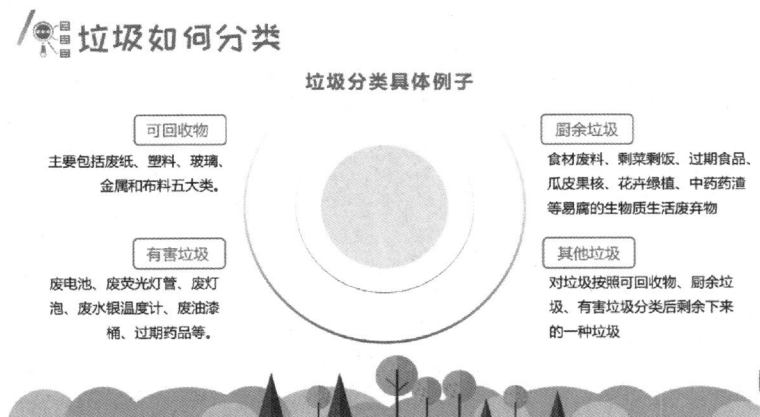

图 3 - 3 - 94　将内容环绕排版

可以添加一些小图标、图片等进行装饰，如图 3-3-95 所示。

图 3-3-95　添加修饰

当然，也可以使用分栏排版的方法。将含有四张图片的页面中的图片饱和度设置为 0 后，调整图片亮度，使每张图片的亮度大致相同。为图片加上蒙版，如图 3-3-96 所示。

图 3-3-96　为图片添加蒙版

应用不规则分栏排版的方法，如图 3-3-97 所示。

图 3-3-97　选取不规则分栏版式

将图片填充到形状中,可以调整填充图片的位置和大小,如图3-3-98所示。

图3-3-98　不规则分栏排版

调整页面细节,可以得到如图3-3-99所示的幻灯片。

图3-3-99　不规则分栏排版效果

当然,使用卡片排版的方法,也可以得到很不错的页面。

插入圆角矩形,调整大小和样式。宽度为3磅,选一个深灰色。阴影设置如图3-3-100所示。

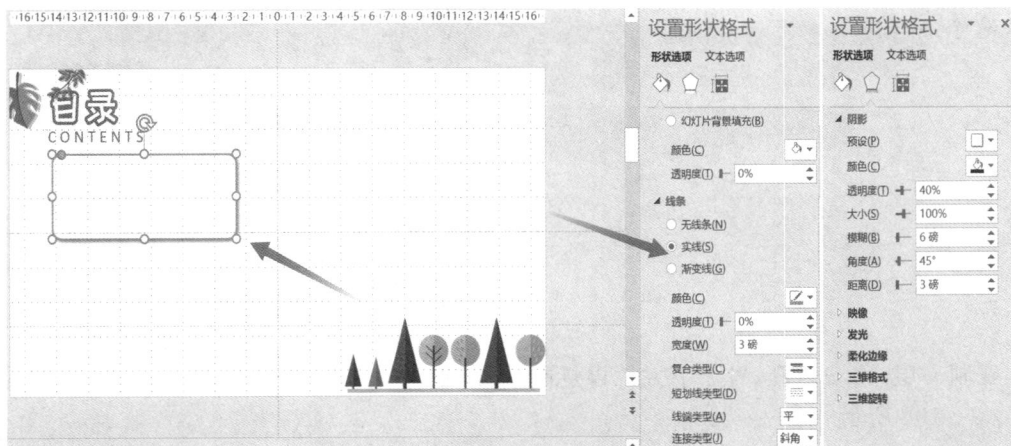

图3-3-100　绘制卡片

绘制好卡片之后,进行排版,如图 3-3-101 所示。页面有些空洞,可以加一些修饰,如图 3-3-102 所示。

图 3-3-101　卡片排版

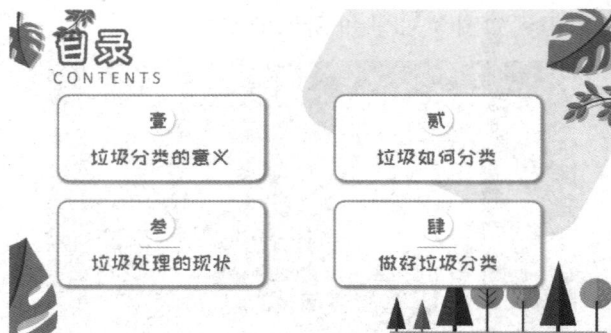

图 3-3-102　添加页面修饰

对图表页面也可以用这种方式排版。

插入圆角矩形,调节控点。调节圆角矩形填充为白色,边框为 1 磅,色值为(41,148, 62),如图 3-3-103 所示。

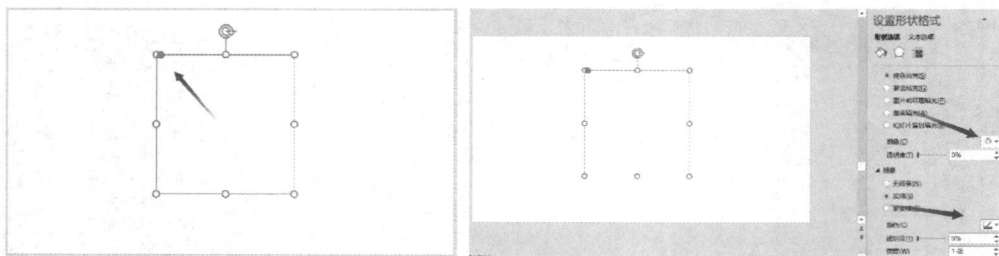

图 3-3-103　插入圆角矩形

复制一层,移动位置,置于下方。再复制一层,移动位置,置于之前两层的下方。卡片如图 3-3-104 所示。

将做好的图形组合,复制一个组合,水平翻转。将这两个卡片分别衬于两个图表下方,如图 3-3-105 所示。

图 3 - 3 - 104　绘制的卡片

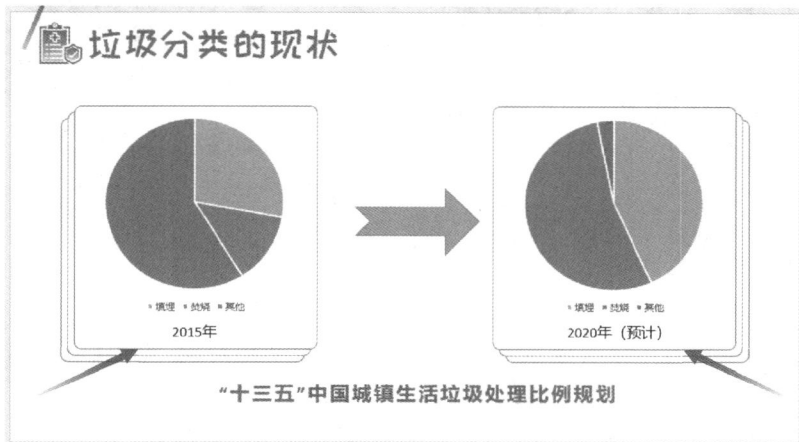

图 3 - 3 - 105　放置卡片

最后再对页面添加图片、图形的装饰,如图 3 - 3 - 106 所示。整套 PPT 的页面静态美化已经完成,让我们来看看原稿和修改稿之间的差别,如图 3 - 3 - 107 所示。

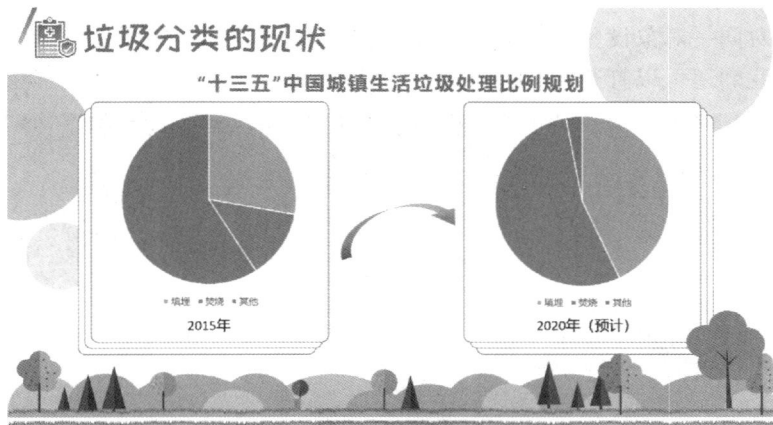

图 3 - 3 - 106　对页面添加装饰

图 3-3-107　修改稿与原稿对比

(七)幻灯片的组合动画

1. 组合动画技能讲解

在幻灯片中，可以对一个对象设置多个动画。单击动画对象，点击【动画】，可以对其设置一些简单的动画，如图 3-3-108 所示。

图 3-3-108　设置简单动画

如果想要对同一对象设置多个动画，就要点击【添加动画】，在【添加动画】中设置的动画都可以叠加。我们还可以打开【动画窗格】，查看所有的动画，如图 3-3-109 所示。

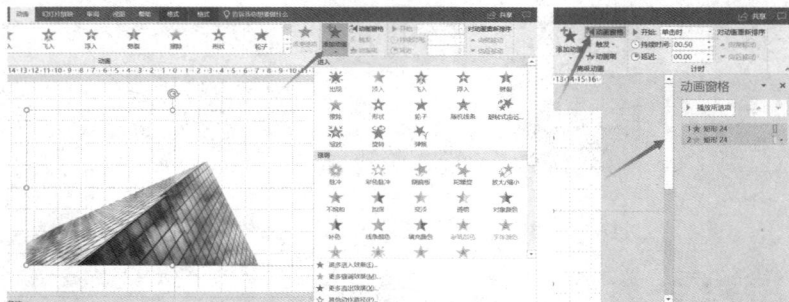

图 3-3-109　对建筑图片设置多个动画

在动画窗格中选中一个动画,可以在【计时】处设置它的开始条件、持续时间和延迟时间。同时也可以点击动画后面的小三角,进行效果选项、计时或触发器等多种设置,如图 3 - 3 - 110 所示。

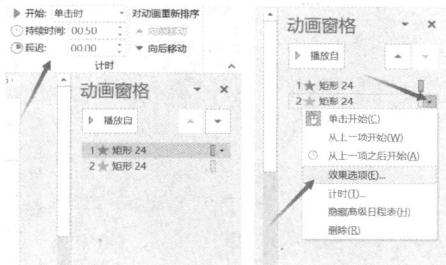

图 3 - 3 - 110　修改建筑图片动画属性

2. 实践操作:对封面页添加动画

打开【动画窗格】,对封面页中的卡片添加【随机线条】动画。开始条件设置为【与上一动画同时】,如图 3 - 3 - 111 所示。

图 3 - 3 - 111　为卡片设置随机线条动画

将"垃圾分类"四个字各自的白色边框与绿色文字组合,"主题班会活动"的每个白色衬底和绿色文字组合,如图 3 - 3 - 112 所示。

图 3 - 3 - 112　文字组合

对它们统一添加【缩放】进入动画。开始条件设为【与上一动画同时】,如图 3 - 3 - 113 所示。

图 3 - 3 - 113　设计文字组合的缩放进入动画

对这 10 个组合再次【添加动画】，添加【放大/缩小】的强调动画。调节强调动画的开始条件为【与上一动画同时】，持续时间为 0.25 s，如图 3 - 3 - 114 所示。

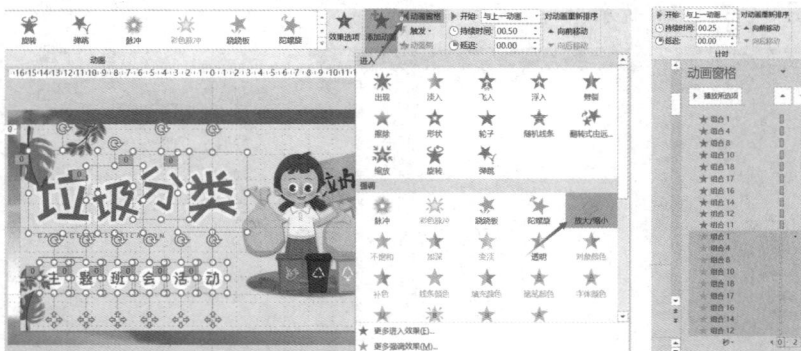

图 3 - 3 - 114　为文字组合添加缩放强调动画

点击【放大/缩小】强调动画的小三角，选中【效果选项】，设置缩放比例后按 Enter 键。点击【自动翻转】选项后，点击【确定】，如图 3 - 3 - 115 所示。

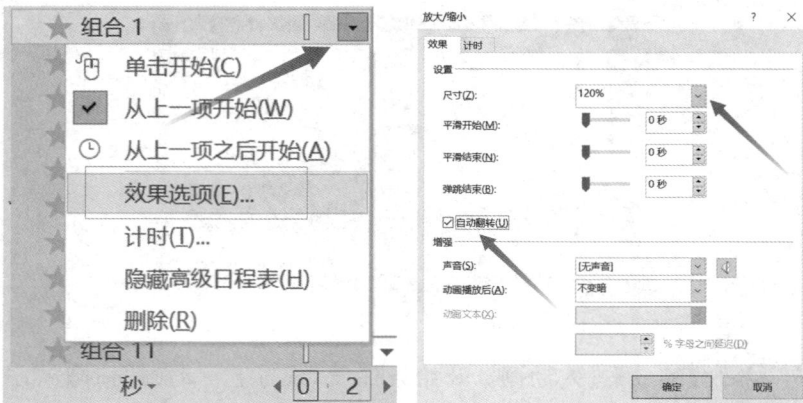

图 3 - 3 - 115　修改放大/缩小强调动画效果

对卡片四周的叶子设置动画。选中 4 片叶子,点击【添加动画】→【更多进入效果】→【切入】,如图 3 - 3 - 116 所示。

图 3 - 3 - 116　设置叶子的动画

设置切入效果的开始条件为【与上一动画同时】,并分别调节各个叶子切入的效果选项,使叶子自然切入,如图 3 - 3 - 117 所示。

图 3 - 3 - 117　修改叶子的动画效果

对英文文字设置动画。选中英文文字,点击【添加动画】→【更多进入效果】→【挥鞭式】。设置动画的开始条件为【与上一动画同时】,如图 3 - 3 - 118 所示。

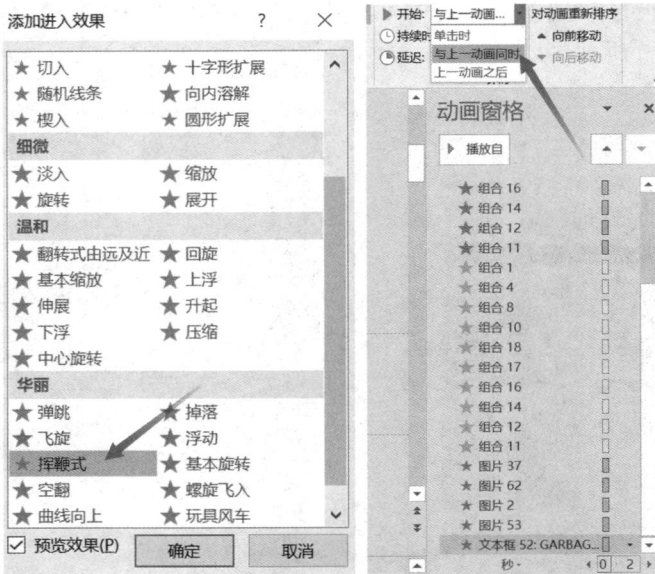

图 3 - 3 - 118 设置英文文字的动画

为线条添加【擦除】动画,开始条件为【与上一动画同时】,效果为【自左侧】,如图 3 - 3 - 119 所示。

图 3 - 3 - 119 设置修饰线条的动画

为女孩添加【缩放】动画,开始条件为【与上一动画同时】,如图 3 - 3 - 120 所示。

将动画窗格当作时间轴,调节【动画窗格】中的各个动画的【延迟时间】,如图 3 - 3 - 121 所示。可以用鼠标拖动各个动画的上下位置。注意在调节时间的时候,10 个文字组合的强调动画要比其各自的进入动画迟 0.25 s。

完成之后的效果如图 3 - 3 - 122 所示。

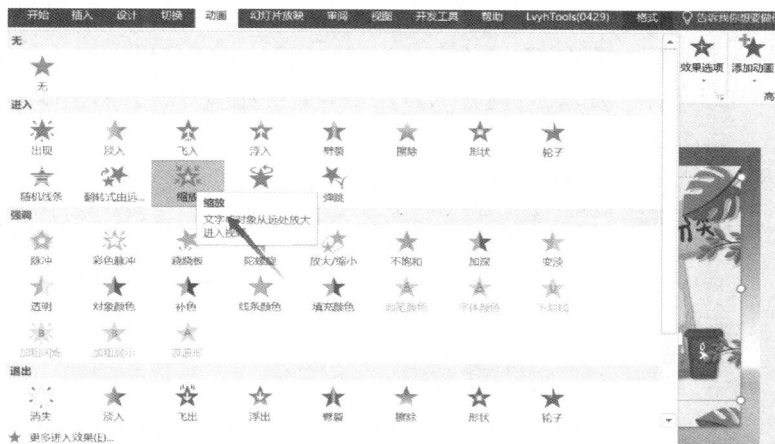

图 3 - 3 - 120　设置女孩插图的动画

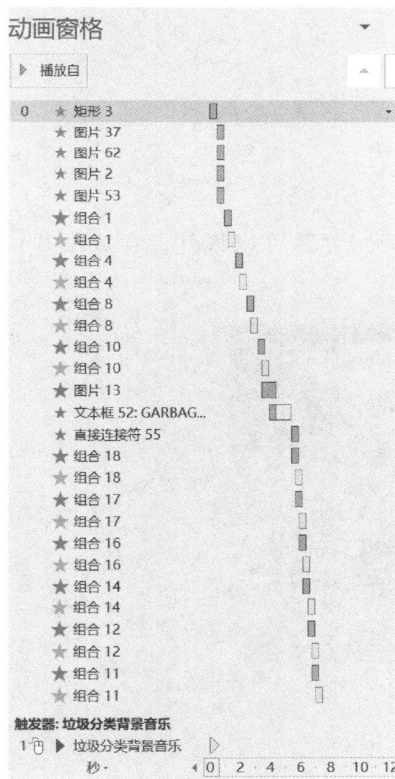

图 3 - 3 - 121　调节动画窗格中动画的时间

图 3 - 3 - 122　封面动画效果展示(此图为 gif)

(八)幻灯片放映与输出

1.嵌入字体

将幻灯片拷贝到另一台电脑上使用的时候,常常会出现字体缺少的状况。这是因为幻灯片中使用的字体在制作者的电脑上有安装,但是在使用的电脑上没有安装。这种情况不免会影响幻灯片的展示效果。所以我们在制作的时候需要将使用的字体嵌入幻灯片中。

方法一:将字体嵌入文件。

点击【文件】→【选项】→【保存】→【将字体嵌入文件】,选择【仅嵌入演示文稿中使用的字符】,如图3-3-123所示。如果选择【嵌入所有字符】,会将文件所有的字体嵌入文件。

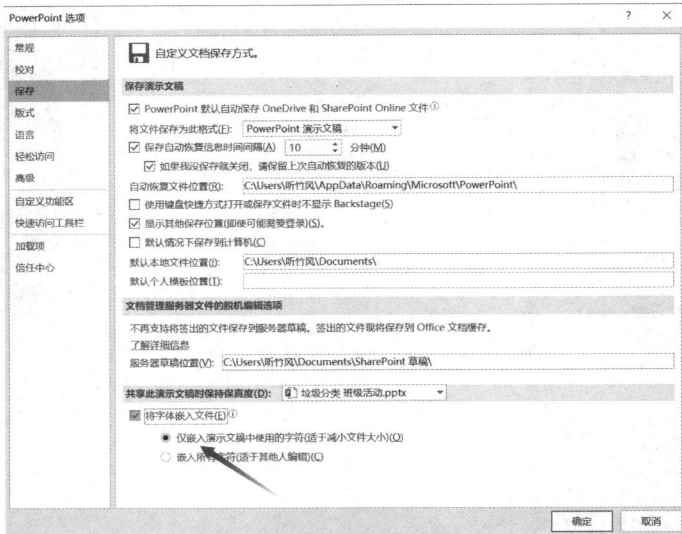

图 3-3-123 将字体嵌入文件

方法二:变成图片。

将PPT设计好之后,右击要嵌入的对象,选择【另存为图片】,可以将其保存成图片(见图3-3-124),再插入这一图片就可以了。

图 3-3-124 将文字变成图片插入

2. 幻灯片放映

点击【幻灯片放映】,有【从当前幻灯片开始】和【从头开始】两种放映方式,如图3-3-125所示。

当然也可以使用演示者视图进行放映。勾选【使用演示者视图】,开启此功能,如图3-3-126所示。该功能能够实现在一个监视器上放映全屏幻灯片,而在另一个监视器上显示演示者视图。演示者视图能够显示下一张幻灯片的预览、演讲者备注、计时器等。如果只有一个监视器,可以使用Alt+F5尝试演示者视图。

图 3 - 3 - 125　两种放映方式

图 3 - 3 - 126　演示者视图

3. 导出视频

PowerPoint 2016 可以导出视频。点击【文件】→【导出】→【创建视频】，如图 3 - 3 - 127 所示。

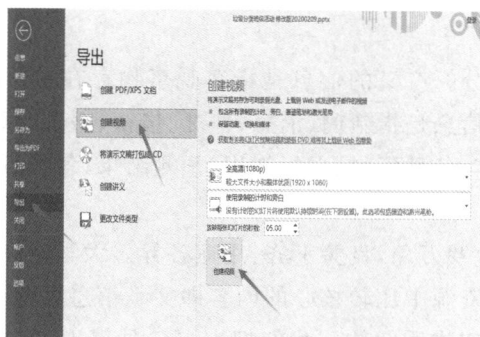

图 3 - 3 - 127　导出视频

即测即评

项目四
信息检索

◆ **学习目标** ◆

- 理解信息检索基本概念，了解信息检索的基本流程；
- 掌握常用搜索引擎的自定义搜索方法，掌握布尔逻辑检索、截词检索、位置检索、限制检索等检索方法；
- 掌握通过专利、商标、数字信息资源平台等专用平台进行信息检索的方法；
- 掌握通过网页、社交媒体等不同信息平台进行信息检索的方法。

◆ **项目描述** ◆

通过学习信息检索工具的使用，学生应合理利用网络资源，提高网络资源的利用效率，提高信息化素养和操作能力，促进创新思维的形成。

任务一　知识储备

一、信息

1. 信息的定义

信息有广义和狭义之分。广义的信息是指客观事物存在、运动和变化的方式、特征、规律及其表现形式。狭义的信息是指新闻、消息、情况、情报、报道、状态和一般知识等。例如，某件事的情节、宣传的内容、各种资料、书报知识、预测结果、各类数据等都属于信息的范围。

2. 文献

信息资源来源广泛，包罗万象，良莠不齐，用途各异。大学生在学习及研究活动中，主要接触和使用的大多为信息资源中比较核心的内容即文献信息资源。

文献是记录知识的一切物质载体。我们把来自各种渠道、表现出各种特征的文献信息的总和称为文献资源。

文献从出版的形式来看，有图书、期刊、专利文献、会议文献、学位论文、报告、标准文献、政府出版物、档案、产品样本等；根据文献内容的不同加工层次，可分为零次文献、一次文献、二次文献和三次文献；从文献载体形式的角度，可分为刻写型文献、印刷型文献、视听型文献、缩微型文献、机读型文献。

二、信息检索概述

（一）信息检索的定义

信息检索是指从大量被存贮的信息中加工、检索出需要的信息，以向用户提供一整套信息的工作。信息的内容分析、信息存贮与检索结构、信息检索评价等是信息检索的核心。

（二）信息检索的作用

（1）开阔视野，启发思路，不断创新，正确决策；

（2）提高工作效率，做到事半功倍；

（3）学习借鉴，推动创新；

（4）科学评价，知己知彼。

（三）信息检索的类型

根据检索（查找）对象的不同，文献信息检索分为文献检索、事实检索、数据检索和概念检索。

（1）文献检索，包括文献题目、著者、来源或出处、文摘等项目。文献检索是指从一个文献集合中找出专门文献的活动、方法与程序，是利用检索系统/工具查找文献线索、获取情报信息的过程，本质是文献需要与文献集合的匹配。

（2）事实检索，即通过对存贮的文献中已有的基本事实，或对数据进行处理（逻辑推理）后得出新的（即未直接存入或所藏文献中没有的）事实的过程。

（3）数据检索，是以数据为检索对象，从已收藏数据资料中查找出特定数据的过程。例如，查喜马拉雅山有多高，杭州六和塔建于何年等。

（4）概念检索，就是查找特定概念的含义、作用、原理或使用范围等解释性内容或说明。

（四）信息检索的方式

检索方式有关键词检索、自然语言检索和高级检索。

（1）关键词检索：对记录进行全文检索，检索记录包括检索式中的字或词，如检索式为"information technology"，结果包括 information、technology 或 information technology。

（2）自然语言检索：可输入一句话或多个词，对记录进行全文检索。

（3）高级检索：与关键词检索基本一致，只是利用下拉菜单的方式将字段标识和组配逻辑算符列出来，更方便使用，检索结果更为精确。同时增加了出版物类型、页数、封面和图像的限制。

（五）信息检索的工具

检索工具按载体形态、收录范围、时间范围等不同标准可以划分为不同的种类，但最主要的分类是按信息检索的手段分为手工检索工具和计算机检索工具两大类。

1. **手工检索工具**

手工检索工具分为书本式和卡片式两大类，以书本式检索工具为主。

书本式检索工具自古以来就被人们广泛应用，可以细分为字词典、百科全书、类书、政书、综述、书目、索引、名录、表谱、图录、年鉴等。

卡片式检索工具是将每条款目著录在一张张卡片上，按照一定的顺序排列，从而形成的一种检索工具。卡片式检索工具体积庞大，需占用较大空间，排序不易，检索点少。这种工具现在已经很少使用了。

2. 计算机信息检索

计算机信息检索又称现代信息检索，是指利用计算机和网络来处理和查找文献信息的检索方式。这种检索方式是由计算机根据人们所提出的检索要求，通过某种检索方法和程序自动从机器所储存的海量信息中或从网上其他服务器中挑选出用户所需要的信息。

计算机信息检索又分为光盘检索、联机检索和网络检索几大类。

光盘检索是利用计算机技术对光盘信息进行分类、编排、查询等操作的统称。光盘检索系统的优势在于它是一个独立的计算机检索系统，可以实现单机检索，成本低但时效性差。

联机检索是计算机技术、卫星通信技术和数据库技术共同发展的产物，检索终端的用户通过主机或网络来获取各个主机上的信息。联机检索系统通常有较多的数据库，而一个数据库可以包括几十万、几百万条文献的书目款目或科技数据。每检索一个课题只需数十秒钟，检索到的题录、文摘或数据还可立即在终端上显示和打印出来。联机检索和网络检索有所不同，它使用一个相对封闭的服务器/客户端模式，有一个专门的检索系统中心，配备各种专业化高质量的文献信息数据库，向用户提供多维度检索服务和源文献信息支持。联机检索系统专业化、规范化的高质量信息系统建设，有力地保证了检索质量。

网络检索是指利用网络搜索引擎通过在互联网上收集信息并将其进行处理和存储。对于搜索引擎而言，其最大化地利用了计算机系统自动化、智能化的特点，但由于智能检索技术并不成熟，限制了自动索引和自动搜索的质量，而且因为对信息的收集力求全面，导致在信息爆炸的情况下，收集的信息数量很惊人，但是质量难免受到影响。

搜索引擎分为学术搜索引擎和普通搜索引擎。学术搜索引擎有 Google 学术搜索、读秀中文学术搜索、超星百链学术搜索、百度学术搜索等。普通搜索引擎有百度、谷歌等。

(六)信息检索技术

信息检索技术有布尔逻辑检索、截词检索、位置检索、字段限制检索、加权检索、引文检索等。

1. 布尔逻辑检索

布尔逻辑检索是指利用布尔代数中的逻辑与、逻辑非、逻辑或等运算符，由计算机进行逻辑运算，以找到所需文献的方法。

(1)逻辑与(and,用"＊"表示)：表示所连接的各个检索项的交集，有助于缩小检索范围，提高准确率。

(2)逻辑非(not,用"－"表示)：用来排除文献中不希望出现的词。

(3)逻辑或(or,用"＋"表示)：用来表示所连接的各个检索项的并集，通常用来连接同义词、近义词或同一种物质的不同叫法，有助于扩大检索范围，提高查全率。

2. 截词检索

截词检索是利用检索词的词干或不完整词形进行查找的过程。它可以扩大检索范围，提高查全率，减少检索词的输入量，节省检索时间。

截词符一般为"?""＄""＊"等,分为有限截词(一个截词符代表一个字符)和无限截词(一个截词符代表多个字符)。截词符可以放在被截词的前边、中间、后边或前后均放置。

不同的系统对截词符及其规定不尽相同,在使用不同的检索系统时要注意了解并遵守相关的规定。

3. 位置检索

位置检索用于指定两个检索词出现的顺序和距离,可以用多种位置算符进行连接。位置算符是调整检索策略的重要手段。常见的位置运算符有以下几种。

(1)W(with)算符:表示其所连接的两个检索词紧挨着,词序不能颠倒,中间不得插入其他词、字母或代码,但允许有空格和标点符号,也可以用()表示。如 computer(W)software,检索的结果可能是 computer software 或 computer-software,两词的顺序不能颠倒。

(2)nW(n Word)算符:表示两个检索词中间最多可以插入 n 个其他词,但顺序不可以颠倒。

(3)N(Near)算符:表示其所连接的两个检索词紧挨着,词序可以颠倒,中间不得插入其他词、字母或代码,但允许有空格和标点符号。

(4)nN(n Near)算符:表示两个检索词中间最多可以插入 n 个其他词,顺序可以颠倒。

常用的位置运算符还有很多,不同的检索系统有不同的规定,使用之前需要了解位置运算符及其规定。

4. 字段限制检索

字段限制检索是指限定检索词出现的字段的检索。检索字段也称检索入口,不同的数据库的检索字段不同,比较常见的字段有题名、关键词、文摘、著者、文献来源、语种、文献类型、分类号等。

例如,表 4-1-1 为在中国知网中利用不同字段检索 2016 年 6 月 1 日至 2020 年 6 月 1 日"工匠精神"的结果比较。

表 4-1-1　利用不同字段检索"工匠精神"的结果

字段	篇数
篇名＝工匠精神	3453
关键词＝工匠精神	4800
篇名或者关键词＝工匠精神	4954
摘要＝工匠精神	3156

5. 加权检索

加权检索对参加组配检索的各个标识依据检索要求分别给予表示不同重要程度的数值。加权检索是计算机化情报检索的一种方法。所谓"权",表示重要程度的数值。所谓"加权",是一种对文献实行定量检索的措施。标识的不同组合,可按权值的大小进行排序,是对检索质量进行控制的有效方法。它可分为四种:一是对检索用词加权,这是从文献主题对检索课题的相符性方面进行排队,即将检出文献按表示相符程度的权值排序输出,排在前面的文献是切题的文献。二是限权检索,即对检索用词进行加权,并且对检索结果设置一临界值加以控制,在临界值以上方可输出。三是对标引用词加权,即表示某篇文献对某标引词来说的重要程度,也就是揭示文献讨论的重点。四是对文献加权,即表示某篇文献的一般重要程度。

6. 引文检索

引文也叫参考文献,引文检索就是通过文献的引证关系显示文献之间的内在联系。

(七)信息检索的步骤

1. 分析检索课题

分析检索课题,明确检索目的、要求和检索的范围,从信息需求的目的和意图、所需信息的内容及其外在特征等方面入手。

2. 选择检索系统和数据库

不同的数据库,学科范围不同,检索指令不同,收费标准也不相同。按照课题的检索要求和目的,选择收录文献种类多、专业覆盖面广、年度跨度对口、更新周期短且相对比较熟悉和收费低的数据库。

3. 确定检索途径和检索词

检索途径主要根据分析课题时确定的已知条件,以及所选定的检索工具能够提供的检索途径来决定。

检索词是表达文献信息需求的基本元素,是用户输入计算机检索系统中进行匹配的基本单元。检索词优先使用主题词,尽量选用通用的专业术语;为了提高查全率,注意选用同义词、相关词、缩写词进行检索。

4. 构造检索式

检索式是用户检索提问的逻辑表达式,由检索词和各种运算符、连接符号组成。

5. 制订检索策略

检索策略就是由检索词和各种布尔运算符、位置算符、截词符以及系统规定的其他组配连接符号组成的策略。

6. 调整检索策略

在实际检索过程中,仅一个检索词就满足检索要求的情况并不多,通常需要调整多个检索词、截词长短、同义词、运算符等检索策略,满足较为复杂的课题需求。

7. 输出检索结果

根据检索系统提供的检索结果输出方式,选择需要的记录以及相应的字段、文摘或全文等,将检索结果显示在屏幕上、存储在磁盘上、用邮件发送或打印输出。

三、国内外主要数据库

(一)常用的中文数据库

1. 万方数据知识服务平台(https://g.wanfangdata.com.cn/index.html)

万方数据知识服务平台几乎涉及所有学科领域,它提供了综合性的多种文献类型的检索,同时也提供文献分析服务,涉及的文献类型包括期刊论文、学位论文、会议论文、专利文献、标准文献、成果以及图书。另外,该平台还提供法规、机构以及学者和专家信息等数据。

该平台提供了单库检索和跨库检索功能。

检索规则:包括逻辑运算关系、截词符、位置关系的表达式等。逻辑与用"and"或者"＊"表示,逻辑或用"or"或者"＋"表示,逻辑非用"not"或者"^"表示。

可检字段:主题(题名、关键词及摘要字段),创作者,作者单位,日期。

2. 维普期刊资源整合服务平台(http://cqvip.jskjwx.org/)

维普期刊资源整合服务平台是仅提供一种文献类型的平台,它提供了期刊论文的检索以及期刊评价报告,涉及的文献类型为期刊。该平台的数据为从 1989 年至今的数据。

检索规则:逻辑运算关系。逻辑与用"＊"表示,逻辑或用"＋"表示,逻辑非用"－"表示。

3. 中国知网(CNKI)(https://www.cnki.net)

中国知网(CNKI)平台上的中国学术期刊网络出版总库是世界上最大的连续动态更新的中国学术期刊全文数据库,如图 4-1-1 所示。核心期刊收录率为 96%;特色期刊(如农业、中医药等)收录率为 100%;独家或唯一授权期刊共 2300 余种,约占我国学术期刊总量的30%。

图 4-1-1　中国知网(CNKI)

每个数据库都提供了初级检索、高级检索和专业检索功能。

检索规则:逻辑运算关系。逻辑与用"and"或者"＊"表示,逻辑或用"or"或者"＋"表示,逻辑非用"not"或者"－"表示。

收录年限:自 1915 年至今出版的期刊。与维普数据库不同的是,凡是 CNKI 收录的期刊基本上均可回溯至其创刊。

(二)常用的外文全文数据库

常用的外文全文数据库有 ScienceDirect(Elsevier)、EBSCO、SpringerLink、Wiley 等。

(三)常用的专利数据库

常用的专利数据库有中国专利、欧洲专利、世界知识产权组织专利等。

(四)国内主要开放获取资源

国内主要开放获取资源如中国科技论文在线(http://www.paper.edu.cn)等。

任务二　应用举例

　　小王作为当代大学生,经常需要查找与专业相关的期刊、论文、专利、法律法规、行业标准等。小王利用中国知网(CNKI)检索期刊、论文、专利等,并对检索的信息进行再分析、存储和引用。

　　中国知网首页如图 4-2-1 所示。

图 4-2-1　中国知网(CNKI)首页

一、以"工商管理"为主题的文献检索(期刊检索)

(一)任务描述

　　在中国知网(CNKI)检索主题为"工商管理"的期刊或论文,并对检索到的结果进行分组和排序、可视化分析,查看不同文献之间的关系,导出检索结果。

(二)任务实施

　　(1)打开中国知网首页 https://www.cnki.net,登录账号或学校图书馆的链接,自动识别身份。

　　(2)在主题框内输入"工商管理",得到以"工商管理"为主题的检索结果,并以列表的形式展示出来,如图 4-2-2 所示。

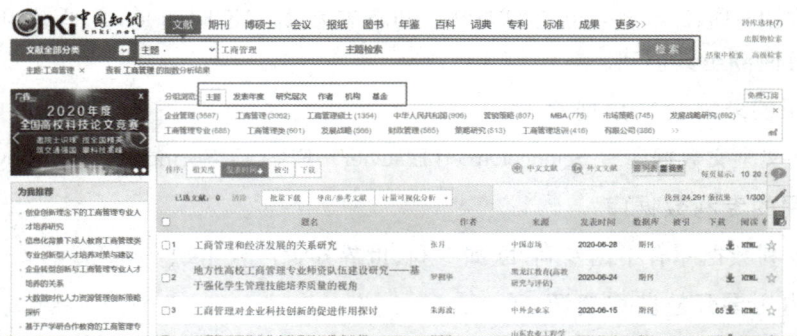

图 4-2-2　检索主题

（3）对检索结果进行分组和排序分析。

中文文献检索结果分组类型包括主题、发表年度、研究层次、作者、机构和基金。中文文献检索结果可按照相关度、发表时间、被引和下载排序，如图4-2-3所示。

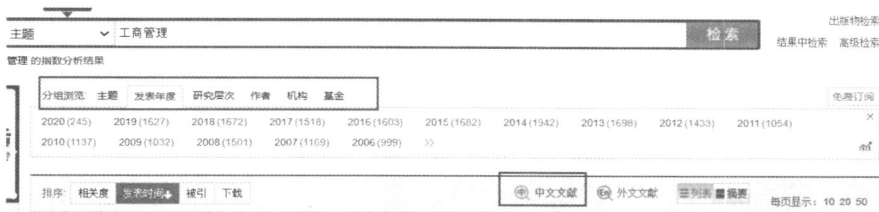

图4-2-3　中文文献检索结果分组和排序

外文文献检索结果分组类型包括学科、发表年度、语言、作者。外文文献检索结果可按照发表时间和主题排序，如图4-2-4所示。

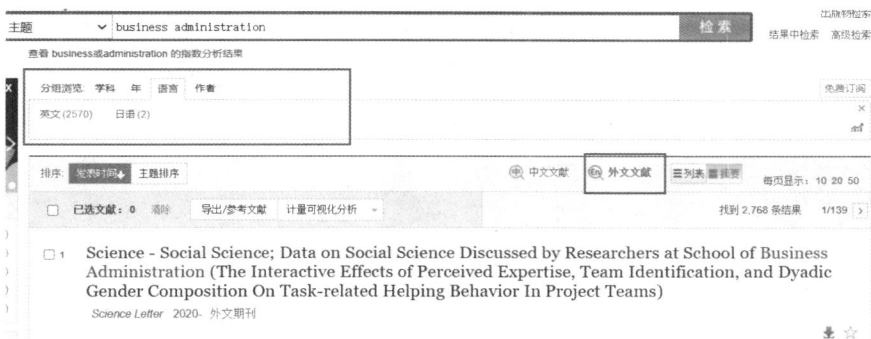

图4-2-4　外文文献检索结果分组和排序

（4）检索结果分析（可视化分析）：针对检索结果从多维度分析已选的文献或者全部文献，以可视化图表形式展现，帮助读者深入了解检索结果文献之间的互引关系。检索结果分析如图4-2-5至图4-2-14所示。

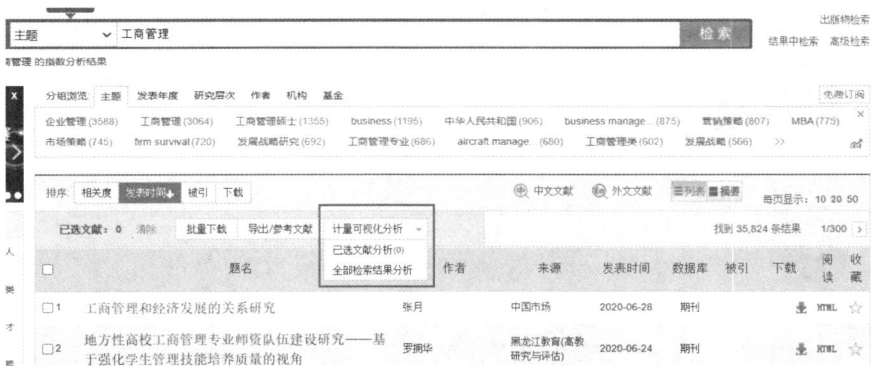

图4-2-5　计量可视化分析

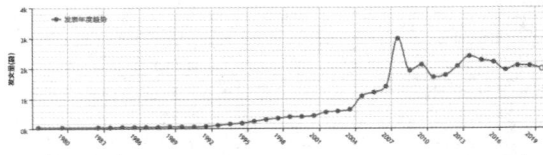

图 4-2-6　发表年度趋势分析图

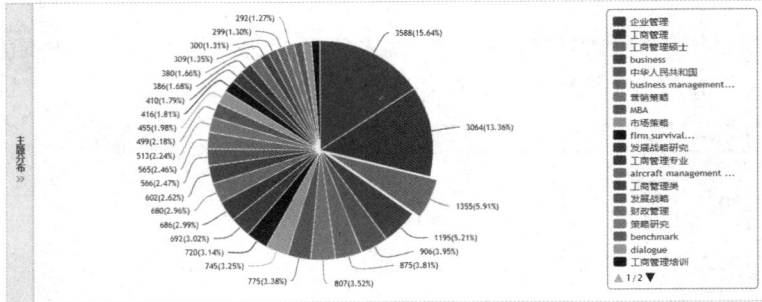

图 4-2-7　主题分布图

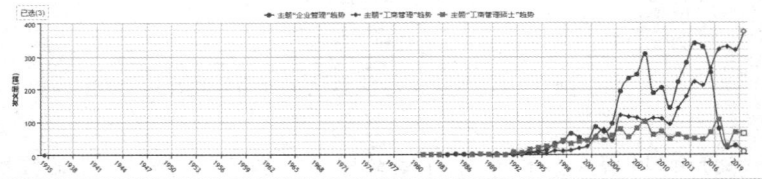

图 4-2-8　比较分析图

图 4-2-9　主题分析选项图

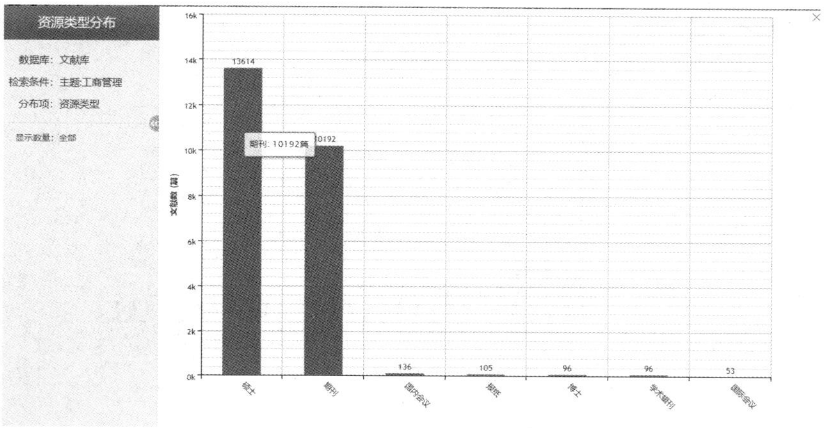

图 4 - 2 - 10　主题资源类型分析图

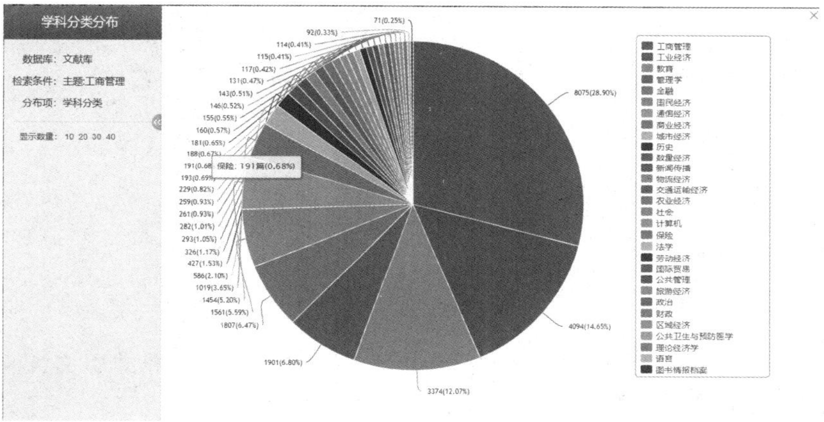

图 4 - 2 - 11　主题学科分类图

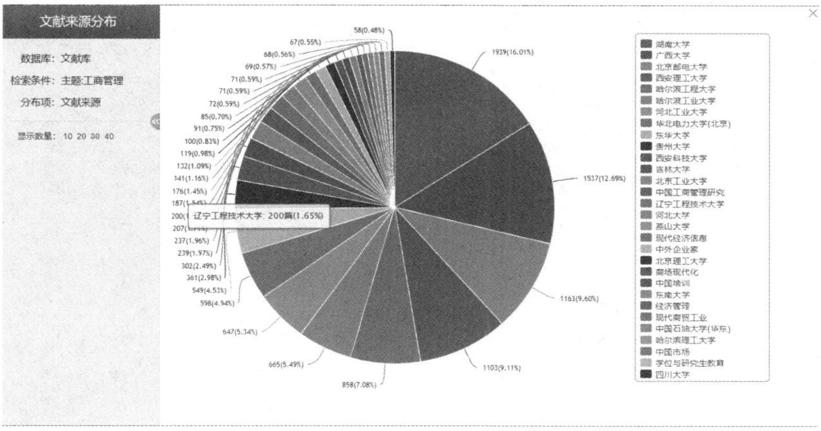

图 4 - 2 - 12　文献来源分析图

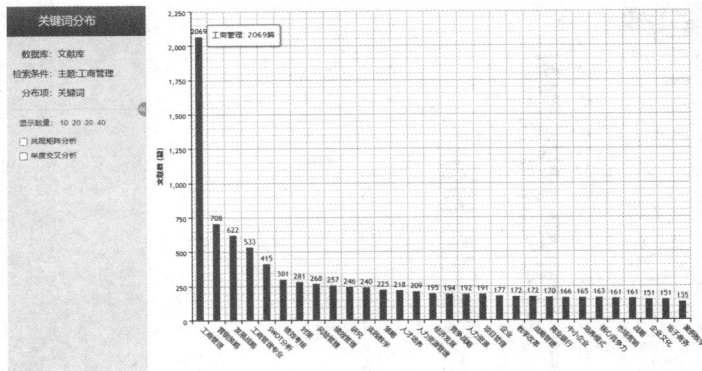

图 4 - 2 - 13　关键词分布图

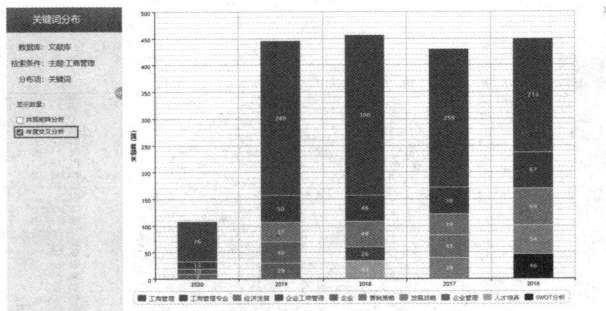

图 4 - 2 - 14　关键词年度分布图

（5）检索结果导出。平台提供多种文献导出格式，包括 CAJ-CD 格式引文、CNKI E-Study、Refworks、EndNote 等十一种格式。具体操作步骤如下。

第一步：在检索结果页面勾选要导出的文献，如图 4 - 2 - 15 所示。

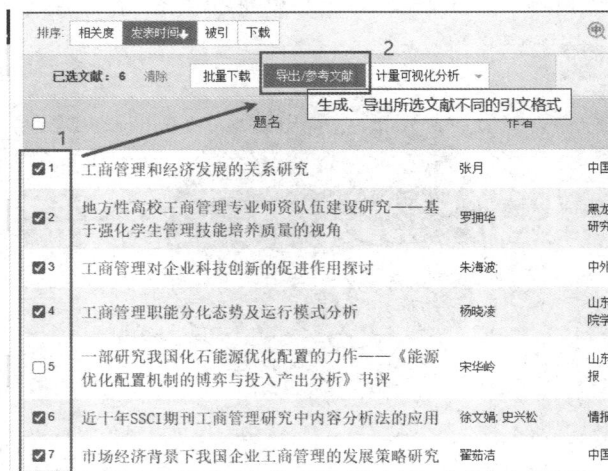

图 4 - 2 - 15　导出参考文献

第二步:在检索结果上方导航栏中选择导出/参考文献功能。

第三步:在导出/参考文献页面选择导出格式,同时选择文献导出的排序方式,如图4-2-16所示。

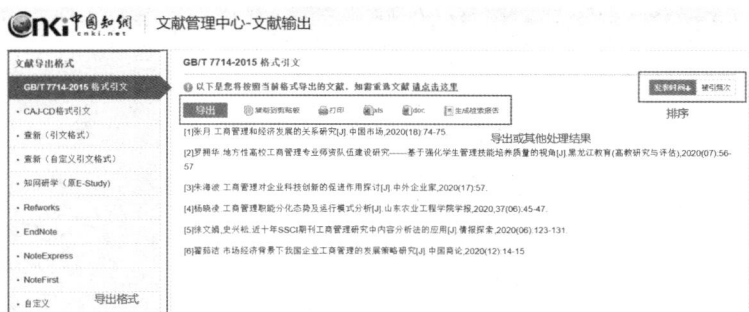

图 4-2-16　文献输出格式

(6)知网节。知网节是以揭示不同文献或知识之间的关联关系为目标,以某篇文献或某个知识点为中心的知识网络(见图4-2-17),有文献知网节、作者知网节、基金知网节、机构知网节等,如图4-2-18和4-2-19所示。

图 4-2-17　知网节

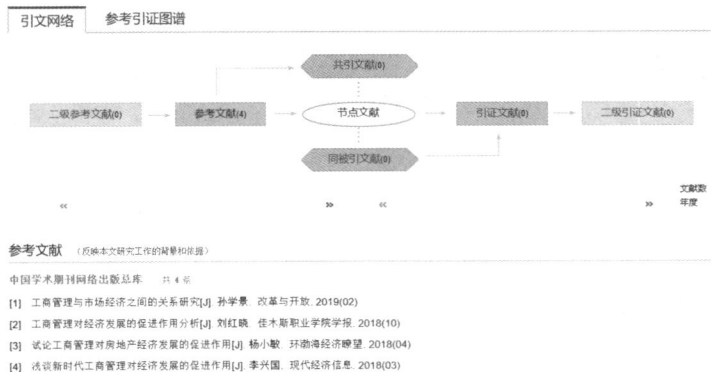

图 4-2-18　文献知网节

关联作者　未找到相关数据

相似文献　（与本文内容上较为接近的文献）

[1] 工商管理与经济发展的关系[J]. 丰有鹏. 新课程学习(下). 2015(05)
[2] 探究工商管理与市场经济之间的关系[J]. 祁志鑫. 城市建设理论研究(电子版). 2016(36)
[3] 新时代工商管理如何促进经济的发展[J]. 武艳丽. 财经界(学术版). 2019(20)
[4] 浅析工商管理与经济发展[J]. 李俭. 纳税. 2017(04)
[5] 工商管理对我国经济发展的促进作用[J]. 段梦迪. 现代商贸工业. 2017(14)
[6] 论新时期工商管理对经济发展的促进作用[J]. 张奕. 东方企业文化. 2015(05)
[7] 工商管理对经济发展的促进作用探析[J]. 周艳丽. 城市建设理论研究(电子版). 2018(08)
[8] 浅析工商管理对经济发展的促进作用[J]. 蒂帅. 经贸实践. 2016(19)
[9] 探讨工商管理与经济发展的关系[J]. 王宛瑾. 祖国. 2018(18)
[10] 从高中生角度分析工商管理对经济发展起到的作用[J]. 张宜洲. 中外企业家. 2018(32)

读者推荐　未找到相关数据

相关基金文献　未找到相关数据

图 4-2-19　作者和基金知网节

二、检索民法典或者有关物业方面的法律法规

(一)任务描述

在中国知网(CNKI)检索有关民法典或物业相关的法律法规,并对检索到的结果进行分组和排序、可视化分析,导出检索结果。了解民法典与我们生活的关系,关注我国民法典的相关内容,既要学会用民法典保护个人和社会的利益,也要遵守民法典的规定。

检索关键词:民法典、物业。

时间范围:2000 年 6 月 1 日至今。

检索内容:法律法规、发布日期、发布机关等。

(二)任务实施

在首页选择法律法规库,打开高级检索,选择标题包含"民法典"或者"物业"搜索条件,并指定日期为 2000 年 6 月 1 日后的所有检索结果,如图 4-2-20 至图 4-2-22 所示。

图 4-2-20　法律法规库

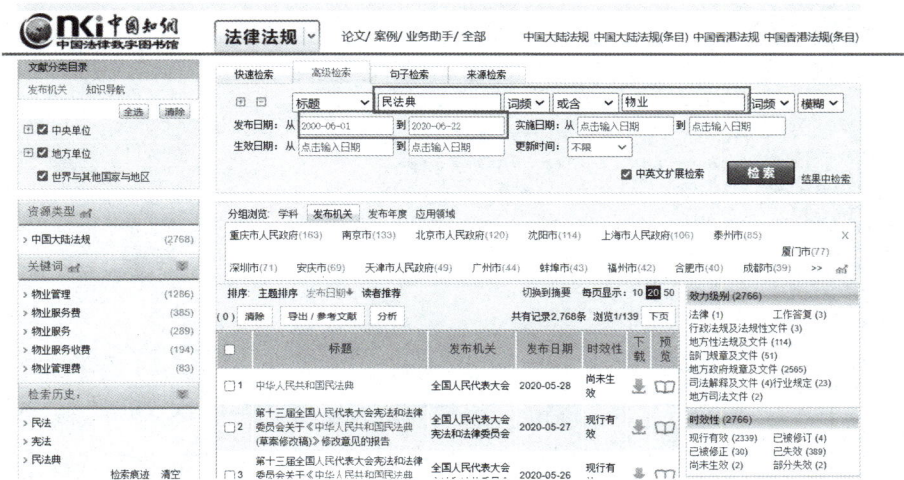

图 4-2-21　高级检索条件

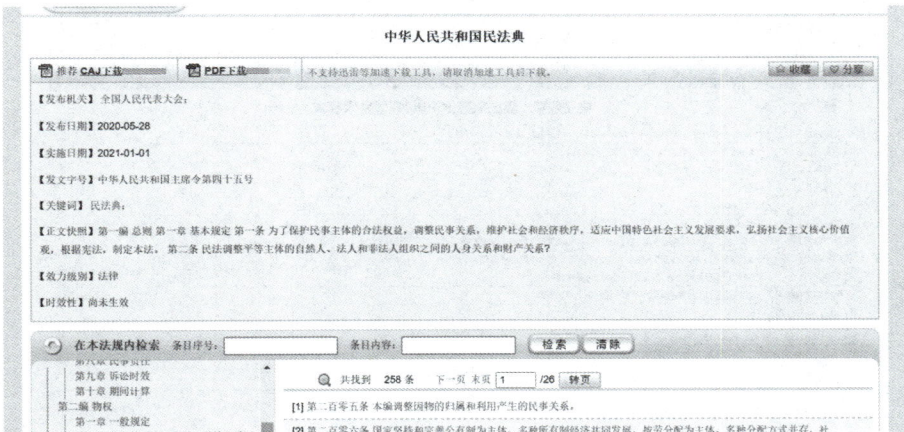

图 4-2-22　民法典检索结果

三、检索电子收费 集成电路(IC)卡读写器技术要求(技术标准)

(一)任务描述

在中国知网(CNKI)标准类型库中检索电子收费 集成电路(IC)卡读写器的技术标准，并对检索到的结果进行分组和排序、可视化分析，导出检索结果。

标题:电子收费和集成电路。

(二)任务实施

在首页选择标准库,打开高级检索,选择标题包含"电子收费"并含"集成电路"的搜索条件的所有技术标准,如图 4-2-23 和图 4-2-24 所示。

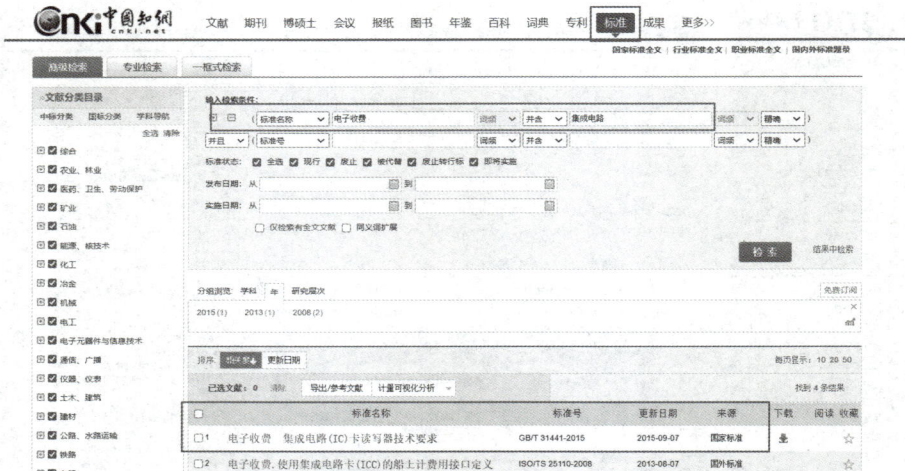

图 4 - 2 - 23 标准库

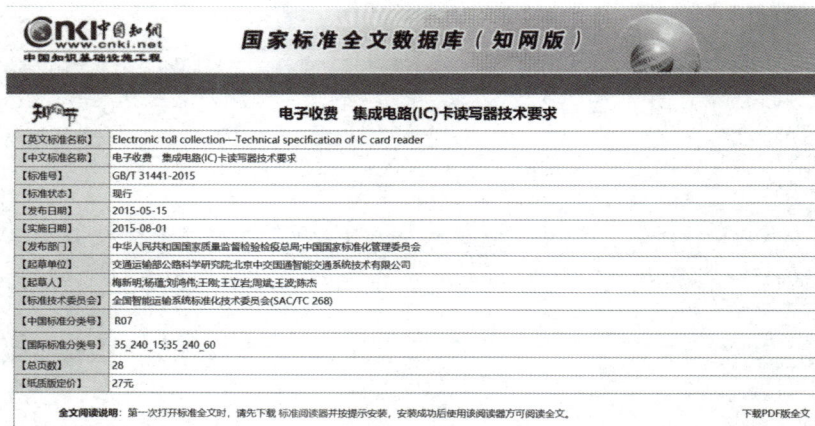

图 4 - 2 - 24 标准检索结果

四、检索智慧养老的专利等特种文献

(一)任务描述

在中国知网(CNKI)专利库中检索有关"智慧养老"方面的专利情况,并对检索到的结果进行分组和排序、可视化分析,导出检索结果。关注我国有关智慧养老的发明专利等,关心我国目前的全民养老问题。

关键词:智慧养老。

(二)任务实施

在首页选择专利库,检索关键词"智慧养老"的所有专利,如图 4 - 2 - 25 至图4-2-27所示。

图 4-2-25 专利库

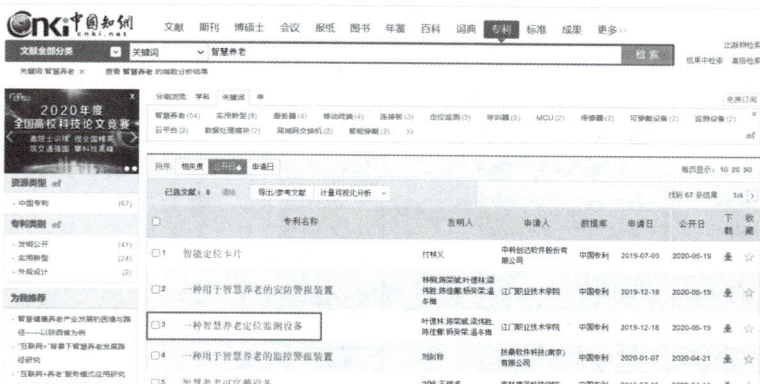

图 4-2-26 专利库检索条件

图 4-2-27 专利检索结果

五、检索 2017 年全国星级饭店的规模(年鉴)

(一)任务描述

在中国知网(CNKI)检索 2017 年全国星级饭店数量、客房数量和床位数量以及饭店登记注册类型,导出检索结果。关注我国旅游业发展情况。

检索方式:出版物检索,年鉴。

主题:旅游。

(二)任务实施

要检索 2017 年的统计数据,应该在 2018 年的年鉴中去检索。

在首页选择"出版物检索"，在"出版来源导航"中选择"年鉴导航"，在年鉴中文名输入"中华人民共和国年鉴"，选择 2018 年的旅游大类中的"2017 年度全国星级饭店统计公报"，检索到 2017 年全国星级饭店的规模数据，如图 4-2-28 至图 4-2-32 所示。

图 4-2-28　检索方式——出版物检索

图 4-2-29　年鉴导航

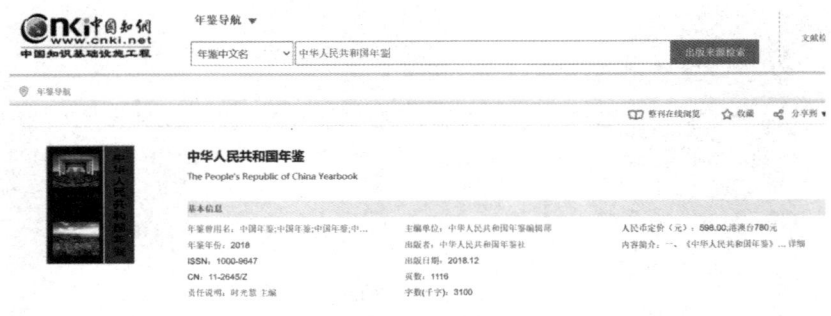

图 4-2-30　年鉴检索

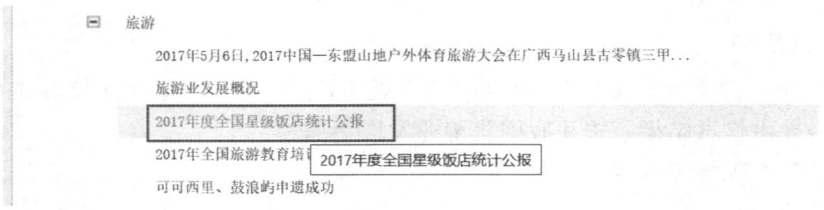

图 4-2-31　饭店统计公报

截至2017年底，全国共有A级旅游景区10806家，其中5A级景区250家，4A级旅游景区3272家。2017年，全国A级旅游景区共接待游客53.95亿人次，较上年增加9.63亿人次，增长21.73%。平均接待游客57.09万人次，增长11.55%。其中，4A级、休闲娱乐类和华东地区旅游景区成旅游热点。4A级、休闲娱乐类和华东地区A级旅游景区游客接待量分别为26.19亿人次、18.07亿人次和21.70亿人次，占全国A级旅游景区游客接待总量的比例分别为48.55%、33.49%和40.22%。2017年，全国A级旅游景区平均门票价格为29元，连续两年下降。2017年，全国A级旅游景区实现旅游总收入4339.83亿元，较上年增加481.63亿元，增长12.48%。

十一、A 级旅游景区就业与投资

2017年，全国A级旅游景区从业人员总量为263.68万人，其中，固定就业和临时就业量分别为130.10万人和133.58万人，各景区平均固定就业138人。其中，4A级、休闲娱乐类和华东地区旅游景区固定就业量最高。4A级、休闲娱乐类和华东地区A级旅游景区固定就业量分别为54.57万人、56.11万人和43.72万人，占全国A级旅游景区固定就业总量的比例分别为41.95%、43.13%和33.60%。2017年，全国A级旅游景区建设投资总额为3271.60亿元，较上年增加406.96亿元，增长14.21%。其中，4A级、休闲娱乐类和华东地区A级旅游景区建设投资额最高。4A级、休闲娱乐类和华东地区A级旅游景区建设投资额分别为1841.49亿元、1416.01亿元和1089.35亿元，占全国A级旅游景区年度总投资额的比例分别为56.29%、43.28%和33.30%。5A级

旅游景区建设投资额分别为384.72亿元和817.48亿元，分别较上年增长17.51%和55.63%。

2017 年度全国星级饭店统计公报

截至2017年年底，全国星级饭店统计管理系统中共有10645家星级饭店，其中，一星级82家，二星级2026家，三星级5166家，四星级2525家，五星级846家。完成填报的为10417家，填报率为97.86%。
一、总体情况
2017年，星级饭店统计管理系统中有9566家企业的经营数据通过了省级旅游主管部门的审核，数据汇总情况如下：
（一）基本情况

2017 年度全国星级饭店规模结构情况（按星级分）

指标	单位	五星级	四星级	三星级	二星级	一星级	合计
饭店数量	家	816	2412	4614	1660	64	9566
客房数	万间/套	28.64	50.37	55.27	12.48	0.30	147.06
床位数	万张	43.78	81.99	100.66	23.58	0.54	250.55

2017 年度全国星级饭店登记注册类型情况（按星级分）

单位：家

登记注册类型	五星级	四星级	三星级	二星级	一星级	合计	所占比例（%）
国有	144	588	1086	404	15	2237	23.38

图 4-2-32　统计公报中的数据

六、四个直辖市经济增长状况及其产业结构变动和能源消耗比较研究（统计数据）

（一）任务描述

调研2011—2014年北京、天津、上海、重庆四个直辖市的经济增长状况及其产业结构变动和能源消耗，调研指标包括GDP中第一产业增加值、GDP中第二产业增加值、GDP中第三产业增加值、第一产业增加值、第二产业增加值、第三产业增加值、总人口数、能源消费总量，并以可视化图表形式展现。

（二）任务实施

（1）在首页选择"大数据研究平台"的"统计数据"，如图4-2-33所示。

图 4-2-33　选择统计数据

（2）在"数据分析"中选择"年度数据分析"，如图4-2-34所示。
（3）选取调研地区：北京、天津、上海、重庆，如图4-2-35所示。

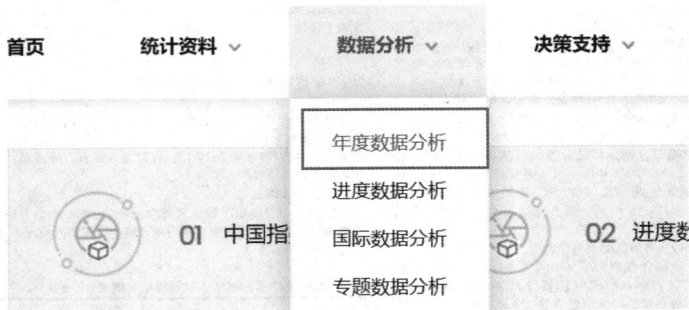

图 4-2-34 年度数据分析

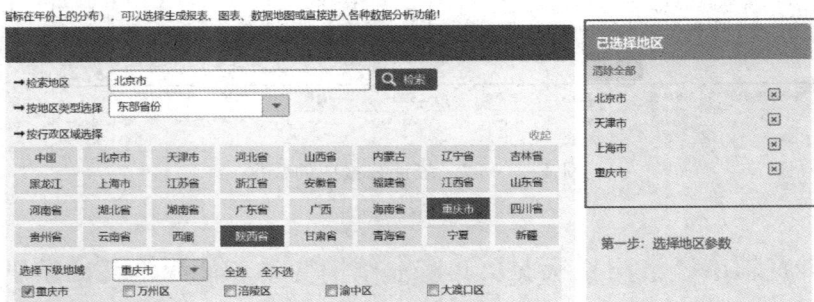

图 4-2-35 选取调研地区

(4)选取调研指标:GDP 中第一产业增加值、GDP 中第二产业增加值、GDP 中第三产业增加值、第一产业增加值、第二产业增加值、第三产业增加值、人口总数、能源消费总量,如图 4-2-36 所示。

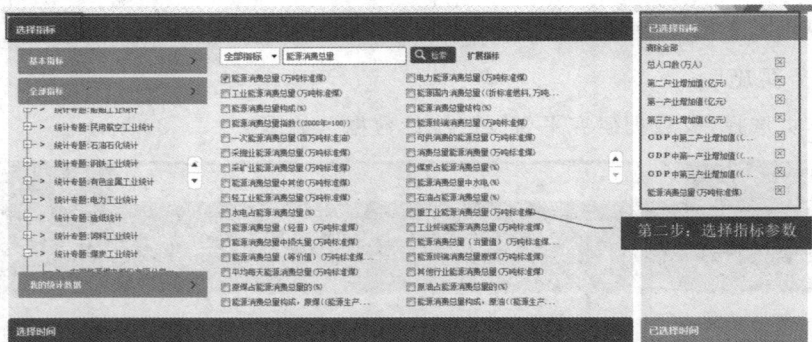

图 4-2-36 选取调研指标

(5)选择时间范围:2011—2014 年,如图 4-2-37 所示。

(6)生成数据图表和数据地图,如图 4-2-38、图 4-2-39 所示。

图 4 - 2 - 37　选择时间范围

图 4 - 2 - 38　生成数据图表

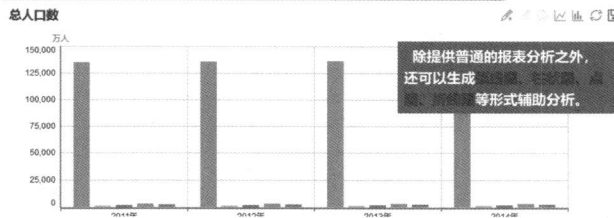

图 4 - 2 - 39　数据图表

七、网络搜索引擎

网络搜索引擎是一种网上信息检索工具,在浩瀚的网络资源中,它能帮助你迅速而全面地找到所需要的信息。它的主要功能是信息搜集、信息处理和信息查询。典型的有谷歌、百度、有道等。

以百度为例,它搜索简单方便,只要在搜索框内输入需要查询的内容,按 Enter 键或者用鼠标点击搜索框右侧的百度搜索按钮,就可以得到符合查询需求的相关网页内容。

百度还支持命令式高级检索,还可以精确匹配,比如双引号和书名号(""、《》),如果输入的查询词很长,百度在经过分析后给出的搜索结果中的查询词可能是拆分的。给查询词加上双引号,百度就可以不拆分查询词。

书名号是百度独有的一个特殊查询语法。在其他搜索引擎中,书名号会被忽略,而在百度,中文书名号是可被查询的。加上书名号的查询词,有两层特殊功能:一是书名号会出现在搜索结果中;二是被书名号括起来的内容,不会被拆分。书名号在某些情况下特别有效果,比如,查电影《手机》,如果不加书名号,很多情况下出来的是通信工具——手机,而加上书名号后,《手机》结果就都是关于电影和电视剧方面的了。

(一)任务描述

以"新公共管理"一词为例,将在中国知网的百科和普通网络搜索引擎百度的搜索结果进行对比,比较两个工具的异同。

以"冠状病毒"为检索词,分别在中国知网学术图片库和网络搜索引擎百度图片库检索,比较两个工具的异同。

(二)任务实施

(1)在中国知网(CNKI)的知识元检索中的百科检索"新公共管理",查看检索结果,如图4-2-40、图 4-2-41 所示。

图 4-2-40　知识元检索

图 4-2-41　"新公共管理"在中国知网百科中的解释

（2）在普通网络搜索引擎百度中检索"新公共管理"，如图 4 - 2 - 42 和图 4 - 2 - 43 所示。

图 4 - 2 - 42　用百度搜索"新公共管理"

图 4 - 2 - 43　百度搜索结果

（3）在中国知网学术图片库检索"冠状病毒"，可以实现以图找文，并可实现图片之间知网节关联，如图 4 - 2 - 44 和图 4 - 2 - 45 所示。利用图片对比功能，选择更加适合研究需要的信息；利用相关图片功能实现以图找图，转换研究视角。

（4）用百度图片引擎搜索"冠状病毒"得到如图 4 - 2 - 46 所示结果，无来源及上下文，需要去除无用信息。

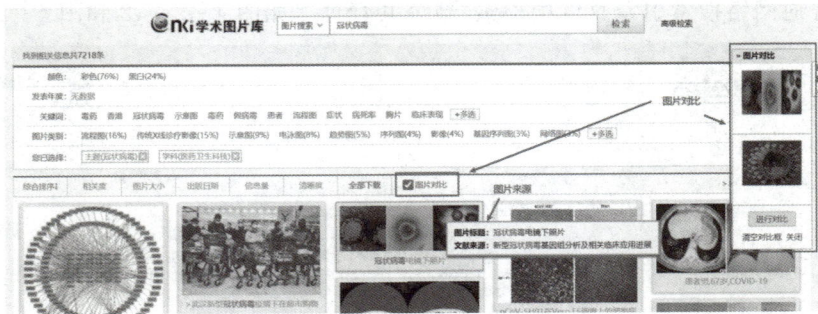

图 4 - 2 - 44　中国知网学术图片库

图 4 - 2 - 45　图片搜索结果

图 4 - 2 - 46　百度图片搜索结果

由以上两个案例可以看出,网络搜索引擎信息量大,但质量会有一定影响。

八、CNKI E-Study 学习工具

CNKI E-Study(见图 4 - 2 - 47)是一款由同方知网研发,面向广大学者、研究人员等读者对象的个人知识管理与辅助学习工具。它以全球学术成果为基础,可以实现中外文学术资料的收集与管理、多终端云同步实时更新、深入研读学习、随时记录数字笔记、在线写作以

及选刊投稿等多种实用功能。下载安装后利用该工具,读者可以实现一站式的探究学习,实现终身学习。

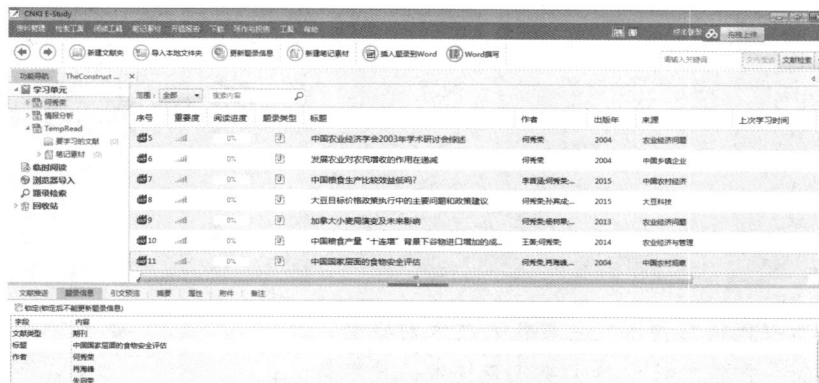

图 4 - 2 - 47　CNKI E-Study 学习工具

即测即评

项目五
新一代信息技术

◆ **学习目标** ◆

- 理解新一代信息技术及主要代表技术的概念；
- 了解新一代信息技术各主要代表技术的技术特点；
- 熟悉新一代信息技术各主要代表技术的典型应用；
- 了解新一代信息技术与制造业等产业的融合发展方式。

◆ **项目描述** ◆

新一代信息技术是以人工智能、量子信息、移动通信、云计算、大数据、物联网、区块链等为代表的新兴技术，它既是信息技术的纵向升级，也是信息技术间及与相关产业的横向渗透融合。新一代信息技术正在全球范围内引发新一轮的科技革命，并快速转化为现实生产力，引领科技、经济和社会的高速发展。本项目主要介绍新一代信息技术及主要代表技术的概念、技术特点、典型应用以及与制造业等产业的融合发展方式。

任务一　初识新一代信息技术

一、任务描述

新一代信息技术是以物联网、云计算、大数据、人工智能等为代表的新兴技术，它既是信息技术的纵向升级，也是信息技术的横向渗透融合。新一代信息技术无疑是当今世界创新最活跃、渗透性最强、影响力最广的领域，正在全球范围内引发新一轮的科技革命，并以前所未有的速度转化为现实生产力，引领科技、经济和社会日新月异。本任务主要介绍新一代信息技术及主要代表技术的概念、技术特点、典型应用领域等。

二、任务实施

（一）人工智能

1. 人工智能的概念

人工智能（artificial intelligence，AI），是研究、开发用于模拟、延伸和扩展人的智能的理论、方法、技术及应用系统的一门新的技术科学。

人工智能是计算机学科的一个分支，20 世纪 70 年代以来被称为世界三大尖端技术之一（空间技术、能源技术、人工智能），也被认为是 21 世纪三大尖端技术（基因工程、纳米科学、人工智能)之一。这是因为近三十年来它获得了迅速的发展,在很多学科领域都获得了广泛应用,并取得了丰硕的成果,人工智能已逐步成为一个独立的分支,无论在理论和实践上都已自成一个系统。

人工智能是研究使计算机来模拟人的某些思维过程和智能行为(如学习、推理、思考、规划等)的学科,主要包括计算机实现智能的原理、制造类似于人脑智能的计算机,使计算机能实现更高层次的应用。人工智能涉及计算机科学、心理学、哲学和语言学等学科,其范围已远远超出了计算机科学的范畴。人工智能与思维科学的关系是实践和理论的关系,人工智能处于思维科学的技术应用层次,是它的一个应用分支。从思维观点看,人工智能不仅限于逻辑思维,只有考虑形象思维、灵感思维才能促进人工智能突破性的发展。数学常被认为是多种学科的基础科学,人工智能学科也必须借用数学工具。数学进入人工智能学科,它们将互相促进而更快地发展。

2. 人工智能的技术特点

人工智能是计算机科学的一个分支,它企图了解智能的实质,并生产出一种新的能以人类智能相似的方式做出反应的智能机器,该领域的研究包括机器人、语言识别、图像识别、自然语言处理和专家系统等。人工智能从诞生以来,理论和技术日益成熟,应用领域也不断扩大,可以设想,未来人工智能带来的科技产品,将会是人类智慧的"容器"。

人工智能在计算机上实现时有两种不同的方式。一种是采用传统的编程技术,使系统呈现智能的效果,而不考虑所用方法是否与人或动物机体所用的方法相同。这种方法叫工程学方法(engineering approach),它已在一些领域内做出了成果,如文字识别、电脑下棋等。另一种是模拟法(modeling approach),它不仅要看效果,还要求实现方法和人类或生物机体所用的方法相同或相类似。遗传算法(generic algorithm,GA)和人工神经网络(artificial neural network,ANN)均属后一类型。遗传算法模拟人类或生物的遗传-进化机制,人工神经网络则模拟人类或动物大脑中神经细胞的活动方式。为了得到相同智能效果,两种方式通常都可使用。采用前一种方法,需要人工详细规定程序逻辑,如果游戏简单,还是方便的。如果游戏复杂,角色数量和活动空间增加,相应的逻辑就会很复杂(按指数式增长),人工编程就非常烦琐,容易出错。而一旦出错,就必须修改原程序,重新编译、调试,最后为用户提供一个新的版本或提供一个新补丁,非常麻烦。采用后一种方法时,编程者要为每一角色设计一个智能系统(一个模块)来进行控制,这个智能系统(模块)开始什么也不懂,就像初生婴儿那样,但它能够学习,能渐渐地适应环境,应付各种复杂情况。这种系统开始也常犯错误,但它能吸取教训,下一次运行时就可能改正,至少不会永远错下去,用不着发布新版本或打补丁。利用这种方法来实现人工智能,要求编程者具有生物学的思考方法,入门难度大一点。但一旦入了门,就可得到广泛应用。由于这种方法编程时无须对角色的活动规律做详细规定,可应用于复杂问题,通常会比前一种方法更省力。

3. 人工智能的应用领域

人工智能的应用领域有:机器翻译,智能控制,专家系统,机器人学,语言和图像理解,遗传编程,机器人工厂,自动程序设计,航天应用,庞大的信息处理、储存与管理,执行人类无法执行的或复杂或规模庞大的任务等。机器翻译是人工智能的重要分支和最先应用领域。智能家居之后,人工智能成为家电业的新风口。

(二)量子信息

1. 量子信息的概念

量子信息(quantum information)是关于量子系统"状态"所带有的物理信息,是通过量子系统的各种相干特性(如量子并行、量子纠缠和量子不可克隆等),进行计算、编码和信息传输的全新信息方式。

2. 量子信息的技术特点

量子信息是量子物理与信息技术相结合发展起来的新学科,主要包括量子通信和量子计算两个领域。量子通信主要研究量子密码、量子隐形传态、远距离量子通信的技术等;量子计算主要研究量子计算机和适合于量子计算机的量子算法。

量子通信是利用量子叠加态和纠缠效应进行信息传递的新型通信方式,基于量子力学中的不确定性、测量坍缩和不可克隆三大原理提供了无法被窃听和计算破解的绝对安全性保证,主要分为量子隐形传态和量子密钥分发两种。

量子隐形传态基于量子纠缠对分发与贝尔态联合测量,实现量子态的信息传输,其中量子态信息的测量和确定仍需要现有通信技术的辅助。量子隐形传态中的纠缠对制备、分发和测量等关键技术有待突破,目前处于理论研究和实验探索阶段,距离实用化尚有较大差距。

量子密钥分发,也称量子密码,借助量子叠加态的传输测量实现通信双方安全的量子密钥共享,再通过一次一密的对称加密体制,即通信双方均使用与明文等长的密码进行逐比特加解密操作,实现无条件绝对安全的保密通信。

3. 量子信息的应用领域

以量子密钥分发为基础的量子保密通信成为未来保障网络信息安全的一种非常有潜力的技术手段,是量子通信领域理论和应用研究的热点。

(三)移动通信

1. 移动通信的概念

移动通信(mobile communications)是沟通移动用户与固定点用户之间或移动用户之间的通信方式。

2. 移动通信的技术特点

移动通信是进行无线通信的现代化技术,这种技术是电子计算机与移动互联网发展的重要成果之一。移动通信技术经过第一代、第二代、第三代、第四代技术的发展,目前,已经商用第五代移动通信技术(5G),迈入第六代移动通信技术(6G)研发,这也是目前改变世界的几种主要技术之一。

5G 移动网络与早期的 2G、3G 和 4G 移动网络一样,也是数字蜂窝网络,在这种网络中,供应商覆盖的服务区域被划分为许多被称为蜂窝的小地理区域。表示声音和图像的模拟信号在手机中被数字化,由模数转换器转换并作为比特流传输。蜂窝中的所有 5G 无线设备通过无线电波与蜂窝中的本地天线阵和低功率自动收发器(发射机和接收机)进行通信。收发器从公共频率池分配频道,这些频道在地理上分离的蜂窝中可以重复使用。本地天线通过高带宽光纤或无线回程与电话网络和互联网连接。与现有的手机一样,当用户从一个蜂窝穿越到另一个蜂窝时,他们的移动设备将自动"切换"到新蜂窝中的天线。

5G 网络具有以下特点：

(1)峰值速率需要达到 Gbit/s 的标准,以满足高清视频、虚拟现实等大数据量传输。

(2)空中接口时延水平需要在 1 ms 左右,满足自动驾驶、远程医疗等实时应用。

(3)超大网络容量,提供千亿设备的连接能力,满足物联网通信。

(4)频谱效率要比 LTE 提升 10 倍以上。

(5)连续广域覆盖和高移动性下,用户体验速率达到 100 Mbit/s。

(6)流量密度和连接数密度大幅度提高。

(7)系统协同化、智能化水平提升,表现为多用户、多点、多天线、多摄取的协同组网,以及网络间灵活地自动调整。

6G,即第六代移动通信标准,也被称为第六代移动通信技术,主要促进的就是物联网的发展。截至 2019 年 11 月,6G 仍在开发阶段。2019 年 11 月 3 日,科技部会同发展改革委、教育部、工业和信息化部、中科院、自然科学基金委在北京组织召开 6G 技术研发工作启动会。

6G 网络将是一个地面无线与卫星通信集成的全连接世界。通过将卫星通信整合到 6G 移动通信,实现全球无缝覆盖,网络信号能够抵达任何一个偏远的乡村,让深处山区的人们能接受远程医疗,让孩子们能接受远程教育。此外,在全球卫星定位系统、电信卫星系统、地球图像卫星系统和 6G 地面网络的联动支持下,地空全覆盖网络还能帮助人类预测天气、快速应对自然灾害等。这就是 6G 未来。6G 通信技术不再是简单的网络容量和传输速率的突破,它更是为了缩小数字鸿沟,实现万物互联这个"终极目标",这便是 6G 的意义。

6G 的数据传输速率可能达到 5G 的 50 倍,时延缩短到 5G 的十分之一,在峰值速率、时延、流量密度、连接数密度、移动性、频谱效率、定位能力等方面远优于 5G。

3.移动通信的应用领域

(1)车联网与自动驾驶。车联网技术经历了利用有线通信的路侧单元(道路提示牌)以及 2G/3G/4G 网络承载车载信息服务的阶段,正在依托高速移动的通信技术,逐步步入自动驾驶时代。根据中国、美国、日本等国家的汽车发展规划,依托传速率更高、时延更低的 5G 网络,将在 2025 年全面实现自动驾驶汽车的量产,市场规模达到 1 万亿美元。

(2)外科手术。2019 年 1 月 19 日,中国一名外科医生利用 5G 技术实施了全球首例远程外科手术。这名医生在福建省利用 5G 网络,操控 48 公里以外一个偏远地区的机械臂进行手术。在进行的手术中,由于延时只有 0.1 秒,外科医生用 5G 网络切除了一只实验动物的肝脏。5G 技术的其他好处还包括大幅减少了下载时间,下载速度从每秒约 20 兆字节上升到每秒 50 千兆字节——相当于在 1 秒钟内下载超过 10 部高清影片。5G 技术最直接的应用很可能是改善视频通话和游戏体验,但机器人手术很有可能给专业外科医生为世界各地有需要的人实施手术带来很大希望。

(3)智能电网。因电网高安全性要求与全覆盖的广度特性,智能电网必须在海量连接以及广覆盖的测量处理体系中,做到 99.999% 的高可靠度;超大数量末端设备的同时接入、小于 20 ms 的超低时延,以及终端深度覆盖、信号平稳等是其可安全工作的基本要求。

(四)云计算

1.云计算的概念

云计算(cloud computing)是分布式计算的一种,是以互联网为中心,在网站上提供快速且安全的计算服务与数据存储,让每一个使用互联网的人都可以使用网络上的庞大计算资源与数据中心。云计算是信息时代的一个大飞跃,未来的时代可能是云计算的时代,云计算的核心是可以将很多的计算机资源协调在一起,使用户通过网络就可以获取无限的资源,同时获取的资源不受时间和空间的限制。

2. 云计算的技术特点

云计算的可贵之处在于高灵活性、可扩展性和高性价比等。云计算具有如下优势与特点:

(1)虚拟化技术。必须强调的是,虚拟化突破了时间、空间的界限,是云计算最为显著的特点。虚拟化技术包括应用虚拟和资源虚拟两种。众所周知,物理平台与应用部署的环境在空间上是没有任何联系的,正是通过虚拟平台对相应终端操作完成数据备份、迁移和扩展等。

(2)动态可扩展。云计算具有高效的运算能力,在原有服务器基础上增加云计算功能能够使计算速度迅速提高,最终实现动态扩展虚拟化的层次达到对应用进行扩展的目的。

(3)按需部署。计算机包含了许多应用、程序软件等,不同的应用对应的数据资源库不同,所以用户运行不同的应用需要较强的计算能力对资源进行部署,而云计算平台能够根据用户的需求快速配备计算能力及资源。

(4)灵活性高。目前市场上大多数信息技术资源、软硬件都支持虚拟化,比如存储网络、操作系统和开发软硬件等。虚拟化要素统一放在云系统资源虚拟池当中进行管理,可见云计算的兼容性非常强,不仅可以兼容低配置机器、不同厂商的硬件产品,还能够外设获得更高性能计算。

(5)可靠性高。倘若服务器故障,也不影响计算与应用的正常运行。因为单点服务器出现故障可以通过虚拟化技术将分布在不同物理服务器上面的应用进行恢复或利用动态扩展功能部署新的服务器进行计算。

(6)性价比高。将资源放在虚拟资源池中统一管理在一定程度上优化了物理资源,用户不再需要昂贵、存储空间大的主机,可以选择相对廉价的个人计算机组成云,一方面减少费用,另一方面计算性能不逊于大型主机。

(7)可扩展性。用户可以利用应用软件的快速部署条件来更为简单快捷地将自身所需的已有业务以及新业务进行扩展。如,计算机云计算系统中出现设备的故障,对于用户来说,无论是在计算机层面上,抑或是在具体运用上均不会受到阻碍,可以利用计算机云计算具有的动态扩展功能来对其他服务器开展有效扩展。这样一来就能够确保任务得以有序完成。在对虚拟化资源进行动态扩展的情况下,同时能够高效扩展应用,提高计算机云计算的操作水平。

3. 云计算的应用领域

较为简单的云计算技术已经普遍存在于现如今的互联网服务中,最为常见的就是网络搜索引擎和网络邮箱。搜索引擎大家最为熟悉的莫过于谷歌和百度了,在任何时刻,通过移动终端就可以在搜索引擎上搜索任何自己想要的资源,再通过云端共享数据资源。而网络邮箱也是如此,在过去,寄一封邮件是一件比较麻烦的事情,同时也是很慢的过程,而在云计算技术和网络技术的推动下,电子邮箱成了社会生活的一部分,只要在网络环境下,就可以实现实时的邮件寄发。

（1）存储云。存储云，又称云存储，是在云计算技术上发展起来的一个新的存储技术。云存储是一个以数据存储和管理为核心的云计算系统。用户可以将本地的资源上传至云端上，可以在任何地方连入互联网来获取云上的资源。在国内，百度云和微云则是市场占有量最大的存储云。存储云向用户提供了存储容器服务、备份服务、归档服务和记录管理服务等，大大方便了使用者对资源的管理。

（2）医疗云。医疗云，是指在云计算、移动技术、多媒体、5G通信、大数据以及物联网等新技术基础上，结合医疗技术，使用云计算来创建医疗健康服务云平台，实现了医疗资源的共享和医疗范围的扩大。因为云计算技术的运用与结合，医疗云提高了医疗机构的效率，方便了居民就医。像现在医院的预约挂号、电子病历等都是云计算与医疗领域结合的产物，医疗云还具有数据安全、信息共享、动态扩展、布局全国的优势。

（3）金融云。金融云，是指利用云计算的模型，将信息、金融和服务等功能分散到庞大分支机构构成的互联网"云"中，旨在为银行、保险和基金等金融机构提供互联网处理和运行服务，同时共享互联网资源，从而解决现有问题并且达到高效、低成本的目标。

（4）教育云。教育云，实质上是教育信息化的一种发展。教育云可以将所需要的任何教育硬件资源虚拟化，然后将其传入互联网中，以向教育机构和学生、教师提供一个方便快捷的平台。现在流行的慕课就是教育云的一种应用。

（五）大数据

1. 大数据的概念

大数据（big data）是指无法在一定时间范围内用常规软件工具进行捕捉、管理和处理的数据集合，是需要新处理模式才能具有更强的决策力、洞察发现力和流程优化能力的海量、高增长率和多样化的信息资产。

2. 大数据的技术特点

适用于大数据的技术，包括大规模并行处理（MPP）数据库、数据挖掘、分布式文件系统、分布式数据库、云计算平台、互联网和可扩展的存储系统。大数据具有海量的数据规模、快速的数据流转、多样的数据类型和价值密度低四大特征。

大数据技术的战略意义不在于掌握庞大的数据信息，而在于对这些含有意义的数据进行专业化处理。换而言之，如果把大数据比作一种产业，那么这种产业实现盈利的关键在于提高对数据的"加工能力"，通过"加工"实现数据的"增值"。

3. 大数据的应用领域

大数据技术被渗透到社会的方方面面，如医疗卫生、商业分析、国家安全、食品安全、金融安全等方面。例如：在金融行业，银行零售经营新体系通过应用程序接口（API）、智能感知、挖掘建模等大数据应用技术，提升数据驱动运营能力。

（六）物联网

1. 物联网的概念

物联网（internet of things，IoT），即"万物相连的互联网"，是在互联网基础上延伸和扩展的网络，将各种信息传感设备与互联网结合起来而形成一个巨大网络，实现在任何时间、任何地点，人、机、物的互联互通。

物联网是指通过信息传感器、射频识别技术、全球定位系统、红外感应器、激光扫描器等各种装置与技术,实时采集任何需要监控、连接、互动的物体或过程,采集其声、光、热、电、力学、化学、生物、位置等各种需要的信息,通过各类可能的网络接入,实现物与物、物与人的泛在连接,实现对物品和过程的智能化感知、识别和管理。物联网是一个基于互联网、传统电信网等的信息承载体,它让所有能够被独立寻址的普通物理对象形成互联互通的网络。

物联网是新一代信息技术的重要组成部分。IT 行业又称其为泛互联网,意指物物相连,万物万联。由此,"物联网就是物物相连的互联网"。这有两层意思:第一,物联网的核心和基础仍然是互联网,是在互联网基础上延伸和扩展的网络;第二,其用户端延伸和扩展到了任何物品与物品之间,进行信息交换和通信。

2. 物联网的基本特征

从通信对象和过程来看,物与物、人与物之间的信息交互是物联网的核心。物联网的基本特征可概括为整体感知、可靠传输和智能处理。

(1)整体感知:可以利用射频识别、二维码、智能传感器等感知设备感知获取物体的各类信息。

(2)可靠传输:通过对互联网、无线网络的融合,将物体的信息实时、准确地传送,以便交流、分享信息。

(3)智能处理:使用各种智能技术,对感知和传送到的数据、信息进行分析处理,实现监测与控制的智能化。

根据物联网的以上特征,结合信息科学的观点,围绕信息的流动过程,可以归纳出物联网处理信息的功能:

(1)获取信息的功能,主要是信息的感知、识别。信息的感知是指对事物属性状态及其变化方式的知觉和敏感。信息的识别指能把所感受到的事物状态用一定方式表示出来。

(2)传送信息的功能,主要是信息发送、传输、接收等环节,把获取的事物状态信息及其变化的方式从时间(或空间)上的一点传送到另一点,就是常说的通信过程。

(3)处理信息的功能,是指信息的加工过程,利用已有的信息或感知的信息产生新的信息,实际是制定决策的过程。

(4)信息施效的功能,指信息最终发挥效用的过程,有很多的表现形式,比较重要的是通过调节对象事物的状态及其变换方式,始终使对象处于预先设计的状态。

3. 物联网的技术

(1)射频识别技术。谈到物联网,就不得不提到物联网发展中备受关注的射频识别技术(radio frequency identification,RFID)。RFID 是一种简单的无线系统,由一个询问器(或阅读器)和很多应答器(或标签)组成。标签由耦合元件及芯片组成,每个标签具有扩展词条唯一的电子编码,附着在物体上标识目标对象,它通过天线将射频信息传递给阅读器。RFID技术让物品能够"开口说话"。这就赋予了物联网一个特性即可跟踪性,就是说人们可以随时掌握物品的准确位置及其周边环境。据桑福德・伯恩斯坦公司(Sanford C. Bernstein)的零售业分析师估计,RFID 带来的这一特性,可使沃尔玛每年节省 83.5 亿美元,其中大部分是因为不需要人工查看进货的条码而节省的劳动力成本。RFID 帮助零售业解决了商品断货和损耗(因盗窃和供应链被搅乱而损失的产品)两大难题,而现在单是盗窃一项,沃尔玛一年的损失就达近 20 亿美元。

(2)传感网。MEMS 是微机电系统(micro-electro-mechanical systems)的英文缩写。它

是由微传感器、微执行器、信号处理和控制电路、通信接口和电源等部件组成的一体化的微型器件系统。其目标是把信息的获取、处理和执行集成在一起，组成具有多功能的微型系统，集成于大尺寸系统中，从而大幅度地提高系统的自动化、智能化和可靠性水平。它是比较通用的传感器。MEMS赋予了普通物体新的生命，它们有了属于自己的数据传输通路，有了存储功能、操作系统和专门的应用程序，从而形成一个庞大的传感网。这让物联网能够通过物品来实现对人的监控与保护。遇到酒后驾车的情况，如果在汽车和汽车点火钥匙上都植入微型感应器，那么当喝了酒的司机掏出汽车钥匙时，钥匙能透过气味感应器察觉到一股酒气，就通过无线信号立即通知汽车"暂停发动"，汽车便会处于休息状态。同时"命令"司机的手机给他的亲朋好友发短信，告知司机所在位置，提醒亲友尽快来处理。不仅如此，未来文件夹会"检查"我们忘带了什么重要文件，食品蔬菜的标签会向顾客的手机介绍"自己"是否真正"绿色安全"。这就是物联网世界中被"物"化的结果。

（3）M2M系统框架。M2M是machine-to-machine/man的简称，是一种以机器终端智能交互为核心的、网络化的应用与服务。它将使对象实现智能化的控制。M2M技术涉及五个重要的技术部分：机器、M2M硬件、通信网络、中间件、应用。基于云计算平台和智能网络，可以依据传感器网络获取的数据进行决策，改变对象的行为进行控制和反馈。拿智能停车场来说，当该车辆驶入或离开天线通信区时，天线以微波通信方式与电子识别卡进行双向数据交换，从电子车卡上读取车辆的相关信息，在司机卡上读取司机的相关信息，自动识别电子车卡和司机卡，并判断车卡是否有效和司机卡的合法性，核对车道控制电脑显示与该电子车卡和司机卡一一对应的车牌号码及驾驶员等资料信息；车道控制电脑自动将通过时间、车辆和驾驶员的有关信息存入数据库中，车道控制电脑根据读到的数据判断是正常卡、未授权卡、无卡还是非法卡，据此做出相应的回应和提示。另外，家中老人戴上嵌入智能传感器的手表，在外地的子女可以随时通过手机查询父母的血压、心率是否稳定；智能化的住宅在主人上班时，传感器自动关闭水电气和门窗，定时向主人的手机发送消息，汇报安全情况。

4. 物联网的应用领域

物联网的应用领域涉及方方面面。物联网在工业、农业、环境、交通、物流、安保等基础设施领域的应用，有效地推动了这些方面的智能化发展，使得有限的资源更加合理地使用分配，从而提高了行业效率、效益。物联网在家居、医疗健康、教育、金融、旅游等与生活息息相关的领域的应用，使服务范围、服务方式到服务的质量等方面都有了极大的改进，大大地提高了人们的生活质量。

（1）智能交通。物联网技术在道路交通方面的应用比较成熟。随着社会车辆越来越普及，交通拥堵甚至瘫痪已成为城市的一大问题。对道路交通状况实时监控并将信息及时传递给驾驶人，让驾驶人及时做出出行调整，可有效缓解交通压力；高速路口设置电子不停车收费系统（简称ETC），免去进出口取卡、还卡的时间，提升了车辆的通行效率；公交车上安装定位系统，能及时了解公交车行驶路线及到站时间，乘客可以根据搭乘路线确定出行时间，免去不必要的时间浪费。社会车辆增多，除了会带来交通压力外，停车难也日益成为一个突出问题，不少城市推出了智慧路边停车管理系统。该系统基于云计算平台，结合物联网技术与移动支付技术，共享车位资源，提高了车位利用率和用户的方便程度。该系统可以兼容手机模式和射频识别模式，通过手机端App软件可以实现及时了解车位信息、车位位置，提前做好预订并实现交费等操作，很大程度上解决了"停车难、难停车"的问题。

（2）智能家居。智能家居就是物联网在家庭中的基础应用,随着宽带业务的普及,智能家居产品涉及方方面面。家中无人,可利用手机等产品客户端远程操作智能空调,调节室温;通过客户端实现智能开关灯泡、调控灯泡的亮度和颜色等。插座内置 Wi-Fi,可实现遥控插座定时通断电流,甚至可以监测设备用电情况,生成用电图表让你对用电情况一目了然,安排资源使用及开支预算。智能体重秤,监测运动效果,内置可以监测血压、脂肪量的先进传感器,内定程序根据身体状态提出健康建议。智能牙刷与客户端相连,提供刷牙时间、刷牙位置提醒,可根据刷牙的数据生产图表,监测口腔的健康状况。智能摄像头、窗户传感器、智能门铃、烟雾探测器、智能报警器等都是家庭不可少的安全监控设备,你即使出门在外,也可以在任意时间、地方查看家中任何一角的实时状况,消除安全隐患。看似烦琐的种种家居生活因为物联网变得更加轻松、美好。

（3）公共安全。近年来全球气候异常情况频发,灾害的突发性和危害性进一步加大,互联网可以实时监测环境的不安全性情况,提前预防、实时预警、及时采取应对措施,降低灾害对人类生命财产的威胁。美国纽约州立大学布法罗分校早在 2013 年就提出研究深海互联网项目,通过将特殊处理的感应装置置于深海处,分析水下相关情况,进行海洋污染的防治、海底资源的探测,甚至对海啸也可以提供更加可靠的预警。该项目在当地湖水中进行试验,获得成功,为进一步扩大使用范围提供了基础。利用物联网技术可以智能感知大气、土壤、森林、水资源等方面各指标数据,对于改善人类生活环境发挥巨大作用。

（七）区块链

1. 区块链的概念、特征和类型

区块链（blockchain）是一个分布式的共享账本和数据库,具有去中心化、不可篡改、全程留痕、可以追溯、集体维护、公开透明等特点。

从科技层面来看,区块链涉及数学、密码学、互联网和计算机编程等很多科学技术问题。区块链是分布式数据存储、点对点传输、共识机制、加密算法等计算机技术的新型应用模式。

一般说来,区块链系统由数据层、网络层、共识层、激励层、合约层和应用层组成。其中:数据层封装了底层数据区块以及相关的数据加密和时间戳等基础数据和基本算法;网络层则包括分布式组网机制、数据传播机制和数据验证机制等;共识层主要封装网络节点的各类共识算法;激励层将经济因素集成到区块链技术体系中来,主要包括经济激励的发行机制和分配机制等;合约层主要封装各类脚本、算法和智能合约,是区块链可编程特性的基础;应用层则封装了区块链的各种应用场景和案例。该模型中,基于时间戳的链式区块结构、分布式节点的共识机制、基于共识算力的经济激励和灵活可编程的智能合约是区块链技术最具代表性的创新点。

区块链具有以下特征:

（1）去中心化。区块链技术不依赖额外的第三方管理机构或硬件设施,没有中心管制,除了自成一体的区块链本身,通过分布式核算和存储,各个节点实现了信息自我验证、传递和管理。去中心化是区块链最突出、最本质的特征。

（2）开放性。区块链技术基础是开源的,除了交易各方的私有信息被加密外,区块链的数据对所有人开放,任何人都可以通过公开的接口查询区块链数据和开发相关应用,因此整个系统信息高度透明。

（3）独立性。基于协商一致的规范和协议（类似比特币采用的哈希算法等各种数学算

法），整个区块链系统不依赖其他第三方，所有节点能够在系统内自动安全地验证、交换数据，不需要任何人为的干预。

（4）安全性。只要不能掌控全部数据节点的51%，就无法肆意操控修改网络数据，这使区块链本身变得相对安全，避免了主观人为的数据变更。

（5）匿名性。除非有法律规范要求，单从技术上来讲，各区块节点的身份信息不需要公开或验证，信息传递可以匿名进行。

区块链的一般类型包括以下三种：

（1）公有区块链。公有区块链是指世界上任何个体或者团体都可以发送交易，且交易能够获得有效确认，任何人都可以参与其共识过程的区块链。公有区块链是最早的区块链，也是应用最广泛的区块链。

（2）行业区块链。行业区块链由某个群体内部指定多个预选的节点为记账人，每个块的生成由所有的预选节点共同决定（预选节点参与共识过程），其他接入节点可以参与交易，但不过问记账过程（本质上还是托管记账，只是变成分布式记账，预选节点的多少、如何决定每个块的记账者成为该区块链的主要风险点），其他任何人可以通过该区块链开放的 API（应用程序接口）进行限定查询。

（3）私有区块链。私有区块链仅仅使用区块链的总账技术进行记账，可以是一个公司，也可以是个人，独享该区块链的写入权限，本链与其他的分布式存储方案没有太大区别。

2. 区块链的技术特点

（1）分布式账本。分布式账本指的是交易记账由分布在不同地方的多个节点共同完成，而且每一个节点记录的是完整的账目，因此它们都可以参与监督交易合法性，同时也可以共同为其做证。

跟传统的分布式存储有所不同，区块链的分布式存储的独特性主要体现在两个方面：一是区块链每个节点都按照块链式结构存储完整的数据，传统分布式存储一般是将数据按照一定的规则分成多份进行存储；二是区块链每个节点存储都是独立的、地位等同的，依靠共识机制保证存储的一致性，而传统分布式存储一般是通过中心节点往其他备份节点同步数据。没有任何一个节点可以单独记录账本数据，从而避免了单一记账人被控制或者被贿赂而记假账的可能性。也由于记账节点足够多，从理论上讲除非所有的节点被破坏，否则账目就不会丢失，从而保证了账目数据的安全性。

（2）非对称加密。存储在区块链上的交易信息是公开的，但是账户身份信息是高度加密的，只有在数据拥有者授权的情况下才能访问到，从而保证了数据的安全和个人的隐私。

（3）共识机制。共识机制就是所有记账节点之间怎么达成共识，去认定一个记录的有效性，这既是认定的手段，也是防止篡改的手段。区块链提出了四种不同的共识机制，适用于不同的应用场景，在效率和安全性之间取得平衡。

区块链的共识机制具备"少数服从多数"以及"人人平等"的特点，其中"少数服从多数"并不完全指节点个数，也可以是计算能力、股权数或者其他的计算机可以比较的特征量。"人人平等"是当节点满足条件时，所有节点都有权优先提出共识结果、直接被其他节点认同后并最后有可能成为最终共识结果。以比特币为例，采用的是工作量证明，只有在控制了全网超过51%的记账节点的情况下，才有可能伪造出一条不存在的记录。当加入区块链的节点足够多的时候，这基本上不可能，从而杜绝了造假的可能。

（4）智能合约。智能合约是基于这些可信的不可篡改的数据，可以自动化地执行一些预先定义好的规则和条款。以保险为例，如果说每个人的信息（包括医疗信息和风险发生的信息）都是真实可信的，那就很容易在一些标准化的保险产品中，去进行自动化的理赔。在保险公司的日常业务中，虽然交易不像银行和证券行业那样频繁，但是对可信数据的依赖是有增无减的。因此，利用区块链技术，从数据管理的角度切入，能够有效地帮助保险公司提高风险管理能力。具体来讲主要分投保人风险管理和保险公司的风险监督。

3. 区块链的应用领域

（1）金融领域。区块链在国际汇兑、信用证、股权登记和证券交易所等金融领域有着潜在的巨大应用价值。将区块链技术应用在金融行业中，能够省去第三方中介环节，实现点对点的直接对接，从而在大大降低成本的同时，快速完成交易支付。

比如 Visa 推出基于区块链技术的 Visa B2B Connect，它能为机构提供一种费用更低、更快速和安全的跨境支付方式来处理全球范围的企业对企业的交易。要知道传统的跨境支付需要等 3～5 天，并为此支付 1‰～3‰ 的交易费用。Visa 还联合 Coinbase 推出了首张比特币借记卡，花旗银行则在区块链上测试运行加密货币"花旗币"。

（2）物联网和物流领域。区块链在物联网和物流领域也可以天然结合。通过区块链可以降低物流成本，追溯物品的生产和运送过程，并且提高供应链管理的效率。该领域被认为是区块链一个很有前景的应用方向。

区块链通过节点连接的散状网络分层结构，能够在整个网络中实现信息的全面传递，并能够检验信息的准确程度。这种特性在一定程度上提高了物联网交易的便利性和智能化。区块链＋大数据的解决方案就利用了大数据的自动筛选过滤模式，在区块链中建立信用资源，可双重提高交易的安全性，并提高物联网交易便利程度，为智能物流模式应用节约时间成本。区块链节点具有十分自由的进出能力，可独立参与或离开区块链体系，不对整个区块链体系有任何干扰。区块链＋大数据的解决方案就利用了大数据的整合能力，促使物联网基础用户拓展更具有方向性，便于在智能物流的分散用户之间实现用户拓展。

（3）公共服务领域。区块链在公共管理、能源、交通等领域都与民众的生产生活息息相关，但是这些领域的中心化特质也带来了一些问题，可以用区块链来改造。区块链提供的去中心化的完全分布式域名服务通过网络中各个节点之间的点对点数据传输服务就能实现域名的查询和解析，可用于确保某个重要的基础设施的操作系统和固件没有被篡改，可以监控软件的状态和完整性，发现不良的篡改，并确保使用了物联网技术的系统所传输的数据没有经过篡改。

（4）数字版权领域。通过区块链技术，可以对作品进行鉴权，证明文字、视频、音频等作品的存在，保证权属的真实、唯一性。作品在区块链上被确权后，后续交易都会进行实时记录，实现数字版权全生命周期管理，也可作为司法取证中的技术性保障。例如，一家创业公司 Mine Labs 开发了一个基于区块链的元数据协议，这个名为 Mediachain 的系统利用星际文件系统（IPFS），实现数字作品版权保护，主要是面向数字图片的版权保护应用。

（5）保险领域。在保险理赔方面，保险机构负责资金归集、投资、理赔，往往管理和运营成本较高。通过智能合约的应用，既无须投保人申请，也无须保险公司批准，只要触发理赔条件，可实现保单自动理赔。

（6）公益领域。区块链上存储的数据，可靠性高且不可篡改，天然适合用于社会公益场景。公益流程中的相关信息,如捐赠项目、募集明细、资金流向、受助人反馈等,均可以存放于区块链上,并且有条件地进行透明公开公示,方便社会监督。

任务二　新一代信息技术的融合发展

一、任务描述

制造业是现代工业化国家的立国之本、强国之基。当前,以新一代信息技术为代表的科技革命正在蓬勃兴起,制造业生产方式正在发生深刻的历史性变革,发展先进制造业面临重要的战略机遇。本任务主要介绍新一代信息技术与制造业等产业的融合发展方式。

二、任务实施

(一)几种技术之间的融合发展

云计算是最贴近物理机器的技术,通过封装物理机器,提供虚拟计算、存储、网络等资源。物联网和互联网产生大量的数据,这些数据肯定要找一个地方集中存储和处理,这就必须要有云计算。云计算的作用就在于将海量数据集中存储和处理。

大数据是最贴近数据的技术,负责组织海量数据。当海量数据上传到云计算平台后,自然而然地就需要对数据进行深入分析和挖掘,这就是大数据的目的。大数据对海量数据进行分析从而发现一些隐藏的规律、现象、原理等。

物联网是最贴近生产环境的技术,通过物理设备收集数据,实现智能化识别、定位、跟踪、监控和管理。物联网和互联网这两张网用来将所有事物和信息联系起来。为何要联系起来呢?因为将事物和信息联系起来后,数据才有了关联,数据有了关联才能产生更大的价值。

人工智能也是最贴近数据的技术,专门负责处理和挖掘数据,它会在大数据的基础上更进一步,会分析数据,然后根据分析结果做出行动。

云计算、大数据、物联网、人工智能的融合发展关系如图 5-2-1 所示。

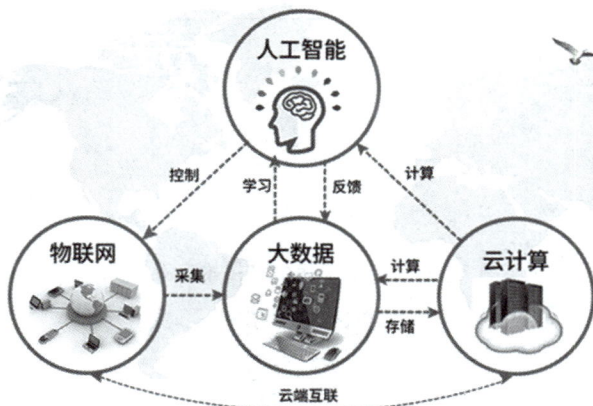

图 5-2-1　云计算、大数据、物联网、人工智能的融合发展关系

(二)新一代信息技术与制造业等产业的融合发展

大力推进新一代信息技术与制造业融合发展,是我国作出的一项长期性、战略性部署,

对于抢占产业竞争制高点,加速我国制造强国与网络强国建设,实现经济高质量发展具有重要意义。

一方面,我国经济已由高速增长阶段转向高质量发展阶段,正处在转变发展方式、优化经济结构、转换增长动力的攻关期。制造业是实体经济的主体,推进新一代信息技术与制造业融合发展,有助于充分释放我国制造大国和网络大国的叠加、聚合、倍增效应,构建形成以数据为核心驱动要素的新型工业体系,以信息流带动技术流、资金流、人才流、物资流,改善产业结构、增强转型动力,提高资源配置效率和全要素生产率,实现实体经济发展内生动力和活力的根本性变化。

另一方面,随着新一代信息技术持续向实体经济领域融合渗透,产业数字化转型成为各国的普遍共识和共同选择。在国际形势日益深刻复杂变化的背景下,我们只有牢牢把握新工业革命带来的历史性窗口期,深化新一代信息技术与制造业融合发展,加快数字化转型步伐,才能发挥信息化对制造业全要素生产率的提升作用,培育发展新动力,支撑我国制造业向形态更高级、分工更优化、结构更合理的阶段演进。

工业互联网是新一代信息技术与工业技术深度融合的产物。实施工业互联网创新发展战略,其目的也是推进新一代信息技术与制造业等实体经济深度融合,实现工业经济的全要素、全产业链、全价值链的全面链接,特别是实现跨企业、跨领域、跨产业的互联互通,打通传统产业的痛点、难点和堵点,打造新产业新动能,为企业发展开辟新战场。

新一代信息技术产业融合发展示意图如图 5-2-2 所示。

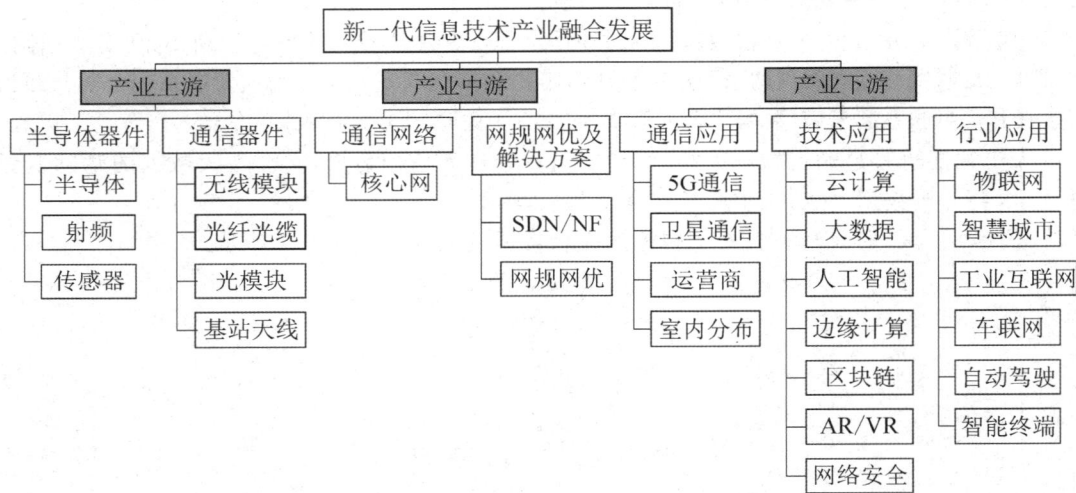

图 5-2-2 新一代信息技术产业融合

即测即评

项目六
信息素养与职业文化

◆ **学习目标** ◆

- 了解信息技术发展历程；
- 了解行业内知名企业的兴衰变化过程；
- 了解信息安全与国产化替代；
- 了解个人素养与行业行为自律；
- 了解行业内个人职业发展的途径和方法。

◆ **项目描述** ◆

信息素养与职业文化是指在信息技术领域，通过对行业内相关知识的了解，内化形成的个人素养与行业行为自律能力。信息素养与职业文化对个人在行业内的发展起重要作用。本项目包含信息技术发展史、信息安全和国产化替代、个人素养与行业行为自律等内容。

任务一　信息技术发展史

一、任务描述

本任务主要是帮助读者从整体上对信息技术有一个基本的认识，并通过讲解中国计算机的发展历史，使读者了解中国计算机从无到有、从跟随到超越的过程，感受祖国的强大。

二、任务实施

（一）信息技术简介

信息技术（information technology，IT），是主要用于管理和处理信息所采用的各种技术的总称。它主要是应用计算机科学和通信技术来设计、开发、安装和实施信息系统及应用软件。它也常被称为信息和通信技术（information and communications technology，ICT），主要包括传感技术、计算机技术、通信技术等。

1. 传感技术

从物联网角度看，传感技术是衡量一个国家信息化程度的重要标志。传感技术是关于从自然信源获取信息，并对之进行处理（变换）和识别的一门多学科交叉的现代科学与工程技术,它涉及传感器(又称换能器)、信息处理和识别的规划设计、开发、制/建造、测试、应用及评价改进等活动。

2. 计算机技术

计算机技术的内容非常广泛,可粗分为计算机系统技术、计算机器件技术、计算机部件技术和计算机组装技术等几个方面。计算机技术包括运算方法的基本原理与运算器设计、指令系统、中央处理器(CPU)设计、流水线原理及其在 CPU 设计中的应用、存储体系、总线与输入输出等。

3. 通信技术

通信技术,又称通信工程(也作信息工程、电信工程),是电子工程的重要分支,同时也是其中一个基础学科。该学科关注的是通信过程中的信息传输和信号处理的原理和应用。通信工程研究的是,以电磁波、声波或光波的形式把信息通过电脉冲,从发送端(信源)传输到一个或多个接收端(信宿)。接收端能否正确辨认信息,取决于传输中的损耗功率高低。信号处理是通信工程中一个重要环节,其包括过滤、编码和解码等。

(二)信息技术发展历程

信息技术的发展经历了五个阶段:

(1)第一次信息技术革命是语言的使用。发生在距今约 35000～50000 年前。

(2)第二次信息技术革命是文字的创造。大约在公元前 3500 年出现了文字。

(3)第三次信息技术革命是印刷术的发明。大约在公元 1040 年,我国开始使用活字印刷技术(欧洲人 1451 年开始使用印刷技术)。

(4)第四次信息技术革命是电报、电话、广播和电视的发明和普及应用。1837 年美国人莫尔斯研制了世界上第一台有线电报机。电报机利用电磁感应原理,使电磁体上连着的笔发生转动,从而在纸带上画出点、线符号。这些符号的适当组合(称为莫尔斯电码),可以表示全部字母,于是文字就可以经电线传送出去了。1844 年 5 月 24 日,人类历史上的第一份电报从美国国会大厦传送到了 64 公里外的巴尔的摩。1864 年英国著名物理学家麦克斯韦发表了一篇论文《电与磁》,预言了电磁波的存在。1876 年 3 月 10 日,美国人贝尔用自制的电话同他的助手通了话。1895 年俄国人波波夫和意大利人马可尼分别成功地进行了无线电通信实验。1894 年电影问世。1925 年英国首次播映电视。

(5)第五次信息技术革命始于 20 世纪 60 年代,其标志是电子计算机的普及应用和计算机与现代通信技术的有机结合。

(三)中国计算机的发展历程

1. 第一代电子管计算机研制(1958—1964 年)

1958 年 8 月 1 日,中国第一台通用数字计算机(103 机)试制成功,由中国科学院计算技术研究所和 738 厂合作完成,运算速度为每秒 30 次。它成为我国计算技术这门学科建立的标志。

1959 年 4 月,第一台大型数字电子计算机(104 机)开始试算,平均运算速度为每秒 1 万次。

1964 年 4 月,我国第一台自行设计和研制的大型通用数字电子计算机(119 机)研制成功,运算速度为每秒 5 万次。

2. 第二代晶体管计算机研制(1965—1972 年)

(1)第一台大型晶体管计算机(109 机)。1965 年中科院计算所研制成功了我国第一台大型晶体管计算机:109 乙机,运算速度每秒 10 万次。后来经过改进,推出 109 丙机,在我国两弹试制中发挥了重要作用,被誉为"功勋机"。

(2)SSS‐1 数字式射击瞄准计算机(114 机)。1969 年,第一台由我国科研人员设计定型的机载火控计算机,为重点装备轰 5 飞机研制控制尾部炮塔的射击瞄准电子数字计算机,2 次打靶试飞,射击命中率 75%。

3. 第三代中小规模集成电路(1973 年至 20 世纪 80 年代初)

从第一代电子管电子计算机到第二代晶体管电子计算机,中国起步晚,但是追得快,到第三代集成电路电子计算机已逐步缩小了与发达国家的差距。

1973 年,北京大学与 738 厂联合研制的每秒运算 100 万次的集成电路计算机(150 机)问世,用它计算一个 200 次方的代数方程式,只用十几秒钟,如果用人工计算至少需要 100 个人计算一年,这是中国电子计算机发展史上的一个里程碑。

1974 年清华大学等单位联合设计,研制成功 DJS‐130 小型计算机,以后又推 DJS‐140 小型机,形成了 100 系列产品。

1973 年,第四工业机械部决定在合肥成立联合设计组研制微型计算机,经过三年多的艰苦攻关,1977 年 4 月 23 日,中国第一台微型计算机 DJS‐050 在合肥诞生,拉开了我国微型计算机实业发展的序幕。

4. 第四代大规模和超大规模集成电路(20 世纪 80 年代初至今)

1980 年初我国不少单位也开始采用 Z80、X86 和 M6800 芯片研制微机。1983 年 12 月,电子部六所成功研制与 IBM PC 机兼容的 DJS‐0520 微机。

1982 年 757 机诞生,这是我国第一部每秒运算达到千万次的巨型计算机。紧接着 1983 年,我国第一部每秒运算亿次级计算机"银河一号"研制成功,它具有高性能、低能耗、高安全和易使用四大特点,将我国带入了研制巨型计算机国家的行列。

随着中国经济的发展,对千万亿次甚至更高性能的计算机的现实需求越来越迫切。2008 年,作为中国高科技研究发展计划的一个重大项目,"天河一号"进入设计阶段。2009 年 10 月 29 日,第一台国产千万亿次超级计算机"天河一号"闪亮登场。我国成为继美国之后世界上第二个能够研制千万亿次超级计算机的国家,标志着中国超级计算机综合技术水平进入了世界领先行列。

2017 年 6 月 19 日,由我国全自主研发的神威·太湖之光超级计算机以每秒12.5亿亿次的峰值计算能力,以及每秒 9.3 亿亿次的持续计算能力,再次蝉联世界超级计算机排名榜单

TOP500 第一名,实现三连冠。

从 1983 年中国巨型机实现零的突破,到"天河一号"大显王者风范,中国超级计算机不断冲击巅峰,连续两次获得国际高性能计算机的最高奖——戈登贝尔奖,以神威·太湖之光及 2017 年完成技术升级和系统优化的"天河二号"为标志,中国超级计算机具备了从自主微处理器、自主互联、自主软件系统到自主应用的全方位自主研制,完成了从"跟跑"到"领跑"的历史跨越。

(四)行业内知名企业的发展过程——以华为为例

1. 程控交换机率先起步

任正非生于 1944 年 10 月 25 日,父母是乡村中学教师,中、小学就读于贵州边远山区的少数民族县城,1963 年就读于重庆建筑工程学院,毕业后就业于建筑工程单位。1974 年为建设从法国引进的辽阳化纤总厂,应征入伍成为承担这项工程建设任务的基建工程兵,历任技术员、工程师、副所长(技术副团级),无军衔。在此期间,因作出重大贡献,1978 年出席过全国科学大会,1982 年出席中国共产党第十二次全国代表大会。1983 年随国家整建制撤销基建工程兵,而复员转业至深圳南海石油后勤服务基地,工作不顺利,转而在 1987 年集资21000 元人民币创立华为公司。

1987 年的深圳,几乎还处于一个倒买倒卖的年代,最大的优势是背靠香港,从香港进口产品到内地转手,便可赚取差价。华为公司于是成为一家生产用户交换机的香港公司的销售代理。

当时我们国家特别需要交换机,所以一直在研究。国外产品长期垄断中国通信市场,价格居高不下,是造成国内电话装机费用居高不下、电话不能迅速普及的重要原因。20 世纪80 年代中后期,国内出现了 200 多家小型的国营交换机厂家,但是,技术落后,只能生产一些小型交换机,主要销售到酒店、厂矿等用户。交换机当时每门成本只要 70 元人民币,售价是450 美元。而且客户要买交换机,要排长队,要预付定金,一般半年后才能到货。1990 年,华为开始自主研发面向酒店与小企业的用户交换机。1992 年华为推出了 2000 门大型网络交换机,这宣告华为终于推出了自主研发、拥有知识产权的交换机。

2. 华为的四种企业文化

(1)狼性文化。在华为的发展历程中,任正非对危机特别警觉,在管理理念中也略带"血腥",他认为做企业就是要发展一批狼。因为狼有让自己活下去的三大特性:一是敏锐的嗅觉;二是不屈不挠、奋不顾身的进攻精神;三是群体奋斗。正是这种凶悍的企业文化,使华为成为让跨国巨头都寝食难安的一匹"狼"。

(2)垫子文化。1991 年 9 月,华为租下了深圳宝安县蚝业村工业大厦三楼,倾囊投入之前的全部利润,50 多人的团队一起研制程控交换机。当时每个员工的桌子底下都放有一张垫子,就像部队的行军床,除了供午休之外,更多是为员工晚上加班加点工作时睡觉用。这也是后来华为著名的"垫子文化"的由来。

(3)不穿红舞鞋。在《华为公司基本法》开篇,核心价值观第一条就做了如此描述:"为了使华为成为世界一流的设备供应商,我们将永不进入信息服务业。通过无依赖的市场压力传递,使内部机制永远处于激活状态。"在任正非眼里,红舞鞋虽然很诱人,就像电信产品之外的利润,但是企业穿上它就脱不了,只能在它的带动下不停地舞蹈,直至死亡。因此任正非以此告诫下属要能经受住其他领域丰厚利润的诱惑,不要穿红舞鞋,要专注于公司的现有领域。

(4)华为的冬天。2001年3月,正当华为发展势头十分良好的时候,任正非在企业内刊上发表了《华为的冬天》一文,这篇文章不仅是对华为的警醒,还适合于整个行业。接下来的互联网泡沫破裂让这篇文章广为流传,"冬天"自此超越季节,成为危机的代名词。这种危机意识已经自上而下,融入华为的企业文化中。

任正非在2016年华为高速成长的时候第四次提出危机和寒冬。无论是在华为的业务上升期,还是在平缓发展期,他都预先判断了全球经济形势和华为面临的问题,并且每次判断都扭转了华为的命运。正如任正非所言:"没有预见,没有预防,就会冻死。那时,谁有棉衣,谁就活下来了。"华为不但活下来了,还活得很好。"华为要注意冬天"这种常态意识俨然已固化为一种企业文化。

3. 技术研发经费大投入

华为之所以不断推出新产品,跟其重视研发投入是密不可分的。在2004年至2014年的十余年,华为的研发投入达到250亿美元。到了2016年,华为以608亿元研发投入位居中国第一、世界第八。

华为除了投入资金量大,而且投入的项目也具有高瞻远瞩的视野。我们以下面的事例加以说明。

在3G技术路线的选择上,也体现了华为的独到眼光。

1995年,CDMA项目初露端倪。华为认为CDMA专利集中,授权费用较高,大规模普及困难,CDMA95相对落后,所以选择了产业更成熟、专利更分散的WCDMA。在CDMA上,任正非撤掉了原来的CDMA95小组,转攻更为先进的CDMA2000。华为把目光放到海外,CDMA2000产品线是东方不亮西方亮,虽然丢了联通小单,却在海外市场上连续攻城拔寨,特别是在发展中国家和地区,获得巨大成功,为日后立足海外市场立下汗马功劳。

2008年前后,中国开始进入3G时代。由于在CDMA2000和WCDMA上的充分准备,华为成为大赢家,首轮争夺,成功地将自己在国内CDMA市场份额提升到25%。2009年初中国联通启动WCDMA建网招标,华为拿到31%份额的订单。

2013年,中国开始进入4G时代,但是业界早已开始5G网络的研发和调试。在此领域,华为"早布局,大投入"的战略,使其已成为5G技术的领跑者。2012年,华为在巴塞罗那世界移动通信大会上展示了供50 Gbit/s基站使用的5G原型机。2014年初,华为宣布在高频段无线5G空中环境下实现115 Gbit/s的峰值传输速率,刷新无线超宽带数据传输纪录。2017年6月,华为率先完成中国5G技术研发试验第二阶段测试,基于真实网络及业务环境下的大规模业务验证,不仅是中国5G研发试验的关键里程碑,也是5G产业化进程迈出的重要一步。

2018 年 2 月 25 日,在西班牙巴塞罗那举行的世界移动通信大会上,华为消费者业务面向全球正式发布首款 5G 商用芯片——巴龙 5G01(Balong 5G01)和 5G 商用终端——华为 5G CPE(consumer premise equipment,5G 用户终端)。这是世界上最早的 5G 芯片,意味了在 5G 领域,中国除了巩固 3G 追赶,4G 并行,已成功实现了 5G 领先。在 5G 的整个体系中,华为会扮演从系统设备、终端、芯片各个领域领导者的角色。

为此,2020 年 8 月 11 日,中国职业技术教育学会、华为及中国 48 家优秀院校联合发起 5G+产教科融合高端论坛暨成立大会。会议以"5G 应用时代,教育改革发展与创新"为主题,聚集产业、教育以及科研等各界权威代表,围绕 5G 产教科融合发展,共话新时代背景下 5G+数字化人才培养有效路径。华为全球技术服务部总裁汤启兵在大会上做主题发言,他指出:"华为始终坚持在 5G 关键技术、商业应用、人才培养上大量投入,并积极分享领先的 5G 人才标准研究和先进的 5G 人才培养方法,截至目前,华为已经为社会培训超过 44 万名 5G 人才。"

4. 基于技术的资本运作

华为的资本运作是十分出色的,里面有一个显著的特征是"技术驱动"。也就是说,在资本运作决策时,首要考虑的是该技术是否是企业所需要的技术,如果不需要则考虑出售或转让,如果需要但独立研发成本高,则采取成立合资公司的方式联合其他企业研发。

2001 年,华为以 7.5 亿美元的价格将非核心子公司 Avansys 卖给爱默生,该子公司主要从事电源和机房监控业务。2003 年,华为与 3Com 合作成立合资公司 H3C(又称华三),专注于企业数据网络解决方案的研究。2004 年,华为与西门子合作成立合资公司,开发 TD-SCDMA 解决方案;获得荷兰运营商 Telfort 价值超过 2500 万美元的合同,首次实现在欧洲的重大突破。2006 年,华为以 8.8 亿美元的价格出售 H3C 公司 49% 的股份;与摩托罗拉合作在上海成立联合研发中心,开发 UMTS(通用移动通信系统)技术。2007 年,华为与赛门铁克合作成立合资公司,开发存储和安全产品与解决方案;与 Global Marine 合作成立合资公司,提供海缆端到端网络解决方案;成为欧洲所有顶级运营商的合作伙伴。2011 年,华为以 5.3 亿美元收购赛门铁克在合资公司华为赛门铁克中所持的 49% 股权。

这一系列的例子表明,华为依靠技术将旗下产品"养大"再出手无疑是华为最主要的资金来源。

5. 移动终端的异军突起

华为的移动终端业务开始于 2011 年。这一年华为做出架构调整,从单一的运营商业务演化成包括运营商业务、企业业务和消费者业务在内的业务群,其中移动终端业务就属于消费者业务。但是,经过短短的五年,在 2016 年华为智能手机的销量达到了 1.393 亿台,在三星和苹果之后,排列第三。

仅仅比较出货量意义并不大,相对于出货量而言,其实高端市场才是更为重要的市场,这是获得产品利润与品牌认知度的关键所在。整个 2016 年,在高端智能手机上,华为共推出了 Mate8 和 P9 这两款高端机型。

目前,华为在核心元器件上是具备自给自足能力的。从第一款自主研发的处理器海思到麒麟,通过几代的发展,麒麟处理器的性能已经达到了业界的领先水平。而依托于华为在通信业务上的强势,相对而言,当下的麒麟处理器在基带方面,要强于三星的猎户座处理器。

任务二　信息安全与国产化替代

一、任务描述

随着信息技术的快速发展和广泛应用,信息安全的重要性日益突出。本任务主要了解常用信息安全技术、信息安全策略、信息安全行业发展概况和信息安全产品国产化替代趋势,增强信息安全意识和爱国责任心。

二、任务实施

(一)信息安全概述

信息安全是指保护信息系统中的软件、硬件、数据不会遭受偶然或恶意的破坏、更改、泄露,系统能够连续可靠正常地运行。

信息安全是为了保障信息网络的软硬件及其系统中数据的安全,所有的信息安全技术都是为了达到一定的安全目标,其核心包括保密性、完整性、可用性、可控性和不可否认性五个安全目标。

(1)保密性是指阻止未授权的主体阅读信息,通俗地讲,就是保证信息不泄漏给未经授权的人。

(2)完整性是指防止信息被未经授权的人篡改,保持信息保护原始的状态,使信息保持其真实性。

(3)可用性是指授权主体在需要信息时能及时得到服务的能力,保证信息及信息系统确实为授权使用者所用。

(4)可控性是指对信息和信息系统实施安全监控管理,防止非法利用信息和信息系统。

(5)不可否认性是指在网络环境中,信息交换的双方不能否认其在交换过程中发送信息或接收信息的行为。

(二)常用信息安全技术

信息安全技术是保障信息安全的重要手段。常用的信息安全技术有信息加密技术、访问控制技术、数字签名、防火墙技术、入侵检测技术等。

1.信息加密技术

加密技术是利用数学或物理手段,对电子信息在传输过程中和存储体内进行保护,以防止信息被窃取的技术。密码技术是信息安全的核心和关键技术，通过数据加密技术，可以在一定程度上提高数据传输的安全性，保证传输数据的完整性。一个数据加密系统包括加密算法、明文、密文以及密钥。密钥控制加密和解密过程，所以加密系统的密钥管理是非常重要的。数据加密过程就是通过加密系统把原始的数字信息（明文），按照加密算法变换成与明文完全不同的数字信息（密文）的过程。

2. 访问控制技术

访问控制技术用于防止未授权用户非法使用系统资源。它是信息安全技术中最基本的安全防范措施。该技术通过用户登录和对用户授权的方式实现。系统的安全性取决于口令的复杂度。

3. 数字签名

数字签名是维护网络信息安全的一种重要方法，它是防止通信双方欺骗和抵赖的一种技术。数据接收方能够鉴别发送方的身份，而发送方在数据发送完成后不能否认发送的数据。

数字签名在身份认证、数据完整性、抗抵赖性方面都有重要应用。数字签名是非对称密钥加密技术与数字摘要技术的应用。一个签名体制一般包括两个部分：签名算法和验证算法。常用的签名算法有 RSA 算法和 ECC 算法。

4. 防火墙技术

防火墙技术是指隔离在本地网络与外界网络之间的一道防御系统的总称，是防止网络外部恶意攻击的一种有效的安全防护措施。通过它可以隔离风险区域与安全区域的连接，防火墙可以监控进出网络的通信流量，仅让安全、核准了的信息进入，同时又防控构成威胁的数据。目前，防火墙分为硬件防火墙和软件防火墙两类。

5. 入侵检测技术

入侵检测系统是一种主动保护自己免受攻击的网络安全技术，是一种对网络活动进行实时监测的专用系统，该系统处于防火墙之后，可以和防火墙及路由器配合工作。入侵检测技术是用于检测任何损害系统的机密性、完整性、可用性行为的一种网络安全技术。它通过监视受保护系统的状态和活动，采用异常检测或误用检测的方式，发现非授权的或恶意的系统及网络行为，为防范入侵行为提供有效的手段。

(三)信息安全策略

信息安全策略是指人们为保护因使用计算机应用信息系统可能招致对单位资产造成损失而进行保护的各种措施、手段，以及建立的各种管理制度和法规等。

安全策略涉及技术的和非技术的、硬件的和非硬件的、法律的和非法律的各个方面。

1. 网络信息安全策略

网络信息安全策略的设计与实施如下所示。

(1)确定安全需求：包括确定安全需求的范围、评估面临的风险等。

(2)制订可实现的安全目标：制订安全策略、制度、定期审核机制等。

（3）制订安全规划：包括本地网络、远程网络、Internet。

（4）制订系统的日常维护计划：规划各项业务活动，使网络有序地进行。

2. 个人计算机信息安全策略

（1）操作系统要及时升级，及时打补丁，预防系统中毒和被黑客攻击。

（2）安装杀毒软件，养成定期查杀病毒及升级病毒库的习惯。

（3）重要资料定期备份，并做好冗余备份，以防计算机万一中病毒，文件丢失后可快速恢复。

（4）不使用来历不明的移动磁盘，不访问来历不明的邮件和网站。

（5）设置系统使用权限，禁止未授权的人使用计算机。

（四）坚持国产化替代——保障国家信息安全

1. 信息安全行业发展概况

（1）全球信息安全行业发展概况。当前，世界各国信息化快速发展，信息技术的应用促进了全球资源的优化配置和发展模式的创新，互联网对政治、经济、社会和文化的影响更加深刻，信息化渗透到国民生活的各个领域，网络和信息系统已经成为关键基础设施乃至整个经济社会的神经中枢，围绕信息获取、利用和控制的国际竞争日趋激烈，保障信息安全成为各国重要议题。

（2）我国信息安全行业发展概况。我国一直高度重视信息安全产业的发展，早在 2003年，中共中央办公厅、国务院办公厅转发了《国家信息化领导小组关于加强信息安全保障工作的意见》。党的十六届四中全会将信息安全上升到国家安全的战略层面，明确提出"确保国家的政治安全、经济安全、文化安全和信息安全"。面对日益复杂的全球信息安全形势和国内信息安全现状，2012 年，党的十八大报告中强调，要高度关注网络空间安全，并将网络空间安全、海洋安全、太空安全置于同一战略高度。2013 年，党的十八届三中全会再次指出："坚持积极利用、科学发展、依法管理、确保安全的方针，加大依法管理网络力度，加快完善互联网管理领导体制，确保国家网络和信息安全。"2014 年，中央网络安全和信息化领导小组成立，中共中央总书记、国家主席、中央军委主席习近平亲自担任组长，充分体现了国家对信息安全的重视程度。2015 年 7 月 1 日，第十二届全国人民代表大会常务委员会第十五次会议通过了《中华人民共和国国家安全法》，该法于 2015 年 7 月 1 日开始实施，首次将网络空间正式上升成为我国继陆、海、空、天后的第五疆域。2015 年 10 月，《中共中央关于制定国民经济和社会发展第十三个五年规划的建议》指出："实施网络强国战略，加快构建高速、移动、安全、泛在的新一代信息基础设施。"2016 年 4 月，习近平总书记主持召开网络安全和信息化工作座谈会并发表重要讲话，强调："要树立正确的网络安全观，加快构建关键信息基础设施安全保障体系，全天候全方位感知网络安全态势，增强网络安全防御能力和威慑能力。"2016 年 11 月 7 日，第十二届全国人民代表大会常务委员会第二十四次会议通过了《中华人民共和国网络安全法》。该法于 2017 年 6 月 1 日开始实施，规定"国家采取措施，监测、防御、处置来源于中华人民共和国境内外的网络安全风险和威胁，保护关键信息基础设施免受攻击、侵入、干扰和破坏,依法惩治网络违法犯罪活动,维护网络空间安全和秩序",强调了金融、能源、交通、电子政务等行业在网络安全等级保护制度的建设。2016 年 12 月 27 日,国家互联网信息办公室发布《国家网络空间安全战略》,这是我国第一次向全世界系统、明确地宣示和阐述对于网络空间发展和安全的立场和主张。2017 年 1 月,工业和信息化部制定印发了《软件和信息技术服务业发展规划(2016—2020 年)》,对信息安全产品明确提出了到 2020 年收入达到 2000 亿元,年均增长 20%以上的目标。2017 年 1 月,工业和信息化部制定印发了《信息通信网络与信息安全规划(2016—2020 年)》,紧扣"十三五"期间行业网络与信息安全工作面临的重大问题,对"十三五"期间行业网络与信息安全工作进行统一谋划、设计和部署。2017 年 7 月,国家互联网信息办公室会同相关部门起草了《关键信息基础设施安全保护条例(征求意见稿)》,提出顶层设计、整体防护、统筹协调、分工负责的原则,充分发挥运营主体作用,社会各方积极参与,共同保护关键信息基础设施安全。信息安全产业作为信息安全技术、产品和服务的提供者和实施者,承担着国家信息安全防御和保障的历史使命。发展壮大网络安全产业已经成为维护国家网络空间主权、安全和发展利益的战略选择。

(3)国产化替代。

①信息安全产品国产化替代趋势日益显著。近年来,国内信息安全厂商快速发展,依托本地布局的产品和研发团队,对用户需求理解更为透彻,对新需求的响应更为迅速,产品性价比更高,部分功能特性已超过国外厂商,但在高端产品市场的竞争力仍相对较弱。以应用交付产品为例,根据 IDC 报告,2017 年前三季度,F5 网络(美国)在中国应用交付的市场份额达到 33.26%,国外厂商在中国应用交付的市场份额合计超过 51.60%。而网络设备、安全设备市场无论是高端还是低端,国产品牌都占据了大部分的份额。

②我国信息安全产业规模快速增长。近年来,中国信息安全发展迅速,目前已进入普惠阶段,需求不断增长,应用领域不断扩大,产品结构日益丰富。2019 年,我国网络安全行业总收入 668.24 亿元,同比增长 21.11%;网络安全技术、产品与服务总收入 523.09 亿元,同比增长 25.37%。我国信息安全增速有所放缓,但仍在 20%左右,市场进入调整期。2019 年,全国软件和信息技术服务业规模以上企业超 4 万家,累计完成软件业务收入 71768 亿元,同比增长 15.4%。2019 年,信息安全产品和服务实现收入 1308 亿元,同比增长 12.4%。信息安全行业已经发展成一个拥有众多细分行业的行业大类,包含安全硬件、安全软件、安全服务等细分业务。2019 年,软件及硬件产品收入约占安全业务总收入的 66%,安全服务收入约占安全业务总收入的 24%,安全集成收入约占安全业务总收入的 10%。

③国家政策支持。近年来,国家有关部门相继出台了一系列法律法规和鼓励行业发展的产业政策,为信息安全行业的发展营造了良好的政策环境。我国的信息安全工作提高到了国家战略高度。2016 年年底至 2017 年年初,网络安全的国产化政策密集出台,随后各行业的国产化订单不断落地,尤其是政府政务领域。

④信息技术不断发展革新。近年来,云计算、大数据、移动以及社交网络的快速发展给信息系统架构带来了巨大变化,信息安全也随之迎来挑战。例如云计算技术,使得数据中心

的基础设施由原来的各业务系统独立建设模式转变为资源池建设模式,服务器、存储、网络设备的部署方式相应改变。基础架构的变化要求信息安全建设能够适应新的IT基础架构,从而满足新的安全需求,这同时为信息安全建设带来了新的发展空间。

任务三　个人素养与行业行为自律

一、任务描述

本任务通过案例介绍,从坚守健康的生活情趣、培养良好的职业态度、秉承端正的职业操守、维护核心的商业利益、规避行业的不良记录五个方面分层展开,使学生了解个人素养与行业行为自律的要求,从而建立行业内个人职业发展的策略与路径。

二、任务实施

(一)坚守健康的生活情趣

生活情趣是人类精神生活的一种追求,是对生命的一种感知,一种审美感觉上的自足。通俗地讲,它就是人们在日常生活中的性情和志趣爱好。情趣有高雅与庸俗之分,高雅的情趣往往是"真""善""美"的化身,体现一个人对美好生活的追求、乐观的生活态度和健康的心理状态;庸俗的情趣却往往与"低级趣味""堕落""腐化"等丑陋的生活态度相连,它让人玩物丧志,损害身心健康。

生活情趣虽然只是个人的外在行为表现,但实际上反映的却是其对人生、事业和生活的态度,是个人道德品行和思想修养的直接体现,是检验个人世界观、人生观、价值观正确与否的一个重要标尺。从近年来被查处的落马官员案例来看,很多人都有着看似高雅的生活情趣,从玉石、瓷器、字画、古董,再到音乐、书法、摄影……这些都可以称为"雅好",然而一旦对"雅好"陷入疯狂,却容易走上玩物丧志的道路,以致丧失理想信念、迷失人生坐标、坠入犯罪深渊。

"好船者溺,好骑者堕,君子各以所好为祸。"健康高雅的兴趣和爱好无疑是有益于身心和工作的,而且还能提升人的精神境界,体现出个人品格;但是如果兴趣爱好突破了正常的界限,成为不良嗜好,就会陷入欲望的陷阱难以自拔。所以,对于自己的兴趣爱好,需要严格自律、谨慎对待。

案例

令人叹惋的案例教训

赌博对一个人的职业生涯影响之深超出我们的想象。

许朝军16岁入清华大学计算机系;18岁月薪就一万五千元;大学毕业在陈一舟团队担任技术工程师;后入搜狐当上了技术总监;2005年到2009年,负责校内网,一度令校内网成为最火热的社交平台;30岁跳槽到盛大做首席运营官;2011年开始创业,获李开复200万美元投资;先后创立点点网、啪啪App、乌鸦匿名社交等。30岁前的许朝军成就了"走上人生巅峰"的故事,但连续的创业似乎并没有让这个"天才"找到快感,互联网圈的简历停止在

2012年,许朝军将兴趣转移到德州扑克上,甚至在德扑圈甚有名气,人称"京城名鲨"。怎料他在快意中迷失自我,开起"扑克赌场"并因涉赌被捕。

(二)培养良好的职业态度

职业态度是指在职业活动中所应具有的工作态度,如诚实、守信、严谨等。

1. 为人做事要诚实,避免弄虚作假

诚信,是中华民族的传统美德。诚实是每个人都要具备的基本美德,是立身处世的准则,是人格的体现,是衡量个人品行优劣的道德标准之一。它对民族文化、民族精神的塑造起着不可缺少的作用。在中国源远流长的历史传承中,中华民族形成了重承诺、守信义、以诚立业、以信取人的道德传统,形成比较稳定的社会结构、凝聚力强大的传统文化和延绵不绝的中华文明,"千金一诺""一言既出,驷马难追"之类的美谈佳话永存史册。

2. 守信表里如一,杜绝商业欺诈

守信,有多么重要,让我们先看一则故事。

古时候,济阳有个商人过河时船沉了,他大声呼救,有个渔夫闻声而至。商人喊:"我是济阳最大的富翁,你若能救我,给你100两金子。"待被救上岸后,商人却翻脸不认账了。他只给了渔夫10两金子。渔夫责怪他,富翁却说:"你一个打鱼的,一生都挣不了几个钱,突然得10两金子还不满足吗?"渔夫只得快快而去。可后来那富翁又一次在原地翻船了。有人欲救,那个曾被他骗过的渔夫说:"他就是那个说话不算数的人!"于是商人被淹死了。

这则故事载于明代刘基的《郁离子》一书,它告诉我们,人不可以不守信,要不然,就会产生信任危机,最终危及自身。

守信意味着表里如一,说实话,做实事,不夸大其词,不文过饰非。做事做人,实事求是,不投机取巧,不巧舌如簧。即使一时的哄骗能够得到片刻的安逸,能够获取眼前的利益,但是对于我们来说,每说一次谎话,每欺骗一次别人,诚信度就下降一些,为人水准便降低一点,即使目前的人生是辉煌的,但这个辉煌的人生是不能持久的,只因它由谎言构成,经不住事实的敲打,别人很容易用事实推倒你的谎言,摧毁你用谎言得到的一切。

要做一个守信的人,就要杜绝商业欺诈。目前,在市场化经济大潮下,商业促销中存在形式各样的欺诈行为。如有的在产品中掺杂、掺假,以假充真,以次充好;有的采取虚假或者其他不正当手段,使销售的商品分量不足;有的销售处理品、残次品等商品而谎称是正品;还有的以虚假的"清仓价""甩卖价""最低价""优惠价"或者其他欺诈性价格来销售商品。这些商业欺诈行为影响极其恶劣,干扰了正常的市场经济秩序。要做一个守信的人,就要远离这些商业欺诈行为。

3. 养成严谨习惯,防止事故纰漏

职业态度还有严谨做事,杜绝一切纰漏的发生,特别要防止企业在生产经营活动中突然发生,能够伤害人身安全和健康,或者损坏设备设施,或者造成经济损失,并导致原有生产经营活动暂时中止或永远终止的安全意外事件。

安全事故危害特别大。2015年8月12日晚,位于天津市滨海新区天津港的瑞海公司危险品仓库发生火灾爆炸事故,共造成165人遇难、8人失踪、798人受伤,并造成304幢建筑物、12428辆商品汽车、7533个集装箱受损。据初步统计,这次安全事故的直接经济损失高达68.66亿元。一场巨大的安全事故,也许起因只是个"不经意"动作,或者是安全意识薄弱,或者是一个数据计算错误。要杜绝安全事故的发生,就要求我们有良好的职业态度,遵守技术规范,提高警惕,防患未然。

亚里士多德曾说:"我们每一个人都是由自己一再重复的行为所铸造的。因而优秀不是一种行为,而是一种习惯。"习惯也可以看成一种规范,当我们用好的习惯来武装自己的时候,我们才能够更好地学习和工作,有时候,它还能减少不必要的损失。

好的习惯或行为规范很重要。在企业中,如果要杜绝安全事故的发生,首先要培养遵守技术规范的习惯。技术规范是有关使用设备工序、执行工艺过程以及产品、劳动、服务质量要求等方面的准则和标准。当这些技术规范在法律上被确认后,就成为技术法规。技术规范的内容如下:一是产品生产过程中的具体工艺规程;二是机器设备维护保养和检修的具体维修规程;三是规范设备器械使用及注意事项的具体操作规程;四是保障人身安全和设备安全运行的相关安全规程。技术规范体现了科学研究和生产实践中人与物、物与物之间的相互关系,是重要的技术管理规章制度。

(三)秉承端正的职业操守

职业操守是指人们在从事职业活动中必须遵从的最低道德底线和行业规范。它既是对人在职业活动中的行为要求,也是人对社会所承担的道德、责任和义务。一个人不管从事何种职业,都必须具备端正的职业操守,否则将一事无成。秉持职业操守要做到遵章、守纪和保守秘密。

1. 遵章严于律己,绝不越线逐利

纪律是集体的面貌,也是集体的声音。只有遵章守纪,企业才能有良好的工作氛围,才能调动所有人的积极性,追求最大化的商业利润。

追求利润千万不能越线,更不能违法,要能够按章办事,守住道德的底线。中国向来是礼仪之邦,也是文明之国,随着现代化进程的持续加快,伴随市场化的不断深入,近些年来,出现了一些比较严重的违规事件。

"魏则西事件"引发人们对百度竞价搜索规则的质疑,导致百度公司向社会公开道歉,公司形象受损。

遵章看起来很简单,但做起来却非常困难,尤其是在面对巨大金钱诱惑时,更能体现企业和个人的担当精神。

2. 守纪贵在坚持,遵循职业规范

常言道,"没有规矩,不成方圆"。无论何种行业,都将纪律、规章制度放在首要位置,纪律面前,人人平等。"师出以律",古今中外,莫不如此。守纪,是为了更好地工作,更好地生活。

守纪,是一个人对社会规则的认同,是对他人的尊重,从而让人与人的交往更加简单和谐,使社会发展更加有序。守纪要求我们每个人在工作中都要遵循职业规范。职业规范的范围很广,职业道德、工作规范和行为守则都是职业规范的部分。要有良好的职业规范,必须要有良好的职业道德。职业道德看起来很空,但落到实处就是对待工作的态度,比如要热爱工作,要自洁自律、廉洁奉公,不议论他人的私事。当你跳槽时,也能做到严守企业秘密,有序跳槽。

随着个人计算机的普及,越来越多的人借助计算机处理工作,但并不是所有的系统都是好系统,也并不是所有的软件都是好软件,那些病毒软件开始肆意入侵,违法窃取个人资料。与此同时,还有流氓软件也乘虚而入。流氓软件起源于"badware"一词,它跟踪用户的上网行为并将用户的个人信息反馈给"躲在暗处"的市场利益集团,或者通过该软件不断弹出广告,以形成整条灰色产业链。流氓软件可分为间谍软件(spyware)、恶意软件(malware)和欺骗性广告软件(deceptive adware)三大类。一个装机量大的广告插件公司,凭借流氓软件,月收入可在百万元以上。尽管这些流氓软件能获取巨额利润,但这些利润都建立在侵害用户利益基础之上,是一种不合法收入。守纪就不能编写和传播流氓软件。

3. 保密自始至终,严守公司秘密

职业操守还要求每一个从业人员都要对公司重要数据保密,要能确保数据安全。一个好的律师绝对不会把当事人的秘密透露给他人,一个好的医生也绝不会把患者的病情告诉他人。每个行业都有保密的要求,只不过有些岗位的保密性要求很高,有些岗位的保密性要求没那么高。但无论如何,我们都要学会保守公司或当事人的秘密。

唐某是一名工程师,在业界小有名气。唐某离开了原公司,准备进入一家新的实力更加雄厚的公司工作。由于新公司与原公司业务相关,新公司经理面试他的时候,要求他透露一些他在原公司开发项目的情况,但唐某马上回绝了这个要求。理由很简单:"尽管我离开了原来的公司,但我没有权利背叛它,现在和以后都是如此。"第一次面试就这样不欢而散。但出人意料的是,唐某却收到了录用通知,上面清楚地写着:"你被录用了,因为你的能力与才干,还有我们最需要的——维护公司的利益。"由此可见,维护公司利益应该是无条件限制的。比如已经离开公司的唐某,在关乎职业生涯的关键时刻也没有放弃这一原则,这反而成就了他的职业生涯。

企业秘密也是商业机密的一种,涉及企业最高利益。企业秘密涉及广泛,企业秘密能否被严守是检验企业管理水平的关键。严守秘密,说明员工纪律性强。秘密对企业而言,既是生命,也是生产力。造成企业泄密的原因主要有以下几种:一是企业领导对企业经济、技术保密工作不重视,保密机构不健全;二是涉密人员的保密意识不强或自身素质不高;三是伴随市场经济出现的涉密人员流动、跳槽,以及企业部分涉密人员泄密。

(四)维护核心的商业利益

知识产权是指人类智力劳动产生的智力劳动成果所有权。它是依照各国法律赋予符合条件的著作者、发明者或成果拥有者在一定期限内享有的独占权利,一般认为它包括版权(著作权)和工业产权。版权(著作权)是指创作文学、艺术和科学作品的作者及其他著作权人依法对其作品所享有的人身权利和财产权利的总称;工业产权则是指包括发明专利、实用新型专利、外观设计专利、商标、服务标记、厂商名称、货源名称或原产地名称等在内的权利人享有的独占性权利。随着知识产权在国际经济竞争中的作用日益上升,越来越多的国家都在制定和实施知识产权战略。

1. 并购而非模仿，激励技术创新

社会进步需要科技创新，任何一项创新都需要专业人才付出大量的智慧和心血，需要大额的研发投入，并承担创新失败和投资无法收回的风险。一旦技术创新被模仿和超越，前期投入就会血本无归，导致无法持续创新。技术收购能够鼓励创新，创新被溢价收购后，研发者更有动力进行新的创新。因此，对于有价值的创新，我们应该鼓励企业以并购方式来获得相关技术，而不是一味模仿复制。模仿复制既是对技术创新者的不尊重，更会因为扼杀创新而阻碍社会发展。事实证明，模仿也不能长久成功，前几年势头很猛的山寨手机早已不见了踪影。

近年来，行业领先企业越来越重视技术并购，同业并购案例越来越多，各大企业巨头大大小小的收购事件频传。比如：苹果公司以 3.9 亿美元的价格收购了来自以色列的内存控制器方案厂商 Anobit 科技，因为这个以色列公司开发了一种能显著提高耐用性和读写速度的 NAND 闪存；同时苹果公司还收购了德国眼动追踪技术公司（SMI），目的是获得该公司的视觉追踪技术；日本软银以 314 亿美元收购了英国芯片巨头 ARM；戴尔公司以 670 亿美元收购了数据存储公司 EMC。

行业巨头对具有核心技术企业的并购行为是值得充分鼓励和肯定的，其实按照他们的研发能力，在一定时间内掌握同样技术并不难，但本着尊重知识产权、鼓励创新发展的原则，他们更愿意高溢价并购新技术，鼓励更多技术创新。

2. 付费而非盗用，支持行业发展

人们的传统观念认为只有有形的物才值得花钱去购买，对于无形的软件往往忽视其价值，认为不值得付费，这种观念实际上违背了价值观。随着时代而发展，软件的功能逐渐超越硬件，比如现在的一部智能手机可以代替过去的电脑、电视、照相机、导航仪、游戏机等，我们只出一部手机的钱就可买到这么多的替代品，正是因为软件工程师们用他们的智慧将有形的物通过程序形成 App 植入手机载体中，才实现了多种功能的整合。因此，我们的消费观念也要跟随时代而发展，改变只有硬件才能卖高价的陈腐观念，营造一种尊重软件产品和软件系统、主动付费、杜绝盗版的良好氛围。只有这样，人们才有动力研发更多的智能化软件产品来方便我们的生活，让我们体验到更加人性化、智能化的产品，社会才能进步，人类才能发展。

对于我们使用的软件，应该选择正版，主动付费，对盗版软件说不，这是对别人智力成果的一种支持，也是一种尊重。盗版软件是非法制造或复制的软件，它非常难以识别，缺少密钥代码或组件。盗版软件侵犯著作权，危害正版软件特别是国产正版软件的开发与发展，破坏电子出版物市场秩序，危害正版软件市场的发育和发展，损害合法经营，妨碍文化市场的发展和创新。因此，我们必须要支持付费而非盗用，让盗版无利可图，让正版获得应有的回报，支持行业良性发展。

3. 执法而非纵容，维护行业秩序

盗版是指在未经版权所有人同意或授权的情况下，对其拥有著作权的作品、出版物等进行由新制造商制造跟源代码完全一致的复制品并再分发的行为。在绝大多数国家和地区，

此行为被定义为侵犯知识产权的违法行为，甚至构成犯罪，会受到所在国家和地区的处罚。盗版出版物通常包括盗版书籍、盗版软件、盗版音像作品以及盗版网络知识产品。

软件盗版是目前常见的一种盗版类型，它是指非法复制有版权保护的软件程序，假冒并发售软件产品的行为。最为常见的软件盗版形式包括假冒行为和最终用户复制。假冒行为是指针对软件产品的大规模非法复制和销售。许多盗版团伙均涉嫌有组织犯罪——他们大多利用尖端技术对软件产品进行仿制和包装，而经过包装的盗版软件则将以类似合法软件的形式进行发售。在大批量生产的情况下，软件盗版行为也就演变成不折不扣的犯罪活动。盗版的危险性极大。由于软件不是完美的，在使用过程中会出现各种问题，如数据丢失等技术风险，盗版软件用户通常无法以正常途径获得合法的技术支持和维护服务，由此带来的损失可能已经超过了使用盗版软件所节约的成本，尤其是非常依赖信息技术的公司。另外盗版软件在内容上也无法得到充分的保证，销售商无法对完整性和可用性给出任何保证。

软件盗版极大地打击了国内的信息产业，尤其是软件产业。国内软件产业尚在起步阶段，理想的情况是软件从业人员开发、销售软件产品获得利润→再回流到企业→培养、吸引人才→推出更优秀的新产品→壮大产业。事实上，由于盗版盛行，产品要么无人问津，要么盗版泛滥，企业无法获得正常的利润来维持运营，至今国内软件业还无法和跨国巨头竞争。

（五）规避行业的不良记录

"黑名单"的产生可以说也是市场发展的必然要求。那什么是"黑名单"呢？有资料显示，"黑名单"最早来源于西方的教育机构。早在中世纪，英国的牛津和剑桥等大学，对那些行为不端的学生，会将其姓名、行为记录在黑皮书上，一旦名字上了黑皮书，就会在相当长时间内名誉扫地。学生们十分害怕这一校规，常常小心谨慎，以防有越轨行为的发生。这个方法后来被英国人借用以惩戒那些不守合同、不讲信用的顾客。19世纪20年代，面对很多绅士定做服装，而后欠款不还的现象，伦敦的裁缝们为了保护其自身利益，创立了一个交流客户支付习惯信息的机制，将欠钱不还的顾客列在黑皮书上，互相转告，让那些欠账的人在别的商店也做不了衣服。后来，其他行业的商人们争相仿效，随后"黑名单"便在工厂主和商店老板之间逐渐传来传去，"黑名单"就这样发展起来。

2004年，世界银行启动了供应商"取消资格"制度，经过多年的实践，已经产生广泛影响。

行业"黑名单"和行业禁入制度，能够规范企业行为，增强市场透明度，有效防范市场经济中的失信行为，遏制当前市场经济下失信蔓延与加深的势头，营造一个良好的氛围，重建市场信任机制。

（六）行业内个人职业发展的策略与路径

1. 职业发展策略

职业发展策略是指为实现职业发展目标的行动计划，一般都是具体的、可行性较强的。职业发展策略可以分为三种类型。

（1）一步到位型：针对在现有条件下可以达成的职业目标，动用现有资源很快实现。比如希望成为机电技师，就可直接进入机电方面的企业而一步到位。

（2）多步趋近型：对于那些目前无法实现的目标，先选择一个与目标相对接近的职业，然后逐步趋近，以达成自己的理想目标。比如，想做企业老板，但目前没有足够的资本，可以先给别人打工，以积累资源。

（3）从业期待型：在自己无法实现理想目标，也没有相近的职业可以选择的情况下，先选择一个职业投入工作，等待机会，以实现自己的理想目标。比如，自己想去某龙头企业发展，但由于技术和经验达不到该企业的要求，这时可先进入一家小型企业学习技术和积累经验，等达到龙头企业的要求后再寻求发展。

2. 职业发展路径

职业发展路径概括地说就是员工都有从自己现在和未来的工作中得到成长、发展和获得满足的强烈愿望和要求，为了实现这种愿望和要求，希望在自己的职业生涯中顺利成长和发展，从而制订自己成长发展的职业计划的实施过程。可以从以下几方面进行职业发展规划。

（1）向上发展：在企业内部向上晋升。明确自己需要提升的地方，是管理的理念，还是实战经验，然后对此建立一个系统的学习提升计划，各个击破。

（2）向内发展：提升专业水平，成为更专业的人。向业内顶尖人士看齐，平时花更多的时间，去钻研技术方面的学问，和同行业的人切磋交流，不断提升自己的技术水平。

（3）左右发展：向其他职能岗位转换。在原本工作技能的基础上，学习一些其他的工作技能，做到比较好的融合，也能很快上手。

（4）向外发展：寻求职业外的发展。在把本职工作做好的前提下，拓展自己感兴趣的领域，将兴趣发展成一份副业。

职业操守和行业行为自律都是当代计算机行业从业人员必须具备的基本素质。任何一个 IT 人员，不论是企业的高层，还是普通的员工都要有职业操守。具体来说，职业操守是人们在职业活动中所遵守的行为规范的总和，它既是对从业人员在职业活动中的行为要求，又是对社会所承担的道德、责任和义务。而行业行为自律则包括两个方面：一方面是行业对国家法律法规政策的遵守和贯彻；另一方面是通过行业内的行规行约制约行业内企业的行为。每一方面都包含对行业内成员的监督和保护的机能。

作为大学生，必须要培养自己的科学态度，能够做到诚实、守信。而秉承职业操守，尊重知识产权，也是一名大学生必须具备的基本素养。随着中国的行业"黑名单"和行业禁入制度越来越完善，相信以后不诚信的成本会越来越高，而坚守职业操守、严格行业行为自律将是一名优秀大学生走进社会课堂的必修课。

即测即评

参考文献

［1］ 凤凰高新教育. Word 2016 完全自学教程［M］. 北京：北京大学出版社，2017.

［2］ 龙马高新教育. 新手学五笔打字＋Word办公从入门到精通［M］. 北京：北京大学出版社，2017.

［3］ 神龙工作室. PPT 2016 幻灯片设计与制作从入门到精通［M］. 北京：人民邮电出版社，2018.

［4］ 秋叶，陈陟熹. 和秋叶一起学 PPT［M］. 4 版. 北京：人民邮电出版社，2020.

［5］ 邵云蛟. PPT 设计思维：教你又快又好搞定幻灯片［M］. 北京：电子工业出版社，2016.

［6］ 田野. 论各种文献信息检索工具及如何选择正确的检索工具［J］. 赤峰学院学报（自然科学版），2016，32(3)：123 - 125.

［7］ 王玉香. 信息检索教程［M］. 北京：机械工业出版社，2019.

［8］ 邓发云. 信息检索与利用［M］. 3 版. 北京：科学出版社，2017.

［9］ 王丽雅，曹丽娟，董光芹. 实用科技文献检索［M］. 沈阳：东北大学出版社，2017.

［10］ 孙湧. 计算机思维与专业文化素养［M］. 北京：商务印书馆，2018.

［11］ 刘晓洪，蒋丽华，邓长春. 计算机应用基础［M］. 北京：新华出版社，2018.